中国工程建设标准化发展研究报告（2018）

住房和城乡建设部标准定额研究所　编著

中国建筑工业出版社

图书在版编目（CIP）数据

中国工程建设标准化发展研究报告. 2018/住房和城乡建设部标准定额研究所编著. —北京：中国建筑工业出版社，2020.4

ISBN 978-7-112-24815-5

Ⅰ.①中… Ⅱ.①住… Ⅲ.①建筑工程-标准化-研究报告-中国-2018 Ⅳ.①TU-65

中国版本图书馆 CIP 数据核字（2020）第 022570 号

责任编辑：丁洪良　石枫华
责任校对：姜小莲

中国工程建设标准化发展研究报告（2018）
住房和城乡建设部标准定额研究所　编著

*

中国建筑工业出版社出版、发行（北京海淀三里河路 9 号）
各地新华书店、建筑书店经销
北京红光制版公司制版
北京建筑工业印刷厂印刷

*

开本：787×1092 毫米　1/16　印张：17¾　字数：426 千字
2020 年 4 月第一版　　2020 年 4 月第一次印刷
定价：**78.00 元**
ISBN 978-7-112-24815-5
（35380）

报告编写委员会成员名单

主 任 委 员： 曾宪新

副主任委员： 杨瑾峰　李　铮

委　　　员： 李大伟　展　磊　毛　凯　孙　智　杜秀媛　韩　松
　　　　　　　曲　径　张惠锋　张红彦　雷丽英　张　宏　姚　涛
　　　　　　　刘　彬　赵　霞　毕敏娜　杨申武　倪知之　郝江婷
　　　　　　　周京京　张文征　沈美丽　沈　纹　刘　伟　涂慧敏
　　　　　　　王　伟　吴翔天　侯晓鹏　王业东　姜依军　赵凤新
　　　　　　　苏东甫　金　涵　沈　毅　李　斐　苏　峥　张祥彤
　　　　　　　周丽波　王小林　周家祥　荣世立　郭启蛟　朱瑞军
　　　　　　　王立群　杜宝强　吴量夫　董　辉　缪　晡　赵跃龙
　　　　　　　王海玉　王　蔚　石　峰　郭文军　师　生　叶　盛
　　　　　　　沈李智　李熙宽　赵　淼　齐锦程　粟东青　王　力
　　　　　　　侯慧实　王海涛　路宏伟　黄　峰　赵宏宇　张富城
　　　　　　　孙虹波　朱　军　朱杰峰　廖江陵　林　成　杨祖华
　　　　　　　郭虹燕　李万里　王震勇　冯远红　杜　翔　谢翌鹤
　　　　　　　樊　娜　张　妍　杜志坚　张　弛　李小阳　顾泰昌

前　　言

2018 年工程建设标准化工作全面贯彻落实党的十九大精神，以习近平新时代中国特色社会主义思想为指导，坚持新发展理念，以改革创新为动力，不断开拓工作思路，深化工程建设标准化改革，研究构建国际化工程建设标准体系，工程建设标准化改革成果显著。

《中国工程建设标准化发展研究报告》是以我国工程建设标准化发展的数据、事件以及相关研究成果为基础，系统全面地反映工程建设标准化的发展历程、现状及分析未来发展趋势的系列年度报告，旨在推动我国工程建设标准化发展，为宏观管理和决策提供支持。

本年度报告，分为发展改革篇、专题研究篇和重要标准篇，共六章。发展改革篇包括第一章至第四章，第一章结合数据分析了我国工程建设标准总体现状，重点介绍了 2018 年工程建设标准化管理与改革工作情况；第二章、第三章从标准化工作机构、管理制度建设、工程建设行业和地方标准制修订、工程建设标准实施与监督情况等方面，分析了 2018 年我国部分行业和地方工程建设标准化发展状况及相关研究工作；第四章对工程建设标准化发展和改革进行了探讨。专题研究篇为第五章，摘录了法国工程建设标准体系及管理体系的研究成果、部分行业工程建设标准国际化推广应用情况、建筑门窗节能性能标识实施情况的相关内容。重要标准篇为第六章，从技术内容、预期效益等方面介绍了 2018 年发布的部分重要工程建设国家标准、行业标准、地方标准。

在此，对所有支持和帮助本项研究的领导、专家、学者及有关人员表示诚挚的谢意。

本报告由杜秀媛、曲径、毛凯、李铮统稿，由于时间和资料所限，报告中难免有疏忽或不妥之处，衷心希望读者提出宝贵意见，以便在今后的报告中不断改进和完善。

本报告编委会

目　　录

发展改革篇

第一章

2018 年国家工程建设标准化发展状况

一、工程建设标准数量情况❶

（一）工程建设标准数量总体情况

截至 2018 年底，我国现行工程建设标准共有 9181 项。其中，工程建设国家标准 1252 项，工程建设行业标准 3832 项，工程建设地方标准 4097 项。

2014～2018 年工程建设国家标准、行业标准、地方标准的数量及发展趋势如表 1-1 和图 1-1 所示。随着工程建设标准化改革的深入，国家标准数量增长放缓，占比有所降低；地方标准所占比例呈现逐年上升趋势，行业标准占比逐年下降。

2014～2018 年工程建设国家标准、行业标准、地方标准的数量　　　表 1-1

年度	国家标准（项）		行业标准（项）		地方标准（项）		总数（项）
	数量	比例	数量	比例	数量	比例	
2014 年	971	13.83%	3339	47.55%	2712	38.62%	7022
2015 年	1066	14.47%	3429	46.53%	2874	39.00%	7369
2016 年	1143	14.50%	3634	46.10%	3107	39.40%	7884
2017 年	1218	13.82%	3858	43.78%	3737	42.40%	8813
2018 年	1252	13.64%	3832	41.74%	4097	44.65%	9181

注：表格中数据统计时以批准发布日期为准。

图 1-1　2014～2018 年工程建设国家标准、行业标准、地方标准的数量

---

❶ 本节执笔人：杜秀媛、毛凯、张惠锋，住房和城乡建设部标准定额研究所

（二）工程建设国家标准情况

1. 计划下达

2005～2018 年，住房和城乡建设部每年下达工程建设国家标准制修订数量如图 1-2 所示。2018 年，住房和城乡建设部下达了 138 项国家工程建设规范研编项目，除此之外，还下达了城建建工全文强制性产品标准研编项目 2 项，工程建设标准翻译项目（中译英）6 项，国际标准制定项目 1 项。

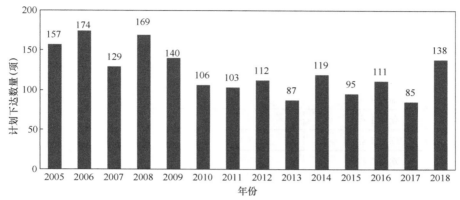

图 1-2　2005～2018 年工程建设国家标准的计划情况

自 2015 年标准化改革启动以来，根据工程建设标准化改革思路，住房和城乡建设部工程建设标准化立项工作以全文强制的国家规范研编工作为重点。2017 年工程建设标准制修订工作计划列入工程建设规范研编工作，2018 年下达"工程建设规范和标准编制计划"，计划中无推荐性国家标准，均为国家规范。

2. 标准批准发布

2005～2018 年发布的工程建设国家标准数量见图 1-3。2005 年发布国家标准 35 项；2006～2009 年每年发布国家标准数量约 50 项，呈现缓慢递增趋势。2010 年加快了已下达计划但尚未完成的工程建设标准制修订速度，使得标准数量较 2009 年成倍增长，2010～2014 年批准发布的工程建设国家标准数量相较于 2005～2009 年明显增多。2011～2013

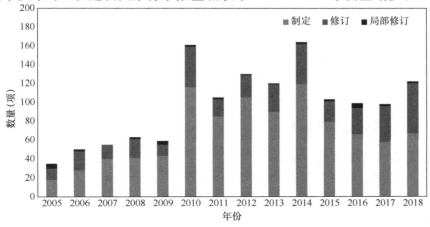

图 1-3　近年来发布的工程建设国家标准数量

年，每年发布国家标准 100～130 项。2015 年起，标准化工作改革启动，批准发布的工程建设国家标准数量放缓，此后，每年国家标准发布数量在 100 项左右波动。

3. 国家标准的行业分布

2018 年发布的工程建设国家标准按行业分布情况如表 1-2 所示。其中发布数量最多的行业是城镇建设。截至 2018 年底，我国工程建设国家标准共 1246 项，标准按行业分布情况如图 1-4 所示。

2018 年发布的工程建设国家标准按行业分布情况　　　　　　　　表 1-2

序号	行业	制定（项）	修订（含局部修订）（项）	总数（项）
1	城镇建设	11	14	25
2	建筑工程	8	9	17
3	电力工程	7	5	12
4	石油化工工程	3	2	5
5	化工工程	0	4	4
6	煤炭工业	7	3	10
7	水利工程	5	4	9
8	水运工程	2	0	2
9	冶金工业	2	4	6
10	有色金属工业	5	1	6
11	建材工业	1	3	4
12	通信工程	4	1	5
13	电子工程	7	1	8
14	广播电影电视	1	2	3
15	纺织工业	0	1	1
16	船舶工业	1	0	1
17	核工业	2	0	2
18	医药工程	1	0	1
19	兵器工业	1	1	2
	总计	67	54	121

从图 1-4 可以看出，我国现行工程建设国家标准涉及的 32 个行业中，城镇建设、建筑工程的国家标准数量最多，共有 376 项，占工程建设国家标准总数的 30%。其次是电力工程的国家标准 103 项，占比 8.4%。

（三）工程建设行业标准情况

1. 工程建设行业标准总体情况

截至 2018 年底，现行工程建设行业标准 3832 项。2018 年共发布工程建设行业标准 206 项，其中制定 109 项，修订 97 项。2018 年各行业发布的工程建设行业标准数量见表 1-3，具体标准目录见附录三。

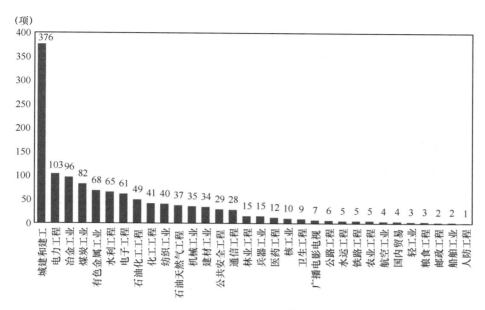

图 1-4　现行工程建设国家标准按行业分布情况

2018 年各行业发布的工程建设行业标准数量　　表 1-3

序号	行业	制定（项）	修订（项）	总数（项）
1	城镇建设	15	4	19
2	建筑工程	34	6	40
3	电力工程	23	26	49
4	石油天然气工程	11	18	29
5	石油化工工程	12	9	21
6	化工工程	1	7	8
7	水利工程	9	6	15
8	交通运输工程（公路）	3	11	14
9	有色金属	1	10	11
	总计	109	97	206

截至 2018 年底，各行业现行工程建设行业标准数量情况见图 1-5。电力行业现行工程建设行业标准数量最多，建筑工程次之，医药工程行业没有行业标准。图 1-6 显示了工程建设行业标准数量集中的领域。其中，能源领域（包括电力工程、石油天然气工程、海洋石油工程、煤炭工业、核工业）占 31.9%，化工领域（包括石油化工、化学工程）占 17.0%，城建建工领域占 17.2%，水利占 8.5%，通信工程和海洋工程占 8.1%，交通领域（包括铁路工程、民航工程、交通运输工程）占 6.7%。

2. 城镇建设、建筑工程行业标准情况

按照政府行业标准精简整合的标准化改革思路，2015 年之后，住房和城乡建设部下达的城建建工行业标准计划数量逐年快速减少（表 1-4），2018 年未下达任何行业工程建设标准编制计划项目。

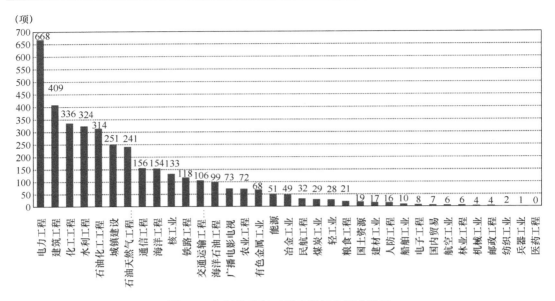

图 1-5　各行业现行工程建设行业标准数量

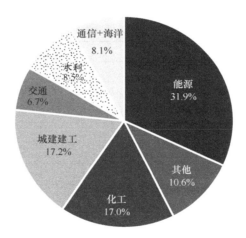

图 1-6　各领域标准所占比重

2014～2018 年工程建设城建建工行业标准下达计划数量　　　　表 1-4

计划年度	制定（项）	修订（项）	总数（项）
2014	27	34	61
2015	58	18	76
2016	10	23	33
2017	5	3	8
2018	0	0	0

　　2014～2018 年批准发布的城镇建设、建筑工程行业标准数量见表 1-5。2018 年批准发布的工程建设行业标准为 2018 年之前下达的计划，因此，2018 年与前面几年相比，发布的工程建设行业标准数量相近。

2014～2018 年批准发布的城镇建设、建筑工程行业标准数量　　　表 1-5

发布年度	城镇建设		建筑工程		总数（项）
	制定（项）	修订（项）	制定（项）	修订（项）	
2014	18	7	32	8	65
2015	11	3	21	11	46
2016	23	8	26	13	70
2017	23	8	13	6	50
2018	15	4	34	6	59

（四）工程建设地方标准情况

1. 现行地方标准数量

截至 2018 年底，现行的工程建设地方标准 4097 项。各省、自治区、直辖市的现行工程建设地方标准数量见表 1-6 和图 1-7。在 2008～2018 年期间，上海市每年地标数量均为首位，北京市、重庆市、天津市、福建省、江苏省、河北省地标数量持续位列前十。现行地方标准中，对多数省份而言，进行过修订的标准所占比例较低。经了解，由于各地情况不同，标准修订比例低的原因也各不相同，但大致可归为以下三类原因：①经过复审，标准无需修订，可以继续有效；②标准年龄较小，尚未达到考虑修订的时间；③标准复审不及时。

现行工程建设地方标准数量　　　表 1-6

省、自治区、直辖市	总数	比例（%）	省、自治区、直辖市	总数	比例（%）
北京市（规委＋建委）	340	8.30	河南省	185	4.52
天津市	174	4.25	湖北省	71	1.73
上海市	378	9.23	湖南省	59	1.44
重庆市	268	6.54	广东省	110	2.68
河北省	190	4.64	广西壮族自治区	89	2.17
山西省	138	3.37	海南省	45	1.10
内蒙古自治区	59	1.44	云南省	84	2.05
黑龙江省	101	2.47	贵州省	53	1.29
吉林省	98	2.39	四川省	145	3.54
辽宁省	146	3.56	陕西省	124	3.03
山东省	171	4.17	甘肃省	129	3.15
江苏省	177	4.32	宁夏回族自治区	50	1.22
安徽省	133	3.25	青海省	55	1.34
浙江省	142	3.47	西藏自治区	12	0.29
福建省	255	6.22	新疆维吾尔自治区	90	2.20
江西省	26	0.63	总计	4097	100

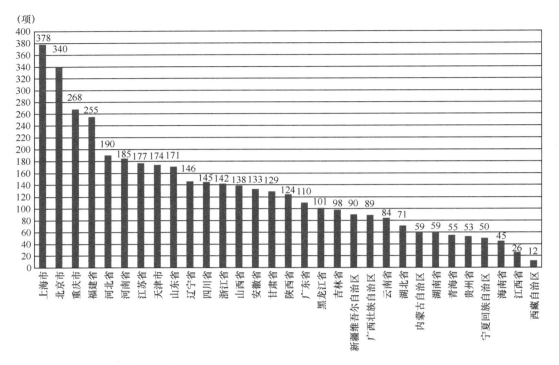

图 1-7　2018 年各地现行工程建设地方标准数量统计图

2. 地方标准发布模式及发布数量变化

目前，工程建设地方标准立项、发布模式分为六种：一是由省、自治区住建厅和直辖市住建委单独立项并单独发布，如河北省、广西壮族自治区、上海市等20个省、自治区、直辖市；二是由省、自治区住建厅单独立项，并与省、自治区市场监督管理局联合发布，包括陕西省、甘肃省、吉林省、宁夏回族自治区；三是省住建厅和省市场监督管理局联合立项并联合发布，包括青海省、山东省、辽宁省、黑龙江省；四是省、直辖市市场监督管理局立项，并与省住建厅、直辖市住建委或规划和自然资源委联合发布，包括湖北省、北京市住建委、北京市规划和自然资源委；五是由省市场监督管理局单独立项并单独发布，包括安徽省；六是深圳市，不由广东省住建厅统一负责，而是由深圳市住建局单独立项、单独发布。

2005～2018 年各地发布的工程建设地方标准数量见表 1-7，与国家标准发布数量变化趋势不同，地方标准发布数量呈现上升的趋势，如图 1-8 所示。2018 年，全国共发布工程建设地方标准 558 项，创历史新高。

2005～2018 年各地发布的工程建设地方标准数量（项）　　　　表 1-7

省、自治区、直辖市	2005	2006	2007	2008	2009	2010	2011	2012	2013	2014	2015	2016	2017	2018
北京市	14	26	12	18	7	14	10	14	28	28	29	21	34	18
天津市	34	14	16	17	12	53	11	7	11	17	16	19	13	25
上海市	5	10	17	14	11	9	13	35	31	34	36	57	41	52
重庆市	9	11	15	14	14	16	23	23	20	40	21	28	29	38

续表

省、自治区、直辖市	2005	2006	2007	2008	2009	2010	2011	2012	2013	2014	2015	2016	2017	2018
河北省	/	14	10	5	26	10	18	17	11	22	28	21	33	60
山西省	8	5	5	12	7	4	5	8	7	16	9	22	19	26
内蒙古自治区	/	/	3	1	2	1	5	4	3	3	2	4	10	12
黑龙江省	/	/	2	1	2	11	5	3	5	1	7	9	24	8
吉林省	3	4	8	2	4	15	16	14	9	11	13	17	8	13
辽宁省	5	2	17	13	8	12	7	13	17	12	11	10	9	8
山东省	3	5	10	3	10	12	7	14	14	21	26	35	18	25
江苏省	4	4	3	5	12	15	22	14	13	23	25	25	14	1
安徽省	3	2	1	3	6	2	6	6	20	10	28	27	13	5
浙江省	6	12	2	15	8	13	10	2	9	11	12	19	16	19
福建省	8	16	11	16	9	19	13	20	19	27	29	41	28	30
江西省	2	5	2	1	2	2	1	5	1	6	3	6	5	7
河南省	9	6	3	12	10	8	3	8	13	16	10	17	24	20
湖北省	1	4	/	4	4	2	4	6	6	6	8	12	7	11
湖南省	/	/	2	1	3	3	/	2	1	6	7	5	20	8
广东省	10	4	4	5	11	9	9	3	6	6	4	15	9	20
广西壮族自治区	/	/	/	4	7	2	2	10	7	3	11	23	20	24
海南省	/	6	4	1	1	4	3	6	4	3	6	4	8	3
云南省	/	/	/	5	/	6	15	1	1	5	7	8	2	8
贵州省	3	1	4	2	1	1	2	2	4	2	7	9	9	8
四川省	1	0	11	6	1	5	4	14	14	16	20	21	23	23
陕西省	2	3	3	5	6	3	8	5	7	16	14	12	13	13
甘肃省	17	5	/	1	7	4	5	8	13	16	14	21	14	33
宁夏回族自治区	1	2	6	2	2	4	5	4	1	2	6	4	6	7
青海省	/	/	6	2	1	7	8	8	1	3	4	6	6	9
新疆维吾尔自治区	13	7	1	3	1	3	3	11	4	9	3	6	13	19
西藏自治区	/	/	2	/	/	/	/	/	/	/	/	2	/	5
合计	161	168	180	193	195	267	243	287	300	391	416	526	488	558

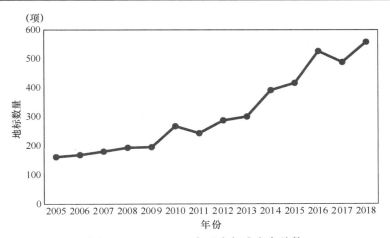

图 1-8　2005～2018 年地方标准发布总数

（五）城建、建工产品标准数量情况

城镇建设、建筑工程产品标准是建设领域标准化的重要组成，在工程建设中具有重要地位。截至 2018 年底，城镇建设和建筑工程两个领域现行的标准共 1178 项。其中：国家标准共 272 项，行业标准共 906 项；行业标准中，城镇建设共 417 项，建筑工程共 489 项；推荐性标准 1162 项，强制性标准 16 项。具体数据见表 1-8 和图 1-9。

城镇建设和建筑工程各专业标准情况　　　　　　表 1-8

序号	专业	国标（项）		行标（项）		合计（项）		总计（项）
		强制性	推荐性	强制性	推荐性	强制性	推荐性	
1	城镇轨道交通	1	18	0	33	1	51	52
2	城镇道路与桥梁	0	7	0	24	0	31	31
3	市政给水排水	2	30	0	96	2	126	128
4	建筑给水排水	0	0	1	122	1	122	123
5	城镇燃气	9	17	0	55	9	72	81
6	城镇供热	0	12	0	13	0	25	25
7	市容环境卫生	0	13	0	39	0	52	52
8	风景园林	0	1	0	9	0	10	10
9	建筑工程质量	0	0	0	14	0	14	14
10	建筑制品与构配件	0	25	0	260	0	285	285
11	建筑结构	1	8	0	60	1	68	69
12	建筑环境与节能	0	38	0	56	0	94	94
13	信息技术及智慧城市	0	22	0	29	0	51	51
14	建筑工程勘察与测量	0	0	0	11	0	11	11
15	建筑地基基础	0	0	0	4	0	4	4
16	建筑施工安全	2	0	0	64	2	64	66
17	建筑维护加固与房地产	0	0	0	7	0	7	7
18	建筑电气	0	0	0	9	0	9	9
19	建筑幕墙门窗	0	47	0	0	0	47	47
20	紫外线消毒设备	0	3	0	0	0	3	3
21	混凝土	0	16	0	0	0	16	16
	合计（项）	15	257	1	905	16	1162	1178

2014～2018 年城镇建设和建筑工程行业各专业产品标准编制情况见表 1-9。从 2014～2018 年数据分析得知，建筑制品与构配件专业编制的标准数量较大，占到了近五年编制标准总数的 33%，其中，2018 年建筑制品专业标准编制数量为 20 项，占全年总数的 24%。

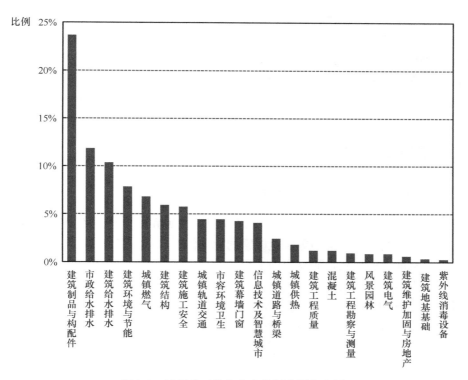

图 1-9　城建建工各专业产品标准所占比例

2014～2018 年城建建工行业标准各专业产品标准编制情况　　　　　表 1-9

序号	专业	2014 年（项）	2015 年（项）	2016 年（项）	2017 年（项）	2018 年（项）	合计（项）
1	城镇轨道交通	4	1	2	0	1	8
2	城镇道路与桥梁	1	1	3	0	3	8
3	市政给水排水	4	6	11	4	12	37
4	建筑给水排水	10	13	17	5	9	54
5	城镇燃气	10	5	3	2	5	25
6	城镇供热	0	1	1	0	3	5
7	市容环境卫生	3	4	6	3	2	18
8	风景园林	0	0	1	3	2	6
9	建筑工程质量	0	0	0	0	0	0
10	建筑制品与构配件	30	19	19	33	20	121
11	建筑结构	3	7	8	1	4	23
12	建筑环境与节能	7	0	3	0	8	18
13	信息技术	1	0	3	2	3	9
14	建筑工程勘察与测量	0	0	1	0	10	11
15	建筑地基基础	0	1	0	1	2	4
16	建筑施工安全	1	0	1	4	0	6
17	建筑维护加固与房地产	0	0	2	0	0	2
18	建筑电气	4	1	1	1	0	7
	合计	78	59	82	59	84	362

数据显示，2018 年产品标准在数量上发生明显变化，2018 年共编制产品行业标准111 项。其中：国家标准 27 项，行业标准 84 项。2017 年，为贯彻落实国务院《深化标准化工作改革方案》，住房和城乡建设部对城乡建设领域产品行业标准进行了全面复审后废止产品行业标准 161 项。其中：废止强制性产品行业标准 9 项；废止推荐性产品标准152 项。

二、工程建设标准化管理与改革情况[❶]

（一）工程建设标准体制改革全面推进

2018 年，工程建设标准化改革工作纵深开展。住房和城乡建设部结合国务院标准化改革精神，分析研究英国、美国等发达国家的标准体系、运行机制，参考国际通行的"技术法规＋技术标准"的模式，研究中国工程建设标准新体系，着力解决目前工程建设标准交叉重复、水平不高、供给不足、国际适应性差的问题。

1. 提出《国际化工程建设规范标准体系表》（以下简称《体系表》）

《体系表》由工程建设规范、术语标准、方法类和引领性标准项目构成，覆盖所有工程类别、与国际通行规则一致，包括 179 项全文强制性工程规范、47 项基础术语标准、3983 项配套支撑标准。

工程建设规范部分为全文强制的国家工程建设规范项目；有关行业和地方工程建设规范，可在国家工程建设规范基础上补充、细化、提高。术语标准部分为推荐性国家标准项目；有关行业、地方和团体标准，可在推荐性国家标准基础上补充、完善。方法类和引领性标准部分为自愿采用的团体标准项目。现行国家标准和行业标准的推荐性内容，可转化为团体标准，或根据产业发展需要将现行国家标准转为行业标准；今后发布的推荐性国家标准和住房城乡建设部推荐性行业标准可适时转化。《体系表》中工程建设规范和术语标准部分的项目相对固定，内容可适时提高完善；方法类和引领性标准部分的项目，可根据产业发展和市场需求动态调整更新。

2. 研编强制性工程规范

建立"结果控制"的强制性工程规范体系，明确工程建设技术底线。提高工程规范系统性，以全文强制性工程建设规范取代现行分散的强制性条文。在研究编制工程规范中，建立专业齐全、相对稳定的专家队伍，强化标准化技术委员会管理职责，基本完成住房城乡建设领域 39 项全文强制性工程规范研编验收。同时全面启动各部门、各领域 138 项工程规范研编工作。

3. 培育发展团体标准

改革"方法支撑"的推荐性工程建设标准体系，培育发展团体标准。逐步精简整合政府标准，鼓励团体积极承接政府推荐性标准。住房和城乡建设部在全国率先发布了 352 项拟转化为团体标准的现行政府标准目录。鼓励各团体制定更加细化、更加先进的方法类、

---

❶ 本节整理执笔人：王骁，余山川，住房和城乡建设部标准定额司；毛凯，李铮，住房和城乡建设部标准定额研究所

引领性团体标准。中国工程建设标准化协会 2018 年以来已下达 600 余项团体标准制定任务。

4. 大力推行认证认可制度

组织开展房屋建筑认证信息追溯机制初步研究，指导举办首届中国工程建设检验检测大会，大力推行认证认可制度，促进住房城乡建设事业高质量发展。

5. 加强区域工程建设标准化合作

北京市规划委、北京住建委、天津住建委、河北住建厅共同组织编制第一项京津冀区域协同标准《绿色雪上运动场馆评价标准》，按照京津冀三地互认共享的原则，由各地行政主管部门分别批准发布、组织实施。

（二）重点领域标准编制加快

2018 年，住房和城乡建设部积极贯彻落实国家政策，以保障城市安全运行、提升防灾减灾能力、完善装配式建筑标准、提升建筑节能水平、激发社会领域投资活力等方面为重点，编制了一系列重要工程建设标准。

围绕落实《中共中央 国务院关于推进安全生产领域改革发展的意见》《中共中央办公厅 国务院办公厅印发〈关于推进城市安全发展的意见〉》要求，全面梳理城市桥梁、地下管廊、轨道交通、城镇燃气、垃圾处理领域的标准规范，完成《城镇综合管廊监控与报警系统工程技术标准》《市政工程施工安全检查标准》《安全防范工程技术标准》等重要标准的制订修订，提高城市安全运行的技术保障要求。

围绕落实《中共中央国务院关于推进防灾减灾救灾体制机制改革的意见》要求，修订《城市综合防灾规划标准》等重要标准，提升学校、医院、居民住房、基础设施的设防水平和承灾能力。

围绕落实《中共中央 国务院关于进一步加强城市规划建设管理工作的若干意见》要求，完善装配式建筑设计、施工和验收规范标准体系，发布《装配式建筑评价标准》《厨卫装配式墙板技术要求》《装配式环筋扣合锚接混凝土剪力墙结构技术标准》。

围绕落实《中共中央 国务院关于开展质量提升行动的指导意见》要求，发布《建筑合同能源管理节能效果评价标准》，提高建筑节能标准。

围绕落实《国务院办公厅关于进一步激发社会领域投资活力的意见》中关于"扎实有效放宽行业准入，修订完善养老设施、建筑设计防火等相关标准"的要求，修订《老年人照料设施建筑设计标准》《建筑设计防火规范》，放宽相应准入条件。

（三）工程建设标准国际化大力推进

2018 年，住房和城乡建设部组织开展了"一带一路"基础设施和城乡规划建设工程标准应用情况调研。通过调研，初步掌握我国工程建设标准国际化现状、存在问题、各方需求等情况。同时多措并举，推动我国企业积极参与国际标准化活动。组织召开工程建设标准国际化工作推进会，交流我国推动工程建设标准国际化的有关情况和最新进展，分享有关地方、有关行业推动工程建设标准国际化的经验，对于各地方、各部门、各行业提高政治站位、统一思想认识、共同推动下一步工作具有重要意义。组织编制中国工程标准使用指南，增强中国工程建设标准的社会影响力，为中国企业在海外工程中使用中国标准提供指导。同时，积极推进中外工程建设标准比对研究。组织启动编制中外工程建设标准比对研究行动方案，为下一步系统性地组织有关科研、设计、高校、企业等单位参与相关研究工作提供指导，奠定基础。组织开展了部分发达国家的工程建设管理法规制度及标准体系的研究工作，旨在学习借鉴发达国家经验，提高中国工程建设标准水平和国际化水平。

第二章

2018年行业工程建设标准化发展状况

一、住房城乡建设❶

（一）综述

2018年，住房城乡建设领域标准化工作，围绕住房城乡建设中心工作，深入推进工程建设标准化改革，印发国际化工程建设规范标准体系，强化标准实施与监督，推进工程建设团体标准信息公开，突出标准引领，推动全文强制工程规范编制，标准化工作得到有效推进。

2018年王蒙徽部长提出以提升建筑工程质量为着力点，加快建设国际化的中国工程建设标准体系，抓住"一带一路"建设重大机遇，加快建筑业"走出去"步伐，打造"中国建造"品牌，推动我国由建筑业大国向建筑业强国迈进。倪虹副部长在中国工程建设标准化协会第八次会员代表大会上指出，要进一步改革工程建设标准体制，健全标准体系，完善工作机制，这将是今后一段时期我国工程建设标准化改革的重要任务。工程建设标准是国家治理体系和治理能力现代化建设的重要技术基础之一，在住房城乡建设事业中发挥着基础支撑和重要引领作用。住房和城乡建设部一贯重视工程建设标准工作。目前，工程建设国家标准、行业标准和地方标准已达9000余项，涉及建筑等30多个领域，为国家重大基础设施建设和民生改善提供了重要基石支撑。倪虹副部长指出工程建设标准化改革要适应新时代新要求：一是从"过程管理"向"结果控制"转变，给创新留出路；二是工程建设以技术立法为准则、以推荐性标准为支撑，确保安全、生态、民生等底线，同时鼓励和发展企业标准、团体标准。

按照国家标准化工作改革的总体部署，2018年住房城乡建设领域加强全文强制工程规范的研编工作，形成《城市轨道交通工程项目规范》等规范征求意见稿，并广泛征求社会有关单位和专家意见。编制方面，各个规范按照"总量规模、规划布局"、"工程项目功能、性能和关键技术要求"和技术法规的方式表达要求，注重项目要求的边界，避免规范间重复矛盾。各个规范研编组都进行了关键问题研究，重点突出了国家相关法律法规、政策和改革的要求，以及国际接轨与国际惯例要求。

积极落实新发展理念。2018年加快完善"促进城市绿色发展"、"保障城市安全运行"、"建设和谐宜居城市"3个方面共10项标准，包括《海绵城市建设评价标准》、《绿色建筑评价标准》、《装配式混凝土建筑技术标准》、《装配式钢结构建筑技术标准》、《装配

---

❶ 本节由住房和城乡建设部标准化技术标委会供稿，由住房和城乡建设部标准定额研究所孙智执笔

式木结构建筑技术标准》、《城市综合防灾规划标准》、《城市排水工程规划规范》、《城镇内涝防治技术规范》、《城市居住区规划设计标准》、《城市综合交通体系规划标准》。

加强团体标准信息公开和管理。为做好相关团体标准编制，促进团体标准发展，探索开展团体标准信息公开服务，制定了《工程建设团体标准信息公开管理办法（试行）》《关于开展工程建设团体标准信息公开工作的通知》，对团体标准信息公开工作起到了指导作用。

积极开展标准国际化工作。市容环境卫生标委会深入参与 ISO/PC305 标准编制工作，着手开展 ISO 标准《无排水管道连接的卫生设施系统》非等同转化为国家标准研究工作，开展"一带一路"基础设施和城乡规划建设工程标准市容环卫基础设施工程领域应用情况调研。建筑设计标委会成功举办中国工程建设标准参与国际标准化活动经验交流会活动，参加了 ISO/TC162 WG4 和 WG5 联合工作组会议。

（二）工程建设标准化改革情况

1. 建立工程建设规范函审机制

为提升工程建设规范科学性、协调性，在规范研编过程中，2018 年建立了函审机制。函审要求要突出以下内容：

1）规范制定立项的可行性；

2）规范章节结构的合理性；

3）相关规范之间内容衔接和协调情况；

4）条文的合理性及修改建议。

专家对除所负责编制的规范之外的其他工程规范进行逐项函审。研编组和编制组每位成员应对其他规范分别提出意见和建议，并及时反馈牵头单位和主编单位。牵头单位和主编单位应汇总整理每位成员的意见和建议，并填写《城乡建设领域工程规范集中函审意见和建议表》。各研编组、编制组应汇总对本组规范的函审反馈意见和建议，并进行认真分析、研究，针对每一条反馈意见和建议提出采纳、部分采纳或不采纳等处理意见；其中，对"部分采纳"和"不采纳"的，要详细说明理由，形成"某某规范函审反馈意见汇总处理表"。各研编组、编制组应按照反馈意见对规范草案进行修改完善，形成规范草案验收稿。

2. 探索团体标准信息公开服务

在规范团体标准编制方面，探索提出了团体标准信息公开服务的具体方案：

（1）团体标准发布后，发布主体应通过各种渠道做好宣传让社会广泛知晓。可以在各自的网站公开，也可公开出版发行。需我部了解掌握的，可将相关信息或标准文本发给我司。需在国家工程建设标准化信息网公开的，可将标准文本及相关材料报标定所。

（2）为了保证公开信息的客观性、真实性、准确性，提高公众对信息的信任度，按照国务院办公厅关于"谁公开、谁负责信息审查，谁公开、谁负责解疑释惑"的精神，信息公开主体应建立完善制度，严格公开审查。对自愿申请在国家工程建设标准化信息网公开的，按照国务院办公厅关于"建立第三方评估"、"明确团体标准制定程序和评价准则"的精神，标定所可依据强制性工程规范和标准化良好行为规范，对报送的标准文本内容进行免费评估，具体公开和评估办法由标定所另行制定。

（3）各社团不得简单复制可转化的国家标准和行业标准。由住房和城乡建设部标准定额研究所评估合规的团体标准，如涉及住房和城乡建设部批准发布的现行推荐性国家标准和行业标准，住房和城乡建设部标准定额司将视补充、细化、提高的情况，以及实施效果和社团的专业优势、编制人员的技术能力等情况，适时废止已发布的国家标准和行业标准，并在住房和城乡建设部政府门户网站公开相关信息。

（4）对团体标准实行网上公开信息的，为方便使用，尽量建立检索功能和分类统计分析功能，并且实行动态管理，及时删除已废止的团体标准。

（三）工程建设标准复审工作情况

住房城乡建设领域 2018 年开展了标准全面复审工作，按照《工程建设标准复审管理办法》，根据各主编单位提交的《工程建设标准复审审议意见表》汇总情况，2018 年共复审工程建设国家标准 267 项，产品国家标准 20 项；行业标准 543 项，产品标准 524 项。其中继续有效的工程建设国家标准 195 项，产品国家标准 19 项；继续有效行业标准 390 项，产品标准 409 项。

（四）围绕工程建设规范和标准开展的研究情况

1. 规划领域有关规范研究

2018 年重点针对《城市公共设施规划规范》、《医疗卫生设施规划规范》、《社会福利设施规划规范》、《城市能源规划规范》等规划领域标准进行了系统研究，对城市规模调整、公共服务范围、医疗设施和社会服务设施规划规模、城市能源规划等提出了明确的指标调整建议、用地分类建议、标准规范体系和编制思路。

2. 建筑节能和建筑环境标准国际对比研究

1）建筑节能

围绕建筑节能规范的编制工作，建筑节能领域开展了规范对比研究，针对公共建筑，由于我国和美国地域尺度相似，气候区复杂程度相似，可比性强，主要以选择美国采暖制冷与空调工程师学会标准 ASHRAE90.1 与我国规范对应相关参数进行比较。发现对公共建筑围护结构的性能要求两国差别不大，严寒和寒冷地区我国规范要求与美国标准持平或略高，夏热冬冷和夏热冬暖地区我国规范要求略低于美国标准。用能设备方面，我国规范离心式水冷机组性能要求总体低于美国 ASHREA90.1－2013 标准的要求，差距最高达 20％左右，对大型冷机的性能要求与美国比较接近。国外的建筑技术法规中对太阳能的利用及性能指标并未进行明确规定。

2）建筑环境

建筑环境方面我国性能参数要求与澳大利亚要求接近，但低于英国要求。不同国家对参数设置的出发点不同，比如英国建筑规范不考虑装修等的影响，因而没有对甲醛等的要求，澳大利亚建筑规范则不考虑发霉和装修等的影响，仅从室内空气品质中的成分浓度出发进行要求。但比较三个国家均有要求的量化指标限值，可以发现，英国和澳大利亚建筑规范的要求均比我国更严谨。比如，对 CO 的要求，都是考虑到不同时间段的限值并不相同。另外，英国建筑规范的要求比我国和澳大利亚更加严格，澳大利亚要求严格程度与我国基本相当。以 TVOC 作为对比，英国建筑规范要求明显严于我国，限值仅为我国的

50％～60％的水平，澳大利亚 TVOC 要求略高于我国。

3. 建筑电气规范研究

《民用建筑电气设计规范》编制组在规范的编制中，对消防用电设备的供电电缆在火灾时如何选用做了研究。将研究结论写进了条款：对消防用电设备的供电干线提出了较高的要求（950℃、180min），由配电箱/控制箱引出的分支线路/控制线路，可选用耐火等级比干线低一级的耐火电缆（750℃、90—180min）。

民用建筑的消防设备使用耐火电缆是为了保障火灾时消防灭火设备能正常工作，耐火电缆承受的供火温度有两个范围：750℃～800℃和950℃～1000℃，耐火电缆在火灾情况下需持续工作的时间，应由相关专业规范规定的消防设备需持续工作的时间确定。例如消火栓系统的火灾延续时间公共建筑为3h，住宅建筑为2h（见《消防给水及消火栓系统技术规范》GB 50974－2014 第3.6.2条）；一般民用建筑自动喷水灭火系统持续喷水时间为1h（见《自动喷水灭火系统设计规范》GB 50084－2017 第5.0.16条）。

（五）工程建设标准国际化情况

1. 城乡规划领域国际化调研

调研发现"一带一路"沿线国家城乡规划编制与管理的法律体系大致分为三种情况，一是新加坡、立陶宛等国家专门颁布《城乡规划法》或相关法律，二是阿富汗、尼泊尔等国家未颁布《城乡规划法》、但颁布/即将颁布含城乡规划编制与管理内容的法律，三是城乡规划编制与管理法律法规制定比较滞后的国家。

沿线国家的城乡规划编制体系大致分为四种情况，一是新加坡、匈牙利、希腊等一些发达国家在发展战略/概念规划的引导下开展多个层级的空间规划，二是泰国、罗马尼亚等沿线大多数国家都采取"国家总体规划/空间规划——区域/省域规划——城市总体规划/结构规划——城市详细规划"三/四/五等级体系，三是以阿联酋为代表的国家采用了"国家层面的战略规划和总体建设规划——各酋长国的空间规划和城市总体规划"的二等级体系，四是也门、巴林等国家尚未形成完整规划体系。

沿线国家的城乡规划主管部门大致分为六类，一是蒙古等国家单独设立主管城乡规划部门，二是以色列等国家的城乡规划事务属于内政部主管，三是哈萨克斯坦等国家由经济部门主管城乡规划事务，四是立陶宛等国家的城乡规划与环境事务属于同一部门主管，五是印度等国家的城乡规划与住房事务属于同一部门主管，六是阿联酋等国家的城乡规划与基础设施事务属于同一部门主管。

在纵向规划管理方面，沿线国家大多根据本国行政区划，在各个层级设置相应的城乡规划部门，负责本级的城乡规划工作，大多采取三/四级的体系，即国家级、省/邦/州级、地方/市镇级，有些国家会设置区域一级的跨省/邦/州级的规划管理机构。

在城乡规划执业机构资质认证方面，以东盟的马来西亚、印度尼西亚，中东欧的保加利亚为代表的国家已经设立完善的认证制度，而中东欧的斯洛伐克、拉脱维亚、斯洛文尼亚等国主要通过国际标准化组织（ISO）进行认证。

在执业人员资质认证方面，希腊、新加坡、立陶宛等国家已设立完善的认证制度。

2. 勘察设计领域国际化调研

调研发现勘察设计领域中国工程标准认可度不高，规范体系存在差异，发达国家岩土工程规范与工程设计联系紧密，由基本原理、应用规则和工程数据构成，强调对基本原理的把握，应用规则是对基本原理的实施性说明，很少向规范使用者提供具体的工程参数取值。标准规范数量众多、体系庞大，但各行业统一。规范主体以试验为主导。岩土工程评价强调理论分析与试验支持，定性描述较多，具体规定较少。大量存在企业或行业协会标准或指南。

发达国家岩土工程勘察分为两部分，野外数据的获取和数据分析使用。野外数据的获取是作为承建商的工作，类似于施工单位，监管也是按照施工企业要求的；勘察成果数据分析是顾问公司的工作，相当于设计院。而顾问公司的岩土工程师和结构工程师是共同工作的服务于项目的全过程。我国岩土工程勘察包括野外工作和成果分析报告，而且设计院仅仅是利用勘察报告工作而已。勘察、设计工作是完全分开的。

3. 城市轨道交通领域国际化情况调研

基础设施互联互通是"一带一路"建设的优先领域，中国工程标准国际化对服务"一带一路"基础设施建设和城乡规划建设具有重要作用，城市轨道交通领域，建议进一步加强国家战略驱动力。对于已具备自身标准体系的国家或地区，探索研究中国标准与东道主国现行标准的对接与互认机制，提出互认条件、工作方法、评价机制和预期成果；对于自身标准体系不完备的国家或地区，探索研究基于中国标准建立东道主国标准体系的属地化机制，提出基本原则、体系结构、工作思路和预期目标，并进行应用示范；在标准互认和属地化对策研究基础上，探索研究建立"一带一路"区域交通联盟技术标准体系的行动方案。进一步加强政策支持，我国政府如在融资、优惠等资金方面提供政策性优惠，将在国际市场上具有一定竞争力，助推中国标准"走出去"。合理利用资本驱动，负责我国海外基础设施贷款的金融机构，尤其是政策性金融机构，可在合同范本中列入强制性或鼓励优先采用中国标准的规定，并在贷款项目中予以采用。成立我国城市轨道交通国际标准专职机构统筹各项事宜。

（六）标准化工作获奖情况

1. 2018 年度华夏建设科学技术奖

根据《科技部关于进一步鼓励和规范社会力量设立科学技术奖的指导意见》《华夏建设科学技术奖奖励章程》（2018 年修订）等要求，华夏建设科学技术奖励委员会围绕住房城乡建设领域相关研究成果，其中包括行业服务的标准、规范等，开展了行业相关标准的评奖工作。2018 年共有 8 项标准、规范获得华夏建设科学技术奖，其中一等奖 2 项，二等奖 4 项，三等奖 2 项。一等奖是中国建筑科学研究院有限公司等单位编制的《组合结构设计规范》，以及住房和城乡建设部标准定额研究所等单位编制的《民用建筑能耗标准》。二等奖是《混凝土结构工程施工质量验收规范》《大遗址保护规划规范》《建筑与小区雨水控制及利用工程技术规范》《建筑与桥梁结构监测技术规范》。三等奖是《城镇燃气规划规范》《体育场馆照明设计及检测标准》。

2. 2018 年标准科技创新奖

2018 年是中国工程建设标准化协会"标准科技创新奖"评审元年，第一届协会共收到书面申报材料 245 份。涉及城建建工、市政建设、公路、铁路、冶金、纺织、石油、水利、电力、化工等多个行业；包括了国家标准、行业标准、地方标准、产品标准、学协会团体标准，IEC、ISO、NACE 等国际标准。评审委员会根据标准的创新性、应用与推广情况、编制水平及经济效益或社会效益等方面进行了评选，最终确定了 52 项标准获得本次"标准科技创新奖"的提名，经评审委员最终讨论，评出一等奖 10 项，二等奖 18 项，三等奖 24 项。

二、电力工程❶

（一）综述

在电力工业快速发展的过程中，标准化工作作为重要的基础性技术工作，对规范行业的技术行为、保证电力生产建设的安全和经济运行、推动技术进步等均发挥了促进作用。2018 年电力行业工程建设标准化工作按照住房和城乡建设部的要求，以增强标准体制支撑经济社会发展能力为主题，紧密围绕新能源发电、水电、配电网、电气装置等重点领域开展工作，积极开展了标准的制定和有效实施工作。

（二）标准化工作能力建设情况

1. 标准化工作机构建设情况

受住房和城乡建设部、国家能源局等政府部门委托，中国电力企业联合会（标准化管理中心）负责电力行业工程建设标准的归口管理工作。中电联标准化管理中心归口管理 20 个全国标准化技术委员会、43 个行业标委会和 23 个中电联标委会，以及 16 个相关专业国际电工委员会的中国业务，相关秘书处承担单位见 http：//dls.cec.org.cn/jishu-weiyuanhui/。2018 年，国家标准委批准成立全国电力需求侧管理标准化技术委员会，国家能源局批准成立能源行业电力机器人标准化技术委员会。中电联批准成立了中国电力企业联合会电力工程信息模型应用标准化技术委员会等 7 个团体标准化技术委员会。

2. 标准参与及人才培养情况

国家和行业标准管理人员以中国电力企业联合会标准化管理中心为主，各大电力企业单位的标准管理岗位人员为辅。根据 2018 年工作实际，中电联标准化管理中心组织了 3 次标准化知识培训，提高标准化工作人员的理论水平，宣传标准化工作发展趋势，讲授标准编制知识，保证标准编写质量。

3. 标准化管理制度建设情况

2018 年，中电联标准化管理中心作为电力标准主管部门，进一步加强标准化工作机制建立，健全标委会工作考核机制，按照《电力行业标准化技术委员会考核评估办法（试行）》，组织对电力行业电站锅炉标准化技术委员会等 12 个标委会进行 2018 年度考核评估，规范标准化技术委员会的运行管理。

（三）工程建设标准化改革情况

落实标准化改革精神，继续开展《电力工程建设强制性标准体系》课题研究，先后召开了发电及电网领域 10 项电力工程项目规范和通用规范的强制性标准研编工作会议，建立电力工程建设强制性标准体系，作为工程建设强制性国家标准的重要组成部分。

---

❶ 本节执笔人：周丽波、马小琨，中国电力企业联合会

按照标准化改革要求，继续对电力强制性标准进行清理，对一些不宜作为强制性标准的修订为推荐性标准；对推荐性标准进行优化，建立国家标准、行业标准、中电联标准相互配合、相互协调的标准体系。

（四）工程建设标准体系与数量情况

1. 现行工程建设标准数量情况

截至 2018 年底，电力行业现行工程建设国家标准 103 项，其中 22 项标准进行过修订工作，81 项标准尚未进行过任何修订。

2. 批准发布的工程建设标准数量

2018 年，由住房和城乡建设部批准发布的电力工程建设国家标准共 6 项，其中制定 4 项、修订 2 项，涵盖新能源发电、电动汽车充电设施等热点领域。2018 年，电力行业（中电联归口）批准发布工程建设行业标准共 49 项，其中制定 23 项、修订 26 项，覆盖火电、水电、输电、配电、电气装置安装等领域。

2005～2018 年电力行业发布的工程建设行业标准数量见表 2-1，对比可见，自 2012 年起，电力行业每年制修订工程建设标准数量维持在较高水平。

2005～2018 年电力行业（中电联归口）发布的工程建设行业标准数量情况　　表 2-1

年份	2005	2006	2007	2008	2009	2010	2011
数量	14	3	10	0	24	33	4
年份	2012	2013	2014	2015	2016	2017	2018
数量	39	39	30	20	48	26	49

（五）工程建设标准编制工作情况

1. 2018 年电力行业工程建设标准制修订工作的指导思想和重点思路

2018 年电力行业工程建设标准制修订工作依照《工程建设国家标准管理办法》《工程建设行业标准管理办法》《能源领域行业标准化管理办法（试行）》和《能源领域行业标准制定管理实施细则（试行）》等有关文件精神开展工作。工程建设团体标准根据《中国电力企业联合会标准管理办法》和《中国电力企业联合会标准制定细则》制定。

2. 重点标准制修订工作介绍

《风光储联合发电站调试及验收标准》GB/T 51311 - 2018 规定了风光储联合发电站调试和验收的基本规定、设备调试、分系统调试、风光储联合发电站调试、工程启动验收和试运行、工程移交生产验收和竣工验收等内容。标准总结了国内外风光储联合发电站调试与验收实践经验，结合我国 35kV 及以上电压等级对风光储联合发电站的要求，规范了风光储联合发电站调试和验收的方法和流程，保证风光储联合发电站的性能和设备质量，提高风光储联合发电站安全运行水平，充分发挥风光储联合发电站的效能，构建更加清洁高效的新能源发电系统。

《塔式太阳能光热发电站设计标准》GB/T 51307 - 2018 规定了塔式太阳能光热发电站的总体规划、集热场布置、发电区布置、设备选型及系统要求等内容。标准紧密结合国内外塔式太阳能光热发电最新技术和产业发展趋势，充分考虑我国塔式太阳能光热发电工程建设的实际情况，从发展的角度出发，符合当前的实际需要，又具有先进性和前瞻性。标准贯彻开发与节约并重的原则，注重节约土地、节约水资源、节约能源，注重环境和生态保护，做到技术先进、经济合理、安全适用。

《配电自动化系统验收技术规范》DL/T 5781－2018 规定了配电自动化工厂验收及现场验收应具备的条件、测试环境、验收内容及要求、验收结论以及验收文件等。在国家能源局配电自动化技术标准体系下，深入研究和总结配电自动化验收应具备的条件、验收测试环境、验收内容及要求、验收结论及验收文件等，为落实国家发改委、国家能源局关于加强配电自动化建设要求，进一步规范配电自动化系统验收工作提供标准支撑，保障配电自动化系统建设质量和应用成效。

《农村电网 35kV 配电化技术导则》DL/T 5771－2018 规范了农村电网 35kV 配电化规划、设计、建设与改造，适用于农村电网的 35kV 配电化建设模式，为解决农网资金短缺、布点难、建设周期长等难题提供了新思路，达到缩短项目建设周期，降低工程造价，提高农网供电能力和服务质量的目的。35kV 配电化技术在解决偏远地区供电和低电压问题上具有良好的效果，突出经济、安全两条主线，保证电网安全的基础上解决农村电网建设中资金不足的问题。

3. 标准复审及清理工作情况

2018 年，电力行业在复审范围内的工程建设国家标准 106 项，复审结论为"继续有效"的标准 67 项，结论为"修订"的标准 33 项，结论为"废止"的标准 6 项。复审结论为"修订"的标准，由于与国家政策、技术发展、限行有效基础性标准等不相协调，经相关标委会及主编单位研究，广泛听取标准使用单位意见，从而确定标准复审意见为"修订"。复审结论为"废止"的标准，多为修订完成的新版标准已发布，旧版标准复审意见确定为"废止"。

（六）工程建设标准实施与监督工作情况

1. 工程建设标准宣贯和培训情况

为提升标准编制水平，保证电力标准编制质量，2018 年中电联标准化管理中心组织开展了标准编写与报批要求的培训工作，主要培训内容为住房和城乡建设部标准定额司主编的《工程建设标准编制指南》与《工程建设标准编写规定》（建标［2008］182 号），来自各电网、发电企业和科学院所等单位的标准管理及编写人员共计 200 余人参加了培训。

2. 企业标准化工作情况

中电联自 2010 年以来开展了电力企业"标准化良好行为企业"试点及确认活动，截至目前，已通过标准化良好行为企业确认的电力企业已达 240 余家。通过标准化良好行为企业创建，电力企业优化标准体系，确保技术、管理、岗位标准落地实施，切实提升管理和技术水平，促进生产经营活动向更加科学有序的方向发展。

2018 年，广大电力企业积极推进企业标准化建设，共有 52 家电力企业通过了"标准化良好行为企业"现场确认，企业标准化管理水平显著提高，标准化工作进一步规范。

（七）工程建设标准国际化情况

1. 标准外文翻译情况

截至 2018 年底，电力行业已完成外文版翻译标准共 276 项，其中工程建设国家标准

43 项，行业标准 233 项。

2. 国外标准交流合作

为支持电动汽车产业发展，推动充电技术进步，促进相关国际标准化工作，中国电力企业联合会与日本 CHAdeMO 协议会达成了在电动汽车充电设施领域加强技术和标准合作意愿。2018 年 8 月，中国电力企业联合会与日本电动汽车用快速充电器协会（CHAdeMO）在京签署了电动汽车充电设施领域技术和标准合作谅解备忘录，引起了国内外社会各界的强烈反响。2018 年 11 月，由国家发改委、商务部和日本经产省、日中经济协会共同举办的第十二届中日节能环保综合论坛在北京举办，中电联与日本签署的协议被纳入本次论坛的重要成果。此一系列活动大大提升了中电联在电动汽车充电设施领域的国际影响力，增强了中国在国际标准中的话语权。

三、石油天然气工程[1]

（一）综述

石油天然气工程建设标准从 20 世纪 80 年代起步，经历近 40 年的发展，已形成覆盖石油工业工程建设的标准体系。至 2018 年底，已批准发布国家标准 45 项，行业标准 241 项，标准涉及石油天然气工业上游领域陆海通用的工程勘察测量、油气集输与处理、输送管道工程、油田注水、给排水及污水处理、设备与储罐安装工程、焊接及无损检测、工程抗震、防腐保温工程、专用设备、管件和附件等设计、施工、防腐及工程质量管理等。

2018 年完成制修订标准 29 项；完成石油工程建设国家标准的全面复审；完成 26 项行业标准的制修订立项申报，其中：制定 7 项；修订 19 项。

（二）标准化工作能力建设情况

1. 标准化工作机构建设情况

石油工程建设专业标准化技术委员会是石油行业工程建设标准化工作的日常管理部门，2018 年石油工程建设专业标准化技术委员会进行了换届，现有委员 42 人。下设的工程设计分标委、工程施工分标委和防腐工作组同时进行了换届。

2. 标准参与及人才培养情况

石油工程建设标准上游领域的国家标准和行业标准的制修订工作，主要由中国石油和中国石化等的设计、施工、研究单位承担，2018 年 50 余个单位参与国家规范研编和行业标准的编制。

（三）工程建设标准化改革情况

2018 年根据《住房城乡建设部关于印发〈2018 年工程建设规范和标准编制及相关工作计划〉的通知》（建标函〔2017〕306 号）和《工程建设规范研编工作指南》开展了石油天然气行业的 8 项规范研编工作，其中：项目规范 6 项，通用规范 2 项。至 2018 年底，

---

[1] 本节执笔人：王小林、罗锋、林冉，中国石油规划总院；常亮，中国石油工程技术研究院

各项规范按计划完成了草案汇稿工作。

（四）工程建设标准体系与数量情况

1. 工程建设规范和标准体系情况

根据目前标准管理机构设置，为便于标准化工作开展和管理，石油天然气工程建设标准体系由三个分体系组成，分别是设计标准分体系、施工标准分体系、防腐标准分体系，详见《中国工程建设标准化发展研究报告 2017》，此处不再赘述。

2. 工程建设标准数量情况

现行石油天然气工程建设国家标准 37 项，其中 15 项尚未进行过修订；现行石油天然气工程建设行业标准 241 项。2018 年新批准发布石油天然气工程建设行业标准 29 项，其中制定 11 项，修订 18 项；未批准发布石油天然气工程建设国家标准。2007～2018 年批准发布的石油天然气工程建设行业标准数量见表 2-2。

2007～2018 年发布（包括制定和修订）的石油天然气工程建设行业标准数量　　表 2-2

年份	2007	2008	2009	2010	2011	2012	2013	2014	2015	2016	2017	2018
数量	20	21	7	33	9	17	19	16	0	55	18	29

（五）工程建设标准编制工作情况

1. 2018 年行业工程建设标准制修订工作的指导思想和重点思路

2018 年石油天然气行业以油气田的开发、长输管道建设和油气储备库建设为重点，细分工程项目，按工程项目组织开展制修订标准研究，补充、完善标准体系；加强标准制修订过程管理，不断提高标准制修订的质量和水平。

2. 重点标准制修订介绍

（1）《岩土工程勘察验槽规范》SY/T 7401－2018

地基验槽是岩土工程勘察必不可少的环节。它可以起到检查、验证、校核补充修正勘察报告的作用。通过地基验槽可以发现工程中出现的问题，使工程负责人能尽快向本单位涉及该工程的技术主管及时反映情况，并能与设计、甲方、监理、施工单位共同协商解决，对异常地基土层情况进行处理和对报告进行合适的补充修正，这样可以消除建（构）筑物的隐患，保证建（构）筑物的安全和工程质量。

验槽工作是一项不可缺少的重要措施，为了确保建（构）筑物不产生较大的不均匀沉降，必须对地基进行严格的检验。验槽也是隐蔽工程验收的重要过程，但目前还没专门的规范作为依据。因此，很多单位对其重视程度不够，把勘察人员参与验槽看作一种形式，认为验槽只不过履行手续、签字盖章。有些甲方从自身经济利益出发往往希望简化地基验槽程序。另外，由于行业地位的影响，勘察单位在验槽中作用往往被忽视，部分甲方监理和施工单位认为只要勘察单位签字盖章就行了，不需参与现场验收；而现场地基验槽中，勘察人员可能连发言权都没有，全权由质检部门代言；部分勘察单位甚至自己忽视自己的重要性，派出无经验的勘察人员参与现场验收，甚至不参与现场验收就签字盖章。由上所述，制定相应的行业规范，使得地基验槽工作有据可依，是对确保下一步施工的顺利进行和保证工程质量有着不可替代的作用。

地基验槽工作是检验勘察报告是否符合实际，解决遗留和新发现问题的有效途径，是关系到整个工程建设安全的关键。同时，验槽也是一项技术性和经验性很强的工作，在验槽中发现工程地质问题并妥善处理，就能把安全隐患消除在工程建设之前，从而保障建（构）筑物安全和施工顺利。因此，有必要制定《岩土工程勘察验槽规范》作为验槽的依据。

该标准发布实施后，将使地基验槽工作规范化，有利于保证建（构）筑物的安全和工程质量，为在验槽中地质条件的符合性评价提供了依据，确保工程建设安全适用、技术先进、经济合理、确保质量、保护环境。

（2）《油气输送管道应变设计规范》SY/T 7403－2018

随着国内油气管道的建设，我国将逐步形成全国性的天然气、原油、成品油管道网络，而我国是个多震的国家，构造断裂多，各种矿藏广布，在东北、西北和青藏高原都分布有多年冻土，山区地质灾害发育，管道不可避免地要通过这些地段。这些地段的管道除了环向需要正常承压外，轴向会因地面变形引起拉伸、压缩、弯曲和变形而受附加应力，为了保证这些地段的安全需要采取基于应变的设计方法，简称应变设计。中国石油从西气东输二线开始，陆续开展了应变设计的系列研究，并形成了企业标准《油气管道线路工程基于应变设计规范》（Q/SY 1603－2013）。该标准实施后，成功地指导了西气东输三线、中缅油气管道、中亚D线等工程的强震区、活动断裂带、采矿沉陷区等地段的建设，取得了良好效果。中国石化在论证新粤浙管道通过活动断裂带地段也采用了此方法。本标准在中国石油企业标准的基础上根据最新的研究成果和工程实践制定而成。规范实施后，不仅可规范强震区、活动断裂带、采矿沉陷区、多年冻土地区的应变设计，将其推广应用到行业内，形成行业的共识，也为其他地面移动地段，如不稳定斜坡、液化区、黄土湿陷等地段的管道设计提供指导，为管道通过地面位移地段提供了安全保障，并降低工程投资。

（3）《导热油供热站设计规范》SY/T 7405－2018

国内外尚缺少有关导热油供热站工程设计的相关标准，工程设计中缺少导热油工艺系统及配套设施的工程设计依据。使导热油供热站的全局规划布置、设备选型安装、燃料系统设计、管道设计、土建设计、电气设计、采暖通风设计、消防设计、环保设施设计等缺少设计依据，需要一个统一而具体的规范解决这些问题。

该规范条文所涉及的导热油供热技术，主要依据兰州国家石油储备基地工程、兰州生产运行原油储备库工程、鄯善原油商业储备库工程、晋城华港燃气有限公司沁水煤层气液化调峰储备中心、京58地下储备库工程、九环化工有限责任公司导热油供热工程等国内导热油供热站设计与施工的成熟经验。

（4）《管道防腐层性能试验方法 第1部分：耐划伤测试》SY/T 4113.1－2018、《管道防腐层性能试验方法 第2部分：剥离强度测试》SY/T 4113.2－2018

为加强国际标准交流互通，大力推进中国技术走出去，这两项标准均采取双采标准的标准编制模式，由国内标准单位分别在国内石油行业和美国腐蚀工程师协会（NACE）申请标准立项，同时进行编制，标准的技术内容完全一致，标准既适用于国内，也适用于国外。两项标准先后通过国外标准化组织的投票并已正式颁布。两项标准在国外的颁布扩大了我国防腐技术在国际的知名度，对于国际上推广、宣传中国技术意义重大。

（5）《钢质管道及储罐腐蚀评价标准 埋地钢质制管道外腐蚀直接评价》SY/T

0087.1-2018

腐蚀是引起管道安全问题的主要原因之一，管道的腐蚀与防护检测、评价和运行管理技术和标准在管道安全管理和运行中至关重要。SY/T 0087《钢制管道及储罐腐蚀评价标准》标准是关于管道设备内外腐蚀检测评价及数据处理的基础系列标准，其中SY/T 0087.1《钢制管道及储罐腐蚀评价标准　埋地钢制管道外腐蚀直接评价》是该系列标准中针对埋地管道外腐蚀检测评价的，该标准自颁布以来一直是国内埋地管道外防腐检测方面的主要标准，较好指导了我国管道外腐蚀检测与评价工作的开展。

本标准在修订过程中，对拟修订内容和检测方法进行了大量现场试验验证工作，使标准要求更符合当今我国管道检测外防护和检测国情现状。本标准用于指导管道运行管理方对钢质油气管道进行检测和评价，制定科学合理的维修维护方案，可以降低管道失效风险，提高管道运行的安全性和经济性。

（6）《石油天然气管道工程全自动超声检测工艺评定与能力验证规范》SY/T 4133-2018

迄今为止，AUT（全自动超声检测技术）检测技术在国内应用已有20多年的时间，但由于该技术应用的复杂性，在实施过程中仍然暴露出一些问题，其检测结果可靠性、工艺执行规范性均急需通过工艺评定及能力验证的方式来定量评估。2010年，国内石油行业曾开展过AUT的工艺评定工作，但技术引进来自挪威船级社，且未结合AUT可靠性理论进行工艺评定的输入设计，导致可靠性验证指标不清晰明确，难以达到实际工程应用的可靠性要求。考虑到国内施工环境的复杂性，制定本规范的目的是为了规范国内AUT检测工艺评定及能力验证工作，使得AUT工艺实施与执行有据可依，评定与能力验证结果真实可靠，且能够从人、机、料、法、环等五个方面综合定量评估AUT检测系统的可靠性，以保证工艺实施及执行过程的全要素质量控制，实现施工检测质量的可追溯性及规范性管理。工艺评定的对象为AUT预工艺，体现具体检测工艺的可靠性；而能力验证的对象则为检测机组，体现AUT系统包括人员、设备、工艺等的可靠性。

目前，全自动超声检测技术已广泛应用于石油天然气管道工程无损检测中，但是国内还没有关于石油天然气管道全自动超声检测的国家或行业标准，因此需要制定相关技术标准，以保障AUT检测技术的可靠性和管道工程的建设质量，并为我国石油天然气管道全自动超声检测技术的应用提供指南。该规范的技术要求已经在国内油气管道工程中得到应用，充分保障了重点工程的施工质量。

3. 标准复审及清理工作情况

（1）国标复审

根据《关于做好2018年度工程建设标准复审工作的通知》（建标工〔2018〕84号），立即组织石油工程建设国家标准主编单位按照通知要求对2018年及之前发布实施的国家标准开展了复审工作。2018年复审国家标准19项（不包括住房和城乡建设部发布转化的标准和2018年发布实施的标准），主编单位复审结论"继续有效"11项、"修订"8项，组织单位审核建议"继续有效"15项、"修订"4项。

（2）行标复审

石油工程建设专业标准化技术委员会设计分标委组织了对2013年以前发布的标准的复审，2018年复审行业标准26项，复审结论"继续有效"20项、"修订"6项。

（3）标准清理

根据住房城乡建设部办公厅 2018 年 3 月 26 日发布的《关于印发〈可转化成团体标准的现行工程建设推荐性标准目录（2018 年版）〉的通知》（建办标函〔2018〕168 号）文件，石油工程建设领域共有 11 项国家标准列入转化计划。经研究拟做如下转化安排：

1）2 项 2017 年刚发布实施的标准和 1 项刚修订完成已报批的标准暂不进行转化；

2）3 项设计文件编制标准转化为中国工程建设标准化协会标准；

3）3 项技术标准和 2 项检测标准逐年转化为行业标准。

（六）工程建设标准国际化情况

1. 中国标准应用推广情况

国家标准《埋地钢质管道聚乙烯防腐层》GB/T 23257 - 2017，已纳入国标委的 2017 年国家标准国际化计划，2018 年 8 月已完成标准的英文翻译报批，该标准已在中亚管道建设等国际工程应用。

2. 国际标准化事务参与情况

（1）由中石油管道公司和中国石油规划总院共同编制的 NACE 标准 *Test Method for Measurement of Peel Strength of Multilayer Polyolefin Coating Systems*《多层聚烯烃涂层系统剥离强度测试方法》NACETM21420 - 2018，已于 2018 年正式颁布。

（2）由中石油管道公司和中国石油规划总院共同编制的另一项 NACE 标准"防腐涂层弯曲测试方法"（Coating Bending Test），已于 2017 年 5 月通过 NACE 的标准立项审查，现已成立 TG555 工作组，2018 年 3 月召开了第二次工作会，该标准仍在编制中。

（3）由中石油管道公司和中国石油天然气管道工程有限公司编制的 ISO19345 标准分为两个部分，第一部分陆上管道完整性管理《*Pipeline Integrity Management Specification-Part*1：*Full-life Cycle Integrity Management for Onshore Pipeline*》，第二部分海洋管道完整性管理《*Pipeline Integrity Management Specification-Part*2：*Full-life Cycle Integrity Management for Offshore Pipeline*》，该标准自 2014 年开始经历了 WD、CD、DIS 稿，目前已经进入了 FDIS 稿，将进行 FDIS 稿投票，预计 2019 年三月份发布 ISO 稿。

四、石油化工工程[❶]

（一）综述

2018 年，在住房和城乡建设部、工业和信息化部等有关部委的指导下，石油化工工程建设标准化工作，遵循"立足行业、服务企业、国际接轨"的工作方针，顺应标准体制改革的要求，真抓实干、锐意进取，为石油化工领域工程建设提供了有力的技术支撑。

（二）标准化工作能力建设情况

石油化工领域工程建设标准化管理工作，是由中国石油化工集团有限公司工程部归口负责。2018 年，施工技术中心站、自控设计技术中心站、储运设计技术中心站均完成了

---

❶ 本节执笔人：葛春玉、周家祥，中国石油化工集团公司

专业技术委员会换届。其中，新一届施工技术委员会，包含 10 个专业 253 名技术委员。各专业技术中心站围绕工程建设重点工作设定主题，开展技术交流。

（三）工程建设标准化改革情况

1. 标准体系建设

（1）发挥标准的导向作用，服务于国家战略。2018 年，在编制的《中国制造 2025（石化工程建设篇）》基础上，工信部组织专家评审，确定了石油化工工程标准 146 项列入《中国制造 2025》课题总报告。这些标准作为石化工业推动中国制造的重要技术支撑，工信部将在立项和报批等环节给予支持。

（2）梳理和解决不同层级标准重复问题，进一步优化标准体系。通过标准复审，将企业标准与国家标准和行业标准统一梳理，协调解决了针对同一标准化对象存在不同层级标准的问题，而这些标准都是中国石化主导制定的。复审后，申报废止了与国家标准或行业标准重复的企业标准 91 项，继续保留并启动修订企业标准 122 项，并补充制定企业标准 20 项。

（3）关注工程建设本质安全，积极参与安全专业标准体系建设。2018 年，中国石化强化了安全专业标准体系的管理与标准制定工作。积极参与安监部门组织的标准复审和论证工作，重点关注炼油化工安全专业标准与工程建设标准的协调性，避免出现标准之间重复和矛盾等问题。同时，积极在工程建设标准中体现生产运营、评估检测等过程的安全要求，推动建设项目实现全生命周期的本质安全。

2. 标准立项计划

标准制修订立项是标准体系建设和完善的基础。2018 年加强了以下两个方面：

（1）为适应石化工业发展的需要，申报行业标准立项计划更加注重相关标准的精简整合，紧扣质量、安全、环保和公众利益主题，突出标准的必要性、紧迫性、先进性。我们组织申报了行业标准立项计划 15 项，经工信部审查和论证答辩，最终获得批准计划 13 项，为 2019 年制修订工作打下基础。

（2）完成了中国石化集团公司企业标准立项计划的申报。经企业标准立项论证，企业标准 20 项获得批准，其中包括《液化烃储运工程技术标准》《标准化工地建设标准指南》等中国石化集团公司重点关注的项目。

（四）工程建设标准体系与数量情况

1. 工程建设规范和标准体系情况

按照深化标准化改革要求，构建强制性标准与推荐性标准相结合的模式。重点研究和逐步探索技术法规、技术标准和合规性判定相结合的新型标准体系。技术法规是全社会共同遵守的基本指南和底线要求，技术标准是为了支撑强制性规范而制定的标准，而合规性判定主要是鼓励创新，是对技术法规和技术标准以外补充的新制度。新型标准体系的建立，是标准化改革的重要内容。

中国石油化工集团有限公司工程部，作为中国石化工程建设标准化主管部门，承担了 6 项强制性工程规范研编任务。

2. 现行工程建设标准数量情况

至 2018 年底，石油化工行业现行工程建设国家标准、行业标准数量见表 2-3，现行工程建设企业标准 212 项。2018 年新批准发布行业标准 21 项，现行标准的英文版 52 项，详见附录二。

石油化工行业现行工程建设国家标准和行业标准数量　　　　表 2-3

类别	从未修订（项）	进行过修订（项）	现行数量（项）
国家标准	41	9	50
行业标准	121	193	314

3. 2018 年批准发布的工程建设行业标准数量

2018 年工程建设国家标准和行业标准在编项目 97 项。其中，国家标准 17 项、行业标准 75 项、国家标准英文版 5 项。2018 年完成报批国家标准 6 项、行业标准 21 项。2018 年制定并批准发布国家标准 3 项，批准发布行业标准 21 项，其中制定 12 项、修订 9 项，（详见附录二）。2005～2018 年批准发布的石油化工行业工程建设行业标准数量变化见图 2-1。

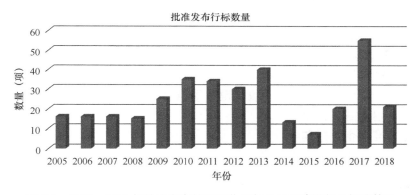

图 2-1　　2005～2018 年批准发布的石油化工行业工程建设行业标准数量

（五）工程建设标准编制工作情况

1. 2018 年石油化工行业工程建设标准制修订工作的指导思想和重点思路

2018 年，是实施"十三五"规划承上启下的关键一年，也是标准工作任务最为繁重的一年。为做好全年工作，指导思想为"学习贯彻新颁布《标准化法》，落实国家及产业发展工作部署，"遵循"改革、管理、创新、发展"的工作方针，观大势、谋全局、干实事，切实完成好全年各项工作。重点在标准体系建设、队伍建设、标准制修订、体制机制创新、标准国际化以及服务工程建设等方面取得新成就。

（1）国家标准和行业标准

2018 年，工程标准在编 92 项，其中，国家标准 17 项、行业标准 75 项。各有关编制单位和各专业技术中心站能够紧贴专业技术的发展前沿，适应当前国家有关质量、安全、环保等方面的最新要求，抓好标准制修订工作。2018 年完成报批国家标准 6 项、行业标准 21 项。2018 年批准发布国家标准 3 项（附录二）、行业标准 21 项（附录三）。

2018 年，国家标准和行业标准编制与审查工作，有序推进：

1）全文强制标准（以下简称工程规范）研编工作。工程规范属于技术法规，是工程建设保安全、兜底线的强制性标准，是政府部门依法治理、依法履职的技术依据。中国石化共承担研编任务 6 项，包括：《炼油化工工程项目规范》（含《炼油化工辅助设施项目规范》）《加油加气站项目规范》《石油库项目规范》《地下水封洞库项目规范》《工业电气设备抗震通用规范》。这 6 项规范于 2018 年 4 月至 5 月份陆续启动研编。工程规范涵盖规划布局、建设实施、改造维护、废弃退出等项目全生命周期的重要环节，编制难度非常大。中国石化牵头组织国内相关行业技术实力较强的设计、建设、科研和生产单位，成立了研编组。确定了研编范围、重点内容及章节构成，落实了研编分工和进度控制点，完成了研编大纲和规范初稿。研编工作对现有规范强制性条文、国内外法律法规、国际通用惯例等进行收集与分析，开展了专题研究并形成专题报告，为研编工作中期评估打下基础。

2）突出重点，抓好产业发展急需的标准制定工作。一是根据国家环保要求，落实国务院《水污染防治行动计划》和国家环保部要求，强化加油站的土壤和地下水污染防控措施，积极推进《加油站在役油罐防渗漏改造标准》的编制工作，提前 1 年完成编制任务。该标准对于确保全国加油站防渗漏改造工程的质量、安全和环保具有重要意义。二是国家标准《石油化工工程数字化交付标准》GB/T 51296－2018 经住房和城乡建设部公告，于 2019 年 3 月 1 日起实施。该标准将有力推动工程数字化交付和智能工厂建设。三是行业标准《石油库节能设计规范》等三批 17 项已报批。《石油化工 FF 现场总线控制系统设计规范》《石油化工电缆桥架施工及验收规范》等编制工作及时启动，以适应装置大型化、系统控制等工程建设需要。

（2）团体标准和企业标准

为了将部分标准能够按国家政策引导和适时转化为团体标准，在 2017 年全面启动了企业标准《中国石化炼化工程建设标准》（SDEP）的修订工作的基础上，2018 年对于 SDEP 修编涉及 21 个专业 142 标准，由超过 800 名工程技术骨干同期展开编制工作，工作量十分巨大。为此，我们采取有力措施保障编制工作顺利推进。一是委托 SEI 牵头开发了《SDEP 编制管理信息平台》，提升了修编工作效率。二是提前制定审查计划，倒排工期，密切关注编制工作动态。三是及时分析编制单位提交的进度月报和反馈的问题，由综合组逐一予以协调和答复，保证编制工作顺利进行。2018 年共进行四批 13 个专业 61 项标准的审查。其中，2018 年新制定的《液化烃储运工程技术标准》，经工程部的大力促进和主编单位联合系统内外技术力量共同努力，下达计划的当年就完成编制并批准发布，标准编号为 Q/SH 0749－2018，自 2019 年 4 月 1 日起实施。该标准的实施，为集团公司液态烃储运基地建设提供了技术支撑。

2. 重点标准制修订工作介绍

2018 年新批准发布的石化行业标准共 24 项（附件二），其中，国家标准 3 项、行业标准 21 项，选取其中有代表性的 3 项标准重点介绍：

（1）《石油化工工程数字化交付标准》GB/T 51296－2018

该标准为新制定国家标准。重点解决了石油化工工程数字化交付的范围、目标等；石油化工工程数字化交付过程中建立以工厂对象为核心的信息模型；油化工工程数字化交付基础的内容规定；石油化工工程数字化交付的内容包括数据、文档和三维模型及其关联关系；石油化工工程数字化交付的形式包括交付平台移交和信息模型移交两种形式；石油化工工程数字化交付策略的制定；石油化工工程数字化交付的流程；石油化工工程数字化交付平台的技术要求。

该标准能够规范石油化工工程数字化交付内容和深度，对交付基础和交付过程的标准化具有指导意义。定义了以工厂对象为核心的信息模型，为信息在工程建设阶段和工厂运维阶段的传递以及工厂全生命周期信息管理建立了标准。该标准主要涵盖工程数字化交付基础、交付内容与形式、交付过程、交付平台、工厂分解结构及其与工厂对象和文档关联关系的数据结构、类库数据结构、典型的工厂对象分类及属性、典型的文档交付内容等。实施后将有助于提升工程公司的工程设计数字化和集成化程度，大大提高设计的标准化和规范化，有助于提高设计效率、工程质量，降低业主数字化工厂建设的成本和周期，为业主的智能工厂建设提供基础。该标准的实施有助于引领石油化工行业由以文档为核心的传统交付向以数据为核心的数字化交付发展。

（2）《烟气二氧化碳捕集纯化工程设计标准》GB/T 51316－2018

该标准为新制定国家标准。因为大气中 CO_2 浓度升高对环境和社会产生了深远影响，减少 CO_2 的排放是一个关系到人类社会持续发展的问题。CO_2 主要产生于化石燃料的燃烧过程，而碳捕集及封存技术是减少排入大气中 CO_2 气体量的主要手段，是世界各国普遍关注的减缓温室气体排放的重要技术之一。虽然 CO_2 捕集在技术上日趋成熟，已经具备了向工业应用推广的条件，未来前景较好，但目前为止还没有技术标准对这类工程设计进行指导和约束，因此该标准的实施将使碳捕集装置的设计有据可依，更好地推动国家节能减排工作的顺利开展。本标准主要对烟气中杂质含量提出指标要求；对烟气捕集纯化工艺、对材质选用、设备选型和装置的布置、CO_2 的储存及其安全和环保等方面作出规定。

（3）《石油化工工程高处作业技术规范》SH/T 3567－2018

该标准为新制定行业标准。石油化工行业生产装置规模趋于大型化、复杂化，设备、管道、电仪、防腐保温等各专业施工过程中高处作业极为普遍，作业难度大、安全风险高，高处坠落事故被列为施工四大伤害（高处坠落、物体打击、触电、机械伤害）之首。现有国家标准《石油化工建设工程施工安全技术规范》GB 50484－2008 只在通用规定中对高处作业提出了基本要求，《建筑施工高处作业安全技术规范》JGJ 80－91 源于建筑工况高处作业，与石油化工工况高处作业区别性较大。因此，需要进一步规范石油化工高处作业安全要求，保证安全作业环境，为工程建设提供支撑和保证。该项标准主要涵盖高处作业个人防护、防护设施、高处作业平台、特殊环境高处作业安全要求等内容。经过安全网、生命绳安全性能验证性试验，明确了生命绳规格选择和安装要求；生命绳锚固点冲击载荷及支架选型、焊接要求等。

3. 标准复审及清理工作情况

2018 年开展的标准复审工作，复审结果如下。

中国石油化工集团有限公司工程部按照《关于做好 2018 年度工程建设国家标准复审工作的通知》（建标工〔2018〕84 号）有关要求，组织相关专业技术委员会，结合深化工程建设标准化改革的精神，开展了石油化工工程建设国家标准复审工作。列入复审范围的国家标准 38 项，复审结论为继续有效 22 项、修订 16 项，其中，拟列入 2019 年修订计划 14 项。

2018 年重点开展了施工标准清理工作。对于施工标准体系梳理坚持两个原则，一是将涉及工程施工、工程监理和质量监督、工程建设等多方共检要求的标准，继续保留在国家标准、行业标准层面。二是将标准应用只限于施工企业，内容以施工工艺、施工程序和方法为主的部分行业标准，拟转化为企业标准。经研究，确定拟将行业标准 16 项转化为企业标准。当企业标准发布后，相应行业标准申报废止。

（六）工程建设标准实施与监督工作情况

2018 年石化领域充分发挥监督、监检、监察、监测、检查质量管控体系作用，对工程建设标准实施进行监督检查，全年组织 32 次质量大检查，发现各类质量问题 2936 项；组织 10 次质量监察，发现问题 165 项；日常质量监督检查中发现各类质量问题 15413 项；这些问题均已整改完毕。石油化工工程质量监督总站受理 86 项压力管道监督检验项目、完成 1722.2 千米管道监督检验；完成 7 家企业 598 台压力容器、69.774 千米工业管道定期检验。通过上述质量管控，发现并消除了大批质量隐患，为工程建设顺利进行提供了保障。

（七）工程建设标准国际化情况

1. 标准外文翻译情况

国家标准和行业标准英文翻译工作。按照住房和城乡建设部"一带一路"工作构想，2018 年承担国家标准翻译 3 项，年内按时完成 1 项。《炼油装置火焰加热炉工程技术规范》等 2 项，经向住房和城乡建设部申请，延期至 2019 年 6 月报批。

截至 2018 年底，中国石油化工集团有限公司工程部组织翻译并出版石油化工工程建设国家标准 24 项、行业标准 52 项。

2. 国外标准研究情况

（1）全文强制工程规范研编中，研编组收集了国外法规规定等，研究其构成要素和实施效力。在美国，按照法律效力可划分为两大类：一是由政府部门根据法律授权而制定的政府标准或技术法规体系；二是由民间组织或非政府组织制定的自愿性标准体系。在欧盟，法规和标准也是关系分明，涉及产品安全、工业安全、人身健康安全、保护消费者权益、保护环境等方面的要求，才制定相应的技术法规或指令，强制执行；而技术标准完全是由社会团体编制，并自愿采用的，相当于我国的推荐性标准。研究表明：美国、欧盟的法规和标准体系，与我国正在构建新型标准体系的要求基本一致。

（2）"国外标准信息库"续订工作。自 2006 年起已连续 12 年通过美国 IHS 公司订阅国外标准，建立了"国外标准信息库"，有力地支持了石油化工工程建设标准的国际化。国外标准信息库按照"统一购买、集中管理、广泛使用"的原则建立，具有标准信息全面系统、更新及时、查询方便、使用面广等特点，2018 年 8 月在中国石化总部和各有关部门支持下，"国外标准信息库"续订合同已签署。本次续订调整了订阅范围，增加了 UOP 标准和美国材料试验协会标准（ASTM）等。

3. 标准国际交流工作稳步推进

2018 年 7 月在中国石化大厦与美国石油学会（API）专家举办安全技术交流会，并与 API 标准部门总监座谈，切磋石化行业标准与 API 互认，推动中国标准"走出去"。

4. 国际标准化事务参与情况

中国石化管道技术委员作为单位代表参与 ASME B31.3 的标准制修订提案的意见征集工作。

5. 标准国际化意见、建议

我国工程公司、建设公司已经基本掌握了国际通用的标准规范，但仍需加大力度理解和消化国外业主自行编制的标准体系，建议加大相关方面的投入和研究，以适应"一带一路"海外项目的技术和管理要求。可通过鼓励和支持对"一带一路"沿线国家标准对标准研究项目的立项，尤其是鼓励标准化研究机构与企业合作开展课题研究工作，开辟专门平台公开研究成果，鼓励标准化研究机构定向跟踪相关国家的标准动态并在平台上发布形式，使研究成果得以社会共享。

（八）工程建设标准化课题研究

2018 年完成了《"一带一路"石化工程标准应用研究报告》。按照住房和城乡建设部要求，组织"一带一路"石油化工工程建设及标准应用调研工作，2018 年组织 14 家企业参与并完成《对外工程和工程标准应用需求调研表》，相继召开《"一带一路"石化工程标准应用研究报告》编制启动会、审查会和定稿会。专题报告结合海外工程项目实践，切实反映中国标准"走出去"所存在的问题和困难，剖析原因并提出推进中国工程标准国际化的建议，推动我国的产品、技术、装备、服务"走出去"。该研究报告已在国家该专题出版，为中国标准"走出去"营造政策环境提供了支撑。

五、化工工程[●]

（一）综述

2018 年，中国石油和化工勘察设计协会和中国工程建设标准化协会化工分会，以市场需求为导向，以促进行业技术进步为目标，紧紧围绕提升产品和服务质量，保障人身健康和生命财产安全，维护国家安全、生态环境安全等开展标准化工作；不断健全标准化组织和完善标准体系，积极探索国家标准中译英和团体标准制定工作，认真做好工程建设标准的立项、编制、审查、报批、复审等工作。全年有 12 项标准被标准主管部门批准发布，其中国标 4 项、行标 8 项。

（二）标准化工作能力建设情况

1. 标准化工作机构建设情况

为了贯彻落实好《中华人民共和国标准化法》和有关培育团体标准的文件，组建中国

● 本节执笔人：荣世立、唐文勇，中国石油和化工勘察设计协会

石油和化工勘察设计协会标准工作委员会，完成中国工程建设标准化协会化工分会的换届工作。

中国石油和化工勘察设计协会下设 19 个专业委员会，分别负责本专业领域的化工工程建设标准的管理与制修订工作。为理顺体制关系将硝酸、硝酸盐工作委员会的相关业务并入合成氨设计专业委员会，并将合成氨设计专业委员会更名为"中国石油和化工勘察设计协会合成氨与硝酸设计专业委员会"，简称"合成氨与硝酸专委会"。

2. 标准参与及人才培养情况

2018 年里，有 38 项工程建设标准在制修订中，40 家单位承担了主编任务，170 多家单位和 900 多人参与了标准的编写和送审稿审查，比上年减少了 13 个主编单位和 30 个参编单位。

3. 标准化管理制度建设情况

为了加强化工行业工程建设标准管理工作，根据《中华人民共和国标准化法》和国务院有关行政管理部门关于标准化工作的规定，结合化工行业的实际情况，制定了《化工工程建设标准制定及管理办法》。该办法明确了化工工程建设标准管理的职责分工和主要程序，适用于化工工程建设国家标准、行业标准和团体标准的制（修）订与管理，对提高标准编制质量与工作效率起到了保证作用。

为了进一步规范对中国工程建设标准化协会分支机构活动的管理，依据《中国工程建设标准化协会章程》以及《中国工程建设标准化协会分支机构管理办法》、《中国工程建设标准化协会分会工作规则（示范文本）》，中国工程建设标准化协会化工分会修订并发布了《中国工程建设标准化协会化工分会工作规则》。

（三）工程建设标准化改革情况

1. 2018 年标准化改革重要工作

设立中国石油和化工勘察设计协会标准工作委员会。该委员会是一个专门负责标准化工作的技术组织，其目的是促进行业标准化建设，保证标准化工作的科学性、权威性，为顺利开展协会团体标准工作提供了技术保证。

2. 团体标准化工作

2018 年，协会正式启动了协会团体标准制定工作。6 月 15 日，协会以中石化勘设协〔2018〕74 号印发了《关于印发 2018 年第 1 批协会团体标准制修订计划的通知》，共计批准 6 项团体标准制定计划，其中 4 项为《住房城乡建设部办公厅关于印发〈可转化成团体标准的现行工程建设推荐性标准目录（2018 年版）〉的通知》（建办标函〔2018〕168 号）中被列为国家推荐性标准可转化成团体标准项目，2 项为新制定的协会团体标准，详见表 2-4。

2018 年团体标准制定情况表 表 2-4

序号	计划号	标准名称	制修订	代替标准	归口专委会/中心站	主编单位
1	2018-001	环氧树脂自流平地面工程技术规范	制定	GB/T 50589－2010	施工中心站	上海富晨化工有限公司、全国化工施工标准化管理中心站

序号	计划号	标准名称	制修订	代替标准	归口专委会/中心站	主编单位
2	2018-002	乙烯基酯树脂防腐蚀工程技术规范	制定	GB/T 50590－2010	施工中心站	上海富晨化工有限公司、全国化工施工标准化管理中心站
3	2018-003	化工厂蒸汽系统设计规范	制定	GB/T 50655－2011	热工专委会	中国成达工程有限公司
4	2018-004	化工厂蒸汽凝结水系统设计规范	制定	GB/T 50812－2013	热工专委会	中国石油东北炼化工程有限公司吉林设计院、全国化工热工设计技术中心站
5	2018-005	烧碱装置安全设计规范	制定		HSE研究会	中国天辰工程有限公司
6	2018-006	石油和化工建设项目现场安全管理导则	制定		HSE研究会	华陆工程科技有限责任公司

（四）工程建设标准体系与数量情况

1. 工程建设规范和标准体系情况

化工行业工程建设规范体系分项目类技术规范和通用类技术规范设置，详见《中国工程建设标准化发展研究报告2017》。

截至2018年底，化工行业设置的19个专业中有18个专业有标准可用，共计有377项现行工程建设标准，其中国家标准41项，占10.88%；行业标准336项，占89.12%。强制标准68项，占18.04%；推荐标准309项，占81.96%；基础标准13项，占3.45%；通用标准140项，占37.14%；专用标准224项，占59.42%。

现行化工行业工程建设标准情况统计详见表2-5。

2. 现行化工行业工程建设标准数量情况

截至2018年底，化工行业现行工程建设国家标准41项，其中12项标准进行过修订工作，29项标准尚未进行过任何修订；现行行业标准336项，其中107项标准进行过修订工作，229项标准尚未进行过任何修订。

3. 2018年批准发布的化工行业工程建设标准数量

2018年，由住房城乡建设部批准发布的化工行业工程建设国家标准共4项，其中制定0项、修订4项。2018年，由工信部批准发布的化工行业工程建设行业标准共8项，其中制定1项、修订7项。

2005～2018年化工行业每年批准发布标准数量情况见图2-2。近年来有四次标准制修订量较大，第一次是2006年有15项（其中12项为制定，3项为修订）；第二次是2009年有24项为修订；第三次是2014年有57项（其中4项为制定，51项为修订，4项合并修订为2项）；第四次是2017年有32项（其中3项为制定，29项为修订）。

现行化工行业工程建设标准情况统计表

单位：项　表 2-5

序号	领域	合计	国家标准							行业标准						
---	---	---	小计	占比(%)	强制	推荐	基础	通用	专用	小计	占比(%)	强制	推荐	基础	通用	专用
					性质			类型				性质			类型	
	合计	377	41	10.88	27	14	1	30	10	336	89.12	41	295	12	110	214
1	化工工艺系统专业	18	0	0.00	0	0	0	0	0	18	100.00	4	14	0	6	12
2	化工配管专业	21	2	9.52	2	0	0	2	0	19	90.48	2	17	0	7	12
3	化工建筑、结构专业	27	5	18.52	3	2	1	2	2	22	81.48	1	21	0	2	20
4	化工工业炉专业	20	0	0.00	0	0	0	0	0	20	100.00	0	20	1	13	6
5	化工给排水专业	10	8	80.00	4	4	0	6	2	2	20.00	0	2	0	2	0
6	化工热工、化学水处理专业	9	2	22.22	0	2	0	2	2	7	77.78	0	7	0	2	5
7	化工自控专业	34	0	0.00	0	0	0	0	0	34	100.00	0	34	2	19	13
8	化工粉体工程专业	12	0	0.00	0	0	0	0	0	12	100.00	0	12	2	4	6
9	化工暖通空调专业	4	0	0.00	0	0	0	1	0	4	100.00	0	4	1	3	0
10	化工总图运输专业	2	1	50.00	1	0	0	1	0	1	50.00	0	1	0	0	0
11	化工环境保护专业	5	1	20.00	1	0	0	1	1	4	80.00	2	2	0	0	4
12	化工设备专业	124	1	0.81	0	1	0	0	1	123	99.19	11	112	2	11	110
13	化工电气、电信专业	10	1	10.00	1	0	0	1	0	9	90.00	1	8	1	4	4
14	化工信息技术应用专业	0	0	0.00	0	0	0	0	0	0	0.00	0	0	0	0	0
15	化工工程施工技术	39	17	43.59	13	4	0	12	5	22	56.41	6	16	0	10	12
16	橡胶加工专业	6	3	50.00	2	1	0	3	0	3	50.00	0	3	2	0	1
17	化工矿山专业	27	0	0.00	0	0	0	0	0	27	100.00	14	13	0	25	2
18	工程项目管理	1	0	0.00	0	0	0	0	0	1	100.00	0	1	0	1	0
19	化工工程勘察	8	0	0.00	0	0	0	0	0	8	100.00	0	8	0	1	7

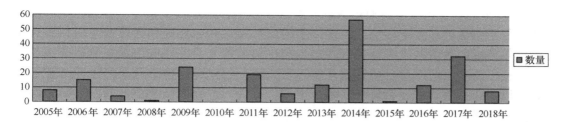

图 2-2　2005～2018 年化工行业发布的工程建设行业标准数量情况

（五）工程建设标准编制工作情况

1. 2018 年化工行业工程建设标准制修订工作的指导思想和重点思路

以党的十九大精神为指导，贯彻落实《中华人民共和国标准化法》，按照国务院下发的《关于印发深化标准化工作改革方案的通知》（国发〔2015〕13 号）的要求，重点开展以下工作：一是组织好国家工程建设规范的研编工作；二是围绕安全、环保、节能和高效开展标准制修订工作；三是做好现行标准的复审工作；四是探索协会团体标准编制工作，特别是住房和城乡建设部列为可转换成团体标准的编制工作；五是完善标准化工作制度和充实标准化工作人才队伍。

2. 重点标准制修订工作介绍

按照《住房城乡建设部关于印发 2018 年工程建设规范和标准编制及相关工作计划的通知》（建标函〔2017〕306 号）的要求，7 项规范化工行业的国家工程建设规范，正在按照进度计划研编中。各规范具体内容和要求如下：

《无机化工工程项目规范》涵盖化肥工业、无机酸碱盐工业、焦化工业、盐化工及氯碱工业等建设工程。主要研究并提出无机化工工程项目的规划选址、规模构成、总体布局、功能性能等目标要求，环保、消防、节能、安全、职业病防护等方面的要求，以及设计、施工、设备安装、工程验收、升级改造等方面需要强制执行的技术措施等。

《有机化工工程项目规范》涵盖甲醇及碳一化学品加工、醋酸系列产品加工、甲醛系列产品加工、1，4-丁二醇系列、聚氨酯、甲胺系列、丁辛醇、苯酐、乙二醇、环氧丙烷、环氧氯丙烷、芳烃等有机化工等建设工程。主要研究并提出项目规模、构成、规划、布局、功能、性能、关键技术措施等。

《精细化工工程项目规范》涵盖农药、染料、涂料、颜料、试剂和高纯品、信息用化学品、食品和饲料添加剂、粘合剂、催化剂和各种助剂、化学合成药品和日用化学品、高分子聚合物中的功能性高分子材料等建设工程。主要研究并提出项目规模、构成、布局、功能、性能、关键技术措施等。

《化工矿山工程项目规范》涵盖硫铁矿、磷矿、钾盐矿、硼矿、芒硝矿、天然碱矿、萤石矿等化工矿山建设工程。主要研究并提出项目规模、构成、布局、功能、性能、关键技术措施等。

《超低温环境混凝土应用通用规范》涵盖化工、石化、石油、天然气等行业。主要研究并提出－197℃及以下超低温环境混凝土工程设计、施工、验收、运维等方面需要强制执行的技术措施等。

《爆炸危险环境电气装置通用规范》涵盖各行业各类工程项目涉及爆炸危险环境和场所，但不包括矿井井下环境，制造、使用或贮存火药、炸药和起爆药、引信及火工品生产等环境，利用电能进行生产并与生产工艺过程直接关联的电解、电镀等区域和场所，使用强氧化剂以及自燃物质环境，水、陆、空交通运输工具及海上和陆地油井平台，以加味天然气作燃料进行采暖、空调、烹饪、洗衣以及类似的管线系统；医疗室内。主要研究并提出爆炸危险环境中的电气装置设计、选择和安装等方面需要强制的通用技术要求。

《厂区工业设备和管道工程通用规范》涵盖现场工业设备和管道（含非金属管道，不含石油/天然气长输管道）的设计、施工、验收、运行维护。主要研究并提出工业管道的设计要求，现场设备和管道焊接要求（包括焊接接头的构造设计、材料功能要求、焊接工艺评定、焊接技能评定、焊接过程控制要求、焊后热处理要求和焊接检验要求），防腐蚀要求（针对各类腐蚀环境和工艺运行条件对金属设备与管道侵蚀状况，从耐腐蚀结构设计、材料功能要求、施工质量控制、运行维护、维修等采取防护技术措施，达到耐久性设计要求、延长使用寿命，确保全生命周期内安全运行），管道绝热要求（设备及管道绝热工程的设计与施工，主要内容包括绝热材料性能要求，绝热结构设计要求和施工及检验要求）等施工及检验要求、运行和维护要求，工业管道的施工及质量验收要求。

（六）工程建设标准信息化建设

化工行业工程建设标准化管理信息化平台在中国石油和化工勘察设计协会官网http：//www.ccesda.com 上设置了"标准建设"专栏，主要登载国家标准、行业标准、团体标准和标准组织的一些信息和活动内容。

六、煤炭工业[1]

（一）综述

2018 年中国煤炭建设协会共组织编制（研编）、修订、审查和报批工程建设规范、国家标准、行业标准和团体标准 30 多项。2018 年共发布工程建设标准 12 项，其中国家标准 10 项、团体标准 2 项。重点完成以下几项工作：

1. 受住房和城乡建设部标准定额司委托，对《关于传统支柱能源开采技术升级换代的提案》（政协提案 2745 号）进行研究，提出有关政策建议和标准修订意见。

2. 根据工作安排，每季度对 2009～2018 年工程建设国家标准进度情况进行汇总、进度跟踪和督促。2009～2018 年共组织编写工程建设国家标准和规范 67 项，其中 2009～2015 年工程建设国家标准计划 48 项，有 47 项已正式公告，较圆满的完成了国家标准编制任务。

3. 组织开展对 2016 年 8 项工程建设国家标准修订编制工作。组织召开 5 项标准征求

[1] 本节执笔人：张祥彤，中国煤炭建设协会

意见稿审查会，并上网征求意见；组织召开 2 项标准送审稿审查会，完成报批稿。

4. 组织开展 2017 年 1 项工程建设国家标准《带式输送机工程技术标准》（修订）编制工作。组织召开征求意见稿审查会，并上网征求意见，组织召开了送审稿初稿审查会。

（二）工程建设标准编制工作情况

1. 标准复审

煤炭行业 84 项工程建设国家标准，其中 2018 年公告标准 10 项。参加复审的工程建设国家标准共 77 项（含修订后 2018 年公告 3 项），继续有效的标准 48 项（含修订后 2018 年公告 3 项），已废止 3 项，建议修订 9 项，建议转移团体标准 7 项；正在修订的标准 10 项。

2. 团体标准

积极推动团体标准发展。2018 年组织编制并公布了 2 部团体标准：《煤炭建设项目工程总承包管理规范》（T/CCCA 001 - 2018）、《无煤柱自成巷 110 工法规范》（T/CCCA 002 - 2018）。

工程建设团体标准目前在国内和行业内，认知度不高，市场认可度需要一定时期的培育和支持，需要政府有关部门的引导和支持，并应进一步明确团体标准的法律地位和发展方向。

（三）工程建设标准体系与数量情况

1. 工程建设规范和标准体系情况

（1）工程建设规范体系（煤炭工程部分）

工程建设规范体系（煤炭工程部分）分为工程项目类和通用技术类，其中工程项目建设技术规范 5 项，通用技术类技术规范 5 项。2018 年重点开展工程建设全文强制性规范研编组织工作。分别组织召开了 3 次规范启动会，完成了 10 项规范研编的启动组织工作，积极推进和落实规范研编工作，确保按时完成研编任务。

（2）工程建设标准体系（煤炭工程部分）

截至 2018 年 12 月，工程建设标准体系（煤炭工程部分）中标准的数量为 272 项，其中列入标准体系编码的标准 153 项（简称编码标准）。按现行、在编、待编划分，现行标准 214 项，占标准总数的 78.68%；在编标准 6 项，占标准总数的 2.21%；待编标准 52 项，占标准总数的 19.12%。在 153 项编码项目中，已发布标准 96 项。

2. 现行工程建设标准数量情况

截至 2018 年底，煤炭行业现行工程建设国家标准 82 项（曾公布过 84 项，其中有 3 项合并修订为 1 项）。其中从未修订 17 项（2013 年及以前年度公布标准），包含计划转团体标准 6 项，计划废止 1 项；进行过修订（含正在修订）34 项。现行 29 项煤炭工程建设行业标准，是国家能源局下达给中国煤炭建设协会的行业标准编制计划，由中国煤炭建设协会组织编制完成，并正式公告和获得住房和城乡建设部备案号的行标。

3. 2018 年批准发布的工程建设行业标准数量

2018 年发布煤炭行业工程建设国家标准 10 项，其中，制定 7 项，修订 3 项。近年来批准发布的行业标准数量情况见表 2-6。

2013～2018 年煤炭行业发布（包括制定和修订）的工程建设行业标准数量　表 2-6

年份	2013 年	2014 年	2015 年	2016 年	2017 年	2018 年
数量	2	2	5	14	6	0

七、水利工程[❶]

（一）综述

2018 年，水利行业深入贯彻落实新修订的《中华人民共和国标准化法》，按照国务院《贯彻实施〈深化标准化工作改革方案〉重点任务分工（2017—2018 年)》要求，紧紧围绕水利中心工作和"水利工程补短板、水利行业强监管"水利改革发展总基调，扎实推进水利标准化各项工作，取得如下进展：

（1）完成 24 本水利工程建设类标准（国家标准 9 本，行业标准 15 本）的发布工作；

（2）开展了《水利标准化工作管理办法》修订，形成报批稿；

（3）启动《水利技术标准体系表》修订工作，制定水利技术标准体系表修订工作方案；

（4）提出新时代水利标准国际化工作方案，与联合国工发组织、国家标准委建立小水电标准国际化工作机制，向国际标准化组织（ISO）提交了小水电国际标准提案；

（5）中国水利工程协会等 4 家水利社团被纳入国家标准委第二批团体标准试点单位；

（6）首次编制发布《水利标准化年报（2017 年)》。

（二）标准化工作能力建设情况

1. 标准参与及人才培养情况

2018 年水利行业在编工程建设标准 88 项，参与标准编制工作的有部直属科研院所、高等院校、企事业单位等百余家单位。开展标准化工作领导小组专家委员会调整工作，制定调整工作方案，补充一线、懂标准的专家，扩大外系统专家比例，明确专家职责，进一步提升专家委员会在标准化工作中的咨询评议作用。加强了水利技术标准的宣贯培训，举办了多期培训班，对水利标准化相关人员进行培训，培训 600 余人。

2. 标准化管理制度建设情况

2018 年，启动《水利标准化工作管理办法》（2003 版）修订工作，将《水利技术标准制修订管理细则》并入，形成《办法》报批稿，全面简化标准编制程序，缩短标准制修订周期。《办法》的修订对于推动解决当前水利标准化工作存在的突出问题，进一步规范和加强水利标准化工作，不断提升水利标准化管理水平，提高标准编制质量，持续为水利改革发展提供技术支撑，具有重要意义。

---

❶ 本节执笔人：武秀侠，中国水利学会；郑寓，水利部产品质量标准研究所

（三）工程建设标准化改革情况

1. 工程建设标准化改革思路

以习近平新时代中国特色社会主义思想为指引，全面贯彻落实"节水优先、空间均衡、系统治理、两手发力"新治水方针和"水利工程补短板、水利行业强监管"水利改革发展总基调，突出"强监管"的主旋律，坚持问题导向，以建设推动高质量发展的水利技术标准为中心，持续深化标准化改革，着力提升标准化水平，不断完善水利标准体系，强化标准实施与监督，有效发挥标准化工作的基础性和引领性作用，推动新时代水利改革发展。

2. 2018 年标准化改革重要工作

（1）强制性标准研编

2018 年，《水资源强制性标准》《大中型水利水电工程设计技术规范》《水利水电工程建设与运行安全技术规范》3 项强制性标准编制顺利推进。《防洪治涝工程项目规范》《农村水利工程项目规范》《水土保持工程项目规范》《水利工程专用机械及水工金属结构通用规范》4 项标准列入住房和城乡建设部 2018 年研编计划，并启动研编工作。

（2）标准体系优化完善

根据新形势发展的需要，启动《水利技术标准体系表》修订工作，截至 2018 年底，完成水利技术标准体系表修订工作方案制定，明确工作任务与目标。此外，对推荐性技术标准进一步优化完善，经过多轮征求意见，提出一批拟废止标准清单。

3. 团体标准化工作

2018 年 3 月国家标准化管理委员会办公室发文，公布第二批团体标准试点名单，中国水利工程协会、中国水利水电勘测设计协会、中国水利企业协会和国际小水电联合会等 4 家水利社团被列为团体标准试点单位。截至 2018 年底，加上第一批试点单位中国水利学会，水利行业共有 5 家单位被纳入试点。

目前已发布 30 余项水利团体标准，中国水利学会发布的团体标准《农村饮水安全评价准则》（T/CHES 18 - 2018），被水利部、国务院扶贫办和国家卫生健康委员会发文采信，为各省份脱贫攻坚农村饮水安全精准识别、制定解决方案和达标验收提供有力的技术支撑。

（四）工程建设标准数量情况

1. 工程建设规范和标准体系情况

水利部高度重视标准体系建设，从新中国成立至今，共发布 1988 版、1994 版、2001 版、2008 版和 2014 版共五版《体系表》。现行《体系表》为 2014 版，框架结构由专业门类和功能序列构成，见图 2-3。现行有效工程建设类水利技术标准 389 项，基本涵盖了水利工程建设领域和主要环节。

2. 现行工程建设标准数量情况

截至 2018 年底，水利行业现行工程建设国家标准 65 项，其中 26 项标准进行过修订工作，39 项标准尚未进行过修订；现行工程建设水利行业标准 324 项，其中 135 项标准进行过修订工作，189 项标准尚未进行过修订。

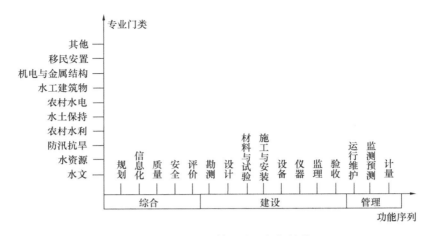

图 2-3 2014 版《体系表》框架结构

3. 2018 年批准发布的工程建设行业标准数量

（1）2018 年标准数量情况

2018 年，由住房和城乡建设部批准发布的水利行业工程建设国家标准共 9 项，其中制定 5 项、修订 4 项。2018 年，水利行业批准发布工程建设行业标准共 15 项，其中制定 9 项、修订 6 项。

（2）近年来批准发布的行业标准数量变化情况

2005～2018 年水利行业每年批准发布数量情况见图 2-4。近几年来，标准编制工作逐步由追求数量向重视质量转变，标准编制质量不断提高，新发布的标准数量有所减少。

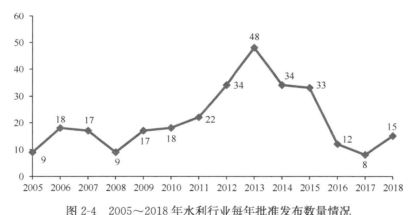

图 2-4 2005～2018 年水利行业每年批准发布数量情况

（五）工程建设标准编制工作情况

1. 2018 年工程建设标准制修订工作的指导思想和重点思路

2018 年，水利部深入贯彻落实习近平总书记和李克强总理关于水利工作讲话精神，紧紧围绕"节水优先、空间均衡、系统治理、两手发力"新治水方针和"水利工程补短板、水利行业强监管"水利改革发展总基调，严格按照"确有必要，管用实用"原则，以《体系表》为基础和依据，加快行业急需、条件成熟的技术标准制修订。

2. 重点标准制修订工作介绍

围绕加强水利薄弱环节建设，以灌区配套和节水改造、高效节水灌溉技术推广为抓手，大兴农田水利建设，着力夯实国家粮食安全基础，完成了《节水灌溉工程技术标准》《灌溉与排水工程设计标准》等标准的编制工作；为适应水利工程建设发展的需要，保证水利工程安全适用、经济合理、技术先进、环境协调、便于运行和维护，完成了《水工建筑物抗震设计标准》《混凝土重力坝设计规范》《混凝土拱坝设计规范》《碾压混凝土拱坝设计规范》《溢洪道设计规范》等标准的制修订工作；水土保持和重点流域生态治理，是改善生态环境，建设绿水青山、美好家园的重要举措，完成了《生产建设项目水土保持技术标准》《生产建设项目水土保持监测与评价标准》《水土保持工程调查与勘测标准》《生产建设项目水土流失防治标准》等的制修订工作。

3. 标准复审

根据水利工程技术发展特点，保持水利工程标准复审工作连续性，按照《水利技术标准复审细则》规定，2018 年组织开展 56 项水利工程建设标准复审，其中 2014 年及之前发布的水利工程建设国家标准 20 项，2013 年发布的水利行业工程建设标准 36 项。经复审，建议《堤防工程设计规范》GB 50286－2013 等 31 项标准"继续有效"，《蓄滞洪区设计规范》GB 50773－2012 等 22 项标准"修订"。《小水电电网节能改造工程技术规范》GB/T 50845－2013 等 3 项标准"废止"。

（六）工程建设标准实施与监督工作情况

1. 工程建设标准实施监督检查情况

2018 年 6 月、9 月，分别对两家单位承担的 2 项水利工程设计项目执行强制性条文情况进行监督检查，包括水文规划，工程地质，水工、施工，机电及金属结构、劳动安全与工业卫生，环境移民水保等五个方面。根据监督检查意见，被检查单位对相关问题进行整改，并提交整改报告。

2. 工程建设标准化试点示范

加强标准示范区项目管理，配合国家标准委员会开展湖北、新疆等四省示范区项目抽查。组织开展水利部承担的第九批国家农业标准化示范项目 2018 年度绩效考核，考核项目见表 2-7，经专家审议，标准示范效果初步显现。

水利部第九批国家农业标准化示范项目　　　　　　　　表 2-7

序号	项目名称	项目承担单位	考核等级
1	衢州市铜山源水库管理标准化示范区	中国水利学会	良好
2	黑山县农村供水信息监管标准化示范区	北京中水润科认证有限责任公司	优秀
3	云阳县柑橘自压微灌标准化示范区	北京中水润科认证有限责任公司	良好
4	典型灌区农业旱情监测标准化示范区	北京中水科工程总公司	良好

（七）工程建设标准国际化情况

2018 年，水利标准国际化工作稳步推进，在标准国际化顶层设计、标准翻译、小水电标准国际化、标准国际化应用等方面取得重要进展。

1. 国际化顶层设计

为进一步加强水利标准国际化工作，全面提升中国水利的国际竞争力和影响力，水利部加强了水利标准国际化顶层设计，在总结已有工作的基础上，提出当前和今后一个时期加强水利标准国际化工作方案。方案明确水利标准国际化发展的基本思路、总体目标和重点任务，为开展水利标准国际化提供指导。

2. 标准外文翻译情况

截至 2018 年底，共完成 38 项水利工程建设标准翻译工作，其中已完成翻译并出版的 32 项，翻译完成未出版的 6 项，均翻译为英语，国家标准翻译工作由住房和城乡建设部或国家标准委组织，行业标准的翻译由水利部组织。

3. 国外标准研究情况

推进"国内外涉水标准动态跟踪与分析""水文测验中国标准与 ISO（TC113）标准系统比对"研究，加大对国际标准跟踪、比对、评估和转化力度。组织有关专家积极参与小水电国际标准编制过程中的研究与探讨工作，为我国小水电国际标准的编制质量提供保障。组织有关单位依托战略性国际科技创新合作重点专项，开展中巴农村电气化标准体系对比研究，编写了巴基斯坦小水电标准体系和结构框架建议书。

4. 中国标准应用推广情况

随着"一带一路"沿线国家标准化双多边合作和互联互通，我国国际地位逐渐凸显，在国外承担的工程日趋增多，水利技术标准也逐步得到推广应用。巴基斯坦科哈拉水电站工程于 2018 年正式开工，所涉及的测量、地质、规划、水工结构、水力机械等标准全部采用中国标准。2018 年 2 月试运行的刚果（金）ZONGO II 水电站在建设过程中以中国标准为主、欧美标准为辅，我国《混凝土重力坝设计规范》《水电站厂房设计规范》《水工隧洞设计规范》等多项水利技术标准在工程中得到推广应用。

分两期举办中国水利水电技术标准国际推广培训班，邀请柬埔寨、老挝、缅甸、泰国、越南、孟加拉共 55 名水资源管理人员和技术人员来华交流培训。此次培训为澜湄合作专项基金支持下水利部实施的首个项目，主题为城市防洪规划，培训采用专家授课、技术交流、实地考察等方式开展，主要内容包括中国水利水电标准体系建设介绍、中国水利水电标准体系在国外项目应用实例、中国水利水电部分标准及天津市城市防洪体系介绍等。

5. 国际标准化事务参与情况

水利部与联合国工发组织、国家标准委建立小水电标准国际化工作机制，启动国际标准化组织（ISO）国际研讨会协议（IWA）制定工作，向国际标准化组织（ISO）提交了小水电国际标准提案。小水电国际标准编制工作稳步推进，完成小水电技术导则国际标准初稿。

（八）工程建设标准信息化建设

2013 年，水利部即已实现水利技术标准编制全过程信息化管理。同时，结合标准化工作改革和管理新要求，逐步优化标准编制流程，强化数据的统计分析，提升系统的扩展能力，建立更为友好的人机界面，实现到期提醒、过期警示、全程可控的信息化管理机制。标准化信息系统的建立及适时更新换代为标准过程材料的分类、存储、查询、统计以及标准编制进度的实时监控提供较为全面的支撑，大大提高了工作效率。同时，为贯彻新《标准化法》关于标准公开有关规定，在我部网站政务专栏"技术标准"栏目（http：//gjkj. mwr. gov. cn/jsjd1/bzcx/）增设现行有效标准查询系统，方便了社会公众快捷获取含强制性条文的水利技术标准文本以及推荐性水利技术标准的题录信息，推动了社会公众对水利技术标准的了解、参与与实施。

八、公路工程[1]

（一）综述

2018 年是全面贯彻落实党的十九大精神的开局之年，是改革开放 40 周年，是决胜全面建成小康社会、实施"十三五"规划承上启下的关键一年。公路工程建设标准化工作机构贯彻落实国务院、住房城乡建设部、交通运输部等各级部门关于标准化工作的文件精神，结合公路标准的管理现状和技术特点，将各项标准化工作持续推进，取得了如下成绩：

1. 完成 31 本公路工程建设行业标准的发布工作；

2. 完成新发布公路工程建设行业标准《公路交通安全设施设计规范》、《公路交通安全设施设计细则》、《公路工程质量检验评定标准 第一册（土建工程）》及《公路钢筋混凝土及预应力混凝土桥涵设计规范》的宣贯培训工作，参加人数共计 3000 余人次；

3. 完成《服务于"一带一路"倡议的工程建设标准化政策研究》、《公路标准国际化发展战略研究》等以贯彻落实"一带一路"倡议为目标的工程建设标准化项目研究报告并报送相关主管部门；

4. 参加公路行业 8 次大型国际技术研讨会，开展与国外公路科研机构及企业间的访问交流数十次；

5. 完成 2019 年度 43 本公路工程行业标准的立项工作；

6. 维护部公路局微信公众号"公路工程标准化"，累计关注人数达 34000 余人。

（二）标准化工作能力建设情况

公路工程建设标准化工作目前已形成"政府部门主导、专门机构辅助、社会组织参与、专家技术支撑"的工作机制，以多级组织结构模式开展，即交通运输部公路局具体负责，中国工程建设标准化协会公路分会作为技术支撑单位，与其他相关标委会协助管理，企业、科研院所具体实施，社会团体适时参与。

交通运输部未设有专门的标准化研究机构。为此，部公路局高度重视科研院所、企事业单位、行业协会和社会团体在标准化建设中的作用。调动各方力量，构建了以公路分会及其他相关标委会协助管理，部直属科研单位、中交集团、招商局等行业龙头企业的设计、施工单位为主体，以同济大学、长安大学等高等院校为补充，地方公路建设管理单位为支持的标准制修订依托单位，为公路工程标准化工作的全面开展提供了坚实的保障。同

---

[1] 本节执笔人：沈毅、王巍、盛洁，中国工程建设标准化协会公路分会

时，也建立起了以部公路院、中交集团各企业、部分技术实力较强省区设计企业为核心的公路工程技术标准编制和审查团队。

（三）工程建设标准化改革情况

1. 工程建设标准化改革思路

按照国务院标准化工作改革精神，部公路局主持的公路工程建设标准化工作秉持"把该管的管住管好，把该放的放开放到位"的原则。按照《公路工程标准体系》，加快安全、节能、环保、信息化等通用标准规范的制修订工作，精简整合建设类标准，健全完善养护类标准，补充建立管理和运营类标准。加大积压标准的推进力度，加强台账管理，指导标准编制单位制定详细进度计划并监督实施。进一步完善标准管理工作模式，强化对政府标准的管理，加强对团体标准的指导，努力形成政府引导、市场驱动、社会参与、协同推进的标准化工作格局。

2. 2018 年标准化改革重要工作

2018 年，以公路工程建设标准为重要抓手，开展一系列提升公路行业技术的创新工作。一是系统化组织权威专家开展前期调研工作。以道、桥、隧、交通安全及智慧交通 5 个专业组为基础及依托，组织相关单位专家组成研究工作组，比较系统地梳理了路基、路面、桥隧、交通安全设施、公路设施智能化等专业领域的现状，对各领域的技术创新趋势进行了初步研判，形成了专题调研报告。二是推动公路工程技术创新信息平台上线运行。部公路局组织指导中国交通建设股份有限公司开发建设了"公路工程技术创新信息平台"，计划下一步在全行业试推运行。公路工程技术创新信息平台可实现道路工程、桥梁工程、隧道工程、交通工程、岩土工程、道路养护、运营管理 7 个技术领域等技术研究成果、创新产品、工法、国家/行业/团体标准等技术信息开放共享。

3. 团体标准化工作

作为中国工程建设标准化协会标准（公路工程）的归口管理机构，中国工程建设标准化协会公路分会借着标准化改革的有利时机，着力开展中建标公路团体标准的发展工作。通过积极努力，2018 年，公路分会共两批立项 74 本标准，标准总量达到 199 本，本年度共发布 5 本中建标公路团体标准。下一步，公路分会计划深入贯彻团体标准改革要求，做好质量提高工作，优化完善公路行业重点领域团体标准制订，重点体现团体标准的小而专、前沿技术、特殊工程、特殊区域和海外工程等技术特点；同时，做好团体标准顶层设计，注重标准体系结构优化，带动团体标准高质量发展。

（四）工程建设标准体系与数量情况

1. 工程建设规范和标准体系情况

《公路工程标准体系》（JTG 1001－2017）自 2018 年 1 月 1 日起施行。体系结构分为三层，第一层为板块，由总体、通用、公路建设、公路管理、公路养护、公路运营六大板块构成，各板块界面清晰并各有侧重，公路建设板块重在提升，公路养护板块重在补充，公路管理和公路运营板块重在创立；第二层为模块，第三层为标准。

2. 现行工程建设标准数量情况

截至 2018 年底，交通行业现行公路工程建设国家标准 6 项，6 项标准正在进行修订工作；现行行业标准 106 项，其中 86 项标准进行过修订工作，20 项标准尚未进行过任何修订。

3. 2018 年批准发布的工程建设行业标准数量

2018 年，由住房和城乡建设部批准发布的交通行业工程建设国家标准共 0 项。2018 年，交通行业批准发布工程建设行业标准共 14 项，其中制定 3 项、修订 11 项。

2005～2018 年，公路工程行业发布（包括制定和修订）的工程建设行业标准数量情况见表 2-8。其中，2016 年仅发布 1 项行业标准。这是由于交通运输部办公厅 2016 年 2 月印发《交通运输强制性标准整合精简工作实施方案》（交办科技〔2016〕22 号），交通运输部公路局牵头，对现行公路工程建设国家、行业标准和已经立项、正在制订过程中的公路工程行业标准制修订计划项目开展评估，提出整合精简工作评估结论，这就导致 2016 年发布数量较少，部分标准推迟到 2017 年发布。

2005～2018 年公路工程行业发布（包括制定和修订）的工程建设行业标准数量情况

表 2-8

年份	2005	2006	2007	2008	2009	2010	2011
数量	5	6	6	6	6	2	8
年份	2012	2013	2014	2015	2016	2017	2018
数量	3	5	12	13	1	11	14

（五）重点标准制修订情况

公路工程行业标准《公路工程建设项目投资估算编制办法》（JTG 3820－2018）、《公路工程建设项目概算预算编制办法》（JTG 3830－2018）、《公路工程估算指标》（JTG/T 3821－2018）、《公路工程概算定额》（JTG/T 3831－2018）、《公路工程预算定额》（JTG/T 3832－2018）、《公路工程机械台班费用定额》（JTG/T 3833－2018）（以下统称"造价类新标准"），于 2013 年立项修订，经过编制组 6 年的努力，已于 2018 年 12 月 17 日由交通运输部发布，并自 2019 年 5 月 1 日起施行。造价类新标准的修订紧密结合了我国财税体制改革的最新要求、公路建设模式的发展、"四新"技术的发展成就，全面总结了国内公路建设市场的环境变化、成熟的施工工艺，融合了以人为本、安全、绿色的发展理念，对机械化作业给予了充分考虑。

造价类新标准具有以下 4 个亮点：

亮点 1：强化以人为本的编制原则，结合市场情况，大幅度提高施工工人的综合工日单价，直接保证农民工工资水平，助力交通强国建设；

亮点 2：引导充分提高机械化作业水平，随着机械装备的不断成熟发展，施工工艺的不断进步，引导市场逐步淘汰落后的施工工艺，提高机械化消耗量，降低人工消耗量，提高作业效率；

亮点 3：突出安全发展理念，单独计列安全生产费，促进工程各环节安全理念的提升，为安全生产提供充足保证；

亮点 4：充分考虑信息化发展的需求，对工料机、定额、项目节实行统一编码，为解决建设工程中各阶段造价的衔接，实现造价全过程管理，同时为今后信息化管理及大数据库建立奠定基础。

造价类新标准既涵盖了公路新建相关工艺定额，又增补了改扩建工程方面的定额，又与《公路工程工程量清单计量规范》等相关标准规范紧密衔接，充分体现了公路建设的最新发展要求和趋势。有助于解决公路工程建设项目造价管理工作中的普遍性和共同性的问题，提高资金使用效益、体现全过程造价管理导向，在确保合法合规的前提下，优化建设资金结构、完善费用体系，促进管理水平和施工工艺提高，为交通强国建设提供有力保障。

（六）工程建设标准化国际化情况

1. 标准外文翻译情况

截至 2018 年底，共有 17 项公路工程行业外文版编译标准发布实施。外文版编译标准以英、法、俄三种语言为载体，依托国内专业人员力量，经多国权威专家审校最终完成。外文版标准的发布实施及推广应用将提升中国公路工程技术软实力，带动中国公路工程技术和标准走出去，从而促进双边及多边技术合作，贯彻落实"一带一路"倡议。

2. 国外标准研究情况

（1）国外标准研究

根据住房和城乡建设部标准定额司印发的《2016 年工程建设标准实施指导监督重点研究工作计划》（建标实函〔2016〕2 号），"服务于'一带一路'倡议的工程建设标准化政策研究"项目由中国工程建设标准化协会与住房和城乡建设部标准定额研究所共同牵头，房建、公路、水运、铁路、水利水电等多家单位参与。项目简要信息见表 2-9。

国际标准化研究情况 　　　　　　　　　　　　　　　　　表 2-9

研究机构	课题名称	开展时间	被研究国别	研究内容	主要结论
中国工程建设标准化协会、住房城乡建设部标准定额研究所	服务于'一带一路'倡议的工程建设标准化政策研究	2016 年 5 月 ～ 2018 年 2 月	中亚、南亚、东南亚、东非等 15 国	1. "一带一路"沿线国家及地区工程建设标准化的政策环境、管理体制、运行机制。 2. "一带一路"战略对我国工程建设标准化发展的要求。 3. 我国工程建设标准在服务"一带一路"战略时存在的适用性问题。 4. 适应于"一带一路"战略的我国工程建设标准化发展目标与思路。 5. 制定服务于"一带一路"战略的工程建设标准化政策	（以"一带一路"沿线国家和地区工程建设标准化发展现状为例） （1）"一带一路"沿线各国工程建设标准发展水平差异较大，部分国家未建立起完善的工程建设标准体系。 （2）"一带一路"沿线国家工程建设标准受欧美发达国家的影响较大，多数标准体系以欧美国家标准为基础建立。 （3）"一带一路"沿线国家工程建设标准的国际化程度相对较低，个别国家本地保护主义较为严重。 （4）"一带一路"沿线国家有编制当地工程建设标准的需求

《服务于"一带一路"倡议的工程建设标准化政策研究》项目报告由工作报告、研究报告、文件汇编 3 部分组成。研究报告汇总了 15 项巴基斯坦、缅甸、越南、塔吉克斯坦、伊朗、土耳其等"一带一路"沿线国家涵盖公路、铁路、水运、水利水电等工程建设领域

的工程建设项目资料。文件汇编汇总了我国 2014～2017 年期间从国家层面到行业层面发布的与"一带一路"、标准"走出去"相关的重要文件共 29 份；涉及宏观政策文件及重要讲话、"一带一路"相关主要研究文献及报道、"一带一路"相关的标准化主要研究文献等共计 44 篇。

（2）国外交流合作

2018 年，公路行业组织参加了中日、中韩、世界道路协会和国际道路联盟 5 次大型国际技术研讨会及与土耳其、泰国、墨西哥等国公路政府部门、科研机构、企业单位的数十次访问交流。交通运输部与巴基斯坦交通部于 2018 年 5 月签署了《中巴公路技术合作五年行动计划（2018—2022）》，并开展双边的访问交流活动，开创了与"一带一路"国家公路领域新的双边合作模式，以中巴公路技术合作为示范，带动企业、技术、装备、标准"走出去"。

我国公路行业在世界范围内开展的经验交流与技术访问等国际性活动不仅强化了中国与其他国家标准化工作的联系，提升了我国专家在国际组织中的话语权和影响力，更有效拓宽了中国公路工程建设行业标准在海外工程的市场，从而全方位支持行业"走出去"战略。

3. 中国标准应用推广情况

目前，公路工程建设行业标准被翻译成英文版、法文版、俄文版出版发行的数量达到了 52 本，内容覆盖了公路、桥隧等的设计、施工、检测等各领域。2018 年，公路行业新立项了 13 本外文版编译项目，包括英文版 10 本、法文版 3 本。公路工程建设国家标准及行业标准在"一带一路"沿线国家及其他海外国家工程建设中的应用范例工程简介如下：

泗水－马都拉大桥工程，大桥又称苏拉马都大桥或泗马大桥，是东南亚最大的跨海大桥。工程采用中国标准实施，依据中国国内桥梁相关设计规范 25 项，施工规范 44 项，其中包含《公路工程结构可靠度设计统一标准》等公路工程建设国家标准及《公路工程技术标准》《公路桥涵设计通用规范》《公路斜拉桥设计规范》等行业标准。泗水－马都拉大桥工程是中国桥梁规范运用于国外的第一次成功实践，也是中国企业首次将具有自主知识产权的技术输出国门的大型桥梁技术项目。

4. 标准国际化意见、建议

（1）政府层面

1）加强标准国际合作，推进与"一带一路"沿线国家的标准互认机制，开展中国标准在"一带一路"沿线国家的属地化研究工作；

2）建立官方工程建设标准化信息平台，提供中外标准的信息共享服务，并做好及时更新工作；

3）从国家层面翻译中国标准的外文版和外国标准的中文版；

4）中国投资和援建的海外项目，应积极采用中国标准。

（2）行业协会层面

1）加强国际相同行业协会的沟通、互访，相互学习借鉴，推进各国行业协会之间的工程建设标准互相渗透，推进中国标准与国际接轨，建立统一的工程建设标准；

2）深入一线工程，掌握工程建设标准的应用情况，适时调整更新工程建设标准化战略；

3）加强中外标准对比研究，同时完善中国标准，加大中外标准的翻译数量；

4）发布国内外有针对性的标准应用案例报告；

5）建立工程建设标准的国际、国内标准使用名录和中英文对照版本标准库；

6）积极参与国际标准化活动，积极推广和宣传中国标准。

（3）企业层面

1）积极推广和使用中国标准，并做好中外标准使用过程中经验和教训的总结积累；

2）加强与政府和行业协会的沟通交流，及时做好信息反馈；

3）积极采用符合标准的新技术、新工艺、新材料、新设备，提高工程质量，做好示范作用，提高中国标准的认可度。

（七）工程建设标准化课题研究

1. 推动公路工程标准国际化的行动方案研究

2018年9月，由交通运输部公路局部署，交通运输部科学研究院牵头组织，中国工程建设标准化协会公路分会参与编写的2017年度交通运输战略规划政策项目"推动公路工程标准国际化的行动方案研究"，完成了征求意见稿。在对我国公路工程标准国际化的发展与现状深入调研的基础上，该项目研究成果旨在探讨目前标准国际化工作中存在的主要问题及成因，同时对标准国际化的需求进行分析。通过标准化研究，提出我国公路工程标准国际化发展战略，确定发展思想、原则、目标、模式、任务等，结合我国标准国际化相关规划，立足公路工程标准主管部门，提出我国公路工程标准国际化的短期（3年）行动方案。

2.《交通运输标准化"十三五"发展规划》中期评估及《交通运输标准化中长期发展纲要（2021—2035）》

2018年4月，由交通运输部科技司部署，交通运输部科学研究院牵头组织编写的《交通运输标准化"十三五"发展规划》中期评估及《交通运输标准化中长期发展纲要（2021—2035）》第一次工作会议召开，中国工程建设标准化协会公路分会参与公路工程部分内容的编写。《交通运输标准化"十三五"发展规划》中期评估及《交通运输标准化中长期发展纲要（2021—2035）》旨在分析标准化发展基础，经研究提出标准化支撑交通强国建设的战略定位、总体思路、主要目标、重点任务和保障措施。

3. 交通运输标准规范体系研究报告

2018年8月，由交通运输部综合规划司部署，交通运输部科学研究院牵头组织，中国工程建设标准化协会公路分会参与编写的《交通运输标准规范体系研究》完成送审报告。研究聚焦综合交通、铁路、公路、水运、民航、邮政标准化发展需求，分析指出推动交通运输标准规范体系建设，要坚持服务大局、统筹协调、创新引领、协同发展，努力实现标准体系由政府标准主导向政府主导制定的标准与市场自主制定的团体企业标准协同发展转变，标准供给由注重数量规模向注重质量效率发展转变，标准化工作发展作用由支撑保障向创新引领转变。研究提出了交通运输标准化发展指标体系，明确标准体系完整度、计量量传溯源能力、工程项目一次验收合格率、重点产品监督抽查合格率、主导和参与制修订的交通国际标准占同期交通国际标准制修订总数的比例等5项核心指标。

（八）工程建设标准信息化建设情况

微信公众号"公路工程标准化"于 2016 年创建以来，截止到 2018 年底，公众号推送了公路工程标准化的信息 150 多条，公众号的关注人数已达 34000 余人。微信公众号已成为探索提高标准化工作关注度，快速、高效、高质量解决技术人员标准使用需求，有效收集现行标准中存在问题、提升服务质量的信息交流平台。

九、冶金工程●

（一）综述

2018 年，组织开展 12 项国家工程建设规范的研编。随着研编工作的不断深入，对国家标准化改革的认识有了进一步的提高，工程建设规范研编取得阶段性成果。积极贯彻大力培育发展社团标准的精神，在住房和城乡建设部培育和发展工程建设团体标准的要求下，贯彻党的十八大精神，借鉴国际成熟经验，立足行业实际情况，以满足行业需求和创新发展为出发点，积极探索社团标准的建设，加大团体标准的编制力度。2018 年开展近 60 项团体标准编制，团体标准工作已经步入正轨。会员企业配置优质资源，加大投入力度，完成了标准化工作的各项任务。

（二）工程建设标准化研究工作

冶金行业工程建设标准化研究工作主要以标准体系研究和中国制造 2025 为主。今后的主要工作是贯彻落实《工业行业"十三五"工程建设标准体系建设方案》的冶金部分，为了做好"十三五"标准体系的总体规划和顶层设计，对切实加强标准化工作，有效发挥标准对产业发展的规范和引领，适应两化深度融合和《中国制造 2025》的发展现状，按照标准体系综合推进重点标准和基础公益类标准制定，指导"十三五"期间（2016—2020年）冶金行业工程建设领域标准化工作，主要内容是行业发展概述、标准体系现状和体系框架、产业发展重点、标准体系发展目标和内容等。结合国家工程建设规范研编，从冶金行业的需要出发，针对一些新工艺、新设备和新材料相关标准的技术问题，收集国内外相关信息，进行专题研究，完成专题研究报告近 50 项。

（三）工程建设标准化国际化情况

国际标准或国外先进标准是依据世界范围内先进科学技术和先进的生产、管理经验制定的，是先进科学技术和生产经验的集中反映。它的先进性、权威性得到世界各国的公认。为了提高我国的科学技术水平，也需要研究、采用国际标准或国外先进标准。一些国际标准或国外先进标准的技术要求高于我国的标准，研究、采用这些国际标准或国外先进标准可提高我国生产、设计技术水平。

冶金行业积极开展国际标准化工作。截至 2018 年底，标准外文版翻译近 50 项。今后

● 本节执笔人：吴玉霞，中国冶金建设协会

要注重适应国际通行做法和与国际标准或发达国家标准的一致性，积极推动冶金工程建设标准"走出国门"，以适应"一带一路"的经济发展战略。

十、有色金属工程[1]

（一）综述

2018 年是全面贯彻党的十九大精神的开局之年，是改革开放 40 周年，是决胜全面建成小康社会、实施"十三五"规划承上启下的关键一年，也是全面标准化建设的开启之年。2018 年有色行业工程建设标准化工作总体思路是：贯彻落实《中华人民共和国标准化法》，深入开展标准化改革，扎实做好国家工程建设规范课题研编工作，积极培育有色行业工程建设团体标准，提高有色金属行业工程建设标准的国际化程度，支撑新时代工程建设标准高质量发展。

（二）标准化管理制度建设情况

为规范中国有色金属工业协会团体标准制修订工作，引导行业标准的健康有序发展，中国有色金属工业协会 2018 年对《中国有色金属工业协会标准管理办法（试行）》进行了修订，对协会标准立项、征求意见、审查等编制过程及编制发布出版作出具体规定。中国有色金属工业工程建设标准规范管理处起草了《文件管理办法》、《合同管理办法》。形成标准处常用文件汇编，包括《有色金属工业工程建设标准管理办法》、《标准化委员会管理办法》、《工程建设团体标准编制管理实施细则》等 17 项管理制度文件。

（三）工程建设标准化改革情况

1. 工程建设标准化改革思路

工程建设标准是工程建设活动必须遵循的重要制度和依据，针对现行标准体系不尽合理、指标水平偏低、国际化程度不高等问题，住房和城乡建设部 2017 年 7 月发布了《工程建设标准体制改革方案》。有色标准处紧跟工程建设标准化改革要求，重点部署有色 11项国家工程建设规范研编工作，积极培育中国有色金属协会工程建设团体标准，找准技术法规、国家标准、行业标准、团体标准的定位，旨在建立以技术法规为基础、以标准为配套、以合规性评估为补充的新模式，以提高有色行业工程建设标准的国际化程度，支撑新时代工程建设高质量发展。

2. 2018 年标准化改革重要工作

做好国家工程建设规范研编工作。按照技术法规的思路，明确各类规范的研编方向，以结果为导向，给创新留出空间。

做好在编标准的水平提升工作。每个在编项目，按照我国未来标准体系的发展趋势，均在编写内容上转变思路，积极与国外先进指标对标，提升水平。

做好国家标准立项计划。按照住房和城乡建设部年度立项计划要求，将落实国家战略

---

❶　朱瑞军、杨健、姜燕清，中国有色金属工业协会

的重点工作、因技术缺陷存在安全隐患的急需修订、与国家规范配套、公益类基础标准项目列入计划范围。

培育和发展团体标准。为保障团体标准与国家法规一致性，标准处修订了《工程建设团体标准管理实施细则》，增加了团标立项评审要求，鼓励在有色金属采矿、选矿、冶炼、加工、热能、制酸、建筑、结构、电气、暖通、给排水和辅助设施等专业制定协会标准，推动新技术的推广应用和快速产业化。

3. 团体标准化工作

截至 2018 年底，有色标准处作为技术归口单位管理的团体标准统计情况见表 2-10。团体标准以市场需求为导向，是我国推进标准化改革，不断完善标准体系的重要内容，在解决行业内技术标准缺少、促进行业健康发展发挥着重要作用。但是，目前社会各界对团体标准市场地位、法律地位的认识仍不够，团体标准公信力不高，限制了团体标准的发展。另一方面，为增强团体标准发布实施后适用的广泛性，标准立项编制前，会评估标准的参编单位和使用单位达到一定数量，符合法律法规、现行强制性标准，并与现行推荐性标准协调一致后，才启动标准编制工作，确保标准的实施和推广。

2018 年有色行业工程建设团体标准统计情况 表 2-10

序号	任务年份	计划完成年限	标准项目名称	标准性质	制、修订	起草单位	阶段
1	2017	2018	有色冶炼厂绿色工厂评价标准	推荐	制定	中国恩菲工程技术有限公司	审查
2	2018	2019	自然崩落采矿法技术规程	推荐	制定	中国恩菲工程技术有限公司	准备
3	2018	2019	再生铝厂工艺设计标准	推荐	制定	中色科技股份有限公司	准备

（四）工程建设标准体系与数量情况

1. 工程建设规范和标准体系情况

有色标准体系由测量与勘察、矿山工程、有色冶金与加工工程、公用工程 4 个分领域组成。有色行业现行标准情况统计见表 2-11，各领域标准分布见图 2-5。依据住房和城乡建设部标准定额司发布的《国际化工程建设规范标准体系表》，有色行业工程建设规范标准体系由工程建设规范、术语标准、方法类和引领性标准项目构成。工程建设规范部分为全文强制的国家工程建设规范项目，目前已完成该 11 项规范研编工作的中期评估；术语标准部分为推荐性国家标准项目《有色金属工业工程标准术语》；方法类和引领性标准部分为现行国家标准和行业标准的推荐性内容。

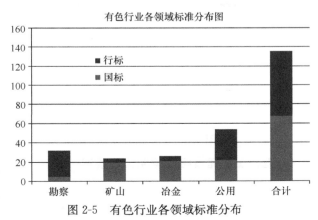

图 2-5 有色行业各领域标准分布

有色行业现行标准情况统计

表 2-11

行业:有色行业

单位:项

序号	领域	国家标准							行业标准							国标+行标	
		性质		类型			小计		性质		类型			小计		合计	
		强制	推荐	基础	通用	专用	数量	占比 %	强制	推荐	基础	通用	专用	数量	占比 %	数量	占比 %
1	勘察	4	1	1	4	0	5	7%	27	0	2	8	17	27	40%	32	26%
2	矿山	16	4	3	13	4	20	29%	1	3	2	2	0	4	6%	20	16%
3	冶金	18	3	3	15	3	21	31%	0	5	3	0	2	5	7%	23	18%
4	公用	20	2	0	12	10	22	32%	1	31	0	19	13	32	47%	51	41%
	合计	58	10	7	44	17	68	100%	29	39	7	29	31	68	100%	125	100%

2. 现行工程建设标准数量情况

截至 2018 年底,有色金属行业现行工程建设国家标准 68 项,其中 2 项进行过修订工作,5 项正在进行修订,61 项标准尚未进行过任何修订;现行行业标准 68 项,其中 12 项进行过修订,17 项正在修订,39 项标准尚未进行过任何修订。

3. 批准发布的工程建设标准数量

(1) 2018 年标准数量情况

2018 年,由住房和城乡建设部批准发布的有色金属行业工程建设国家标准共 7 项,其中制定 6 项、修订 1 项。2018 年,有色金属行业批准发布工程建设行业标准共 11 项,其中制定 1 项、修订 10 项。

(2) 近年来批准发布的有色金属行业工程建设标准数量变化情况

近年批准发布的行业标准数量如图 2-6 所示。2012 年,有色标准处按住房和城乡建设部要求,组织了一批国家、行业标准的进度清理工作,故自 2013 年开始行业标准发布数量突增明显。

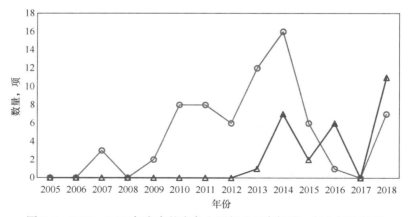

图 2-6　2005—2018 年发布的有色金属行业国家标准、行业标准数量

(五) 工程建设标准编制工作情况

1. 2018 年有色金属行业工程建设标准制修订工作的指导思想和重点思路

2018 年,有色行业批准发布 7 项国家标准、11 项行业标准。这 18 项标准围绕国家和

行业高质量发展需要，贯彻落实十九大报告精神、国家资源节约与利用、环境保护，保障工程质量安全，保障和改善民生，以及促进工程建设领域技术进步开展。

2. 重点标准制修订工作介绍

《烟气脱硫工艺设计标准》GB 51284－2018 为新制定标准。编制组总结了国内有色冶金、钢铁冶金、电力、黄金等行业烟气脱硫的设计经验，遵循技术先进、经济合理、安全可靠的原则，为合理选择二氧化硫回收技术提供技术依据。针对电厂锅炉烟气、钢铁行业烧结烟气、有色金属冶炼产生的低浓度二氧化硫烟气的不同性质，脱硫工艺既要满足国家的排放标准和环境总量控制要求，又要达到优化装置投资和运行成本的目的，提高脱硫新技术应用水平，促进各行业可持续发展和烟气脱硫技术进步，规范有色金属、电力、钢铁等行业烟气脱硫工艺设计。该标准主要内容包括：脱硫工艺选择、物料和热量衡算、设备选择、设备配置、管道敷设、自控及在线监测等，对涉及生产安全与人身安全的要求制订强制性条文。

《有色金属矿山排土场设计标准》GB 50421－2018 是在 2007 版基础上修订的。排土场是矿山中极其重要的设施，露天矿山开采的排土成本可达到 40％以上，排土场占地可达矿山总体占地的 39％～55％，因此排土场是否经过安全、经济、合理的设计关系着矿山的命运。《有色金属矿山排土场设计规范》2007 版是第一本针对有色金属矿山排土场的设计规范，使矿山排土场的设计规范化，符合安全性、合理性、经济性、可操作性要求，但是该规范使用时间已达到 11 年，相关土地、环保等政策已经变化。本次修订增加了基本规定、排土场关闭和排土场设计内容，同时对排土场等级、排土场防洪、安全防护距离和稳定性分析等内容进行了修订。同时将涉及保障人民生命财产安全、生态环境安全的条文列为强制性条文，为建设绿色矿山和美丽中国提供标准支持。

《非煤矿山采矿术语标准》GB/T 51339－2018 为新制定标准。随着采矿新工艺、新设备的产生及应用，该标准的实施可全面统一非煤矿山采矿基本术语及释义，与国际采矿通用术语和定义协调统一，是矿山工程领域的基础通用类标准。

《非煤矿山井巷工程施工组织设计标准》GB/T 51300－2018 为新制定标准，将设计与施工、技术与经济、施工方与监理、建设方有机地结合起来，有利于工程的安全、质量、进度、成本等目标的实现。该标准的实施可指导施工前各项准备工作，提前准备应对施工中的不利情况，统筹施工的各个系统和割刀工序，使井巷工程施工过程系统化、科学化，全面提高矿山工程施工的管理水平，应对采矿业未来高速发展。

《镁冶炼厂工艺设计规范》GB 51270－2017、《钛冶炼厂工艺设计标准》GB 51326－2018、《铋冶炼厂工艺设计标准》GB 51299－2018 为新制定标准，弥补了镁、钛、铋三种有色金属工艺设计标准的空白，是有色金属冶炼标准体系的重要组成部分。该三项标准的制定与新时代国家在资源利用、节能减排、环境保护等战略一致，对淘汰高污染、高能耗的落后冶炼工艺，推进高效环保、绿色节能型社会的建设进程，提升和规范行业技术有积极作用。

（六）工程建设标准国际化情况

1. 标准外文翻译情况

2018 年，有色行业继续加大国际标准工作力度，积极承担住房和城乡建设部国际标准化课题研究，加强中国标准外文版翻译出版工作，推动与主要贸易国之间的标准互认，推进优势、特色领域标准国际化，创建中国标准品牌。结合海外工程承包、重大装备设备出口和对外援建，推广中国标准，以中国标准"走出去"带动我国产品、技术、装备、服务"走出去"。围绕国家"一带一路"倡议和行业十三五规划，加强对智能制造、资源能源节约利用等"走出去"优先领域的工程建设国家标准英文版翻译工作，完成《工业建筑供暖通风与空气调节设计规范》GB 50019-2015、《有色金属选矿厂工艺设计规范》GB 50782-2012、《尾矿设施设计规范》GB 50863-2013 共3项工程建设国家标准中译英的翻译工作，目前为报批阶段，尚未出版。

2. 国外标准研究情况

有色行业积极参与国际标准化工作，加大国际先进标准跟踪、评估和转化力度，以形成与国际标准接轨的有色金属行业标准化体系。在国家工程建设规范研编工作中，各研编组对国际发达国家标准进行了专题研究，部分已形成专题报告，见2-12。

国际标准化研究情况

表2-12

研究机构	课题名称	开展时间	被研究国别	研究内容	主要结论
中国恩菲工程技术有限公司	国外矿业发达国家采矿工程项目技术标准规范专题研究	2018.1—2018.12	澳大利亚、南非、加拿大	以金属非金属矿山项目为对象，全面了解国外矿山工程相关的法律、法规、标准和规范的结构体系、规范效力以及主要涵盖内容等	从南非的规程情况来看，最上级的文件为法律，根据法律制定矿山规程，该规程均为强制性条款。国外规程的强制性内容涉及到安全、环保、职业健康等，条款中并明确了责任方；另外国外规范在内容上主要强调应达到的效果，不规定技术方法和手段，这点同中国规程不同
中国恩菲工程技术有限公司	国外矿业发达国家选矿工程项目技术标准规范专题研究	2018.1—2018.12	澳大利亚、南非、加拿大	从选矿工程项目建设的维度出发，全面了解矿业发达国家技术标准规范的具体内容、使用情况，研究其内容的适应性、可操作性和优越性	从目前收集的南非、澳大利亚、加拿大矿业相关的法律、法规、标准体系来看，法律在国外矿业发达国家的选矿工程项目中居主导地位，且较为强调与环保、安全、职业健康相关的内容，并没有政府编制的统一技术规范，行业协会编制的规范也是原则性的，只起指导作用。对于不同的业主和项目条件，在应用时会存在很大差异
中国恩菲工程技术有限公司	欧美发达国家供暖通风法规、标准调研专题研究	2018.1—2018.12	欧盟、美国、俄罗斯	发达国家供暖通风的技术法规、标准、规范、手册的体系结构、条文内容	节约能源的理念在欧盟法规体系中具有重要地位。美国技术法规中对工业场所卫生通风要求基本是目标导向型：满足工业工作场所的卫生标准的目的，对具体通风措施和方法提及较少。俄罗斯联邦规范《供暖、通风与空调》СП60.13330.201 是规程汇编性质的建筑供暖、通风、空调规范，全文强制性，条文覆盖面全面具体，可执行性强，与我国工业建筑标准体系相近

续表

研究机构	课题名称	开展时间	被研究国别	研究内容	主要结论
中国恩菲工程技术有限公司	欧盟架空索道相关标准研究	2018.1—2018.12	欧盟	欧盟国家及有关索道协会标准的体系结构、条文内容	由 CEN/TC242 欧洲标准化委员会主导编制的客运索道标准规范体系涵盖了所有载人索道设计、制造、安装、维护和操作有关的全套标准。另外，法国规范 STRMTG RM2《索道总设计及修改》，是法国索道和固定交通工具技术服务局的技术指南，对客运索道建设有详细的规定。研究组整理收集了相关欧洲规范 14 项并进行了分析研究。欧洲规范从索道总体设计到具体设备设计、设备维修、管理都有详细规定，具有较强的参考价值

3. 中国标准应用推广情况

有色行业内勘察、设计、施工建设、生产企业等承担的海外工程建设项目，一般以合同约定来执行的相关标准。通常，消防、环保、安全类必须使用当地标准。建筑、结构、管道等专业，如为中方投资，设计施工单位尽可能和业主沟通采用中国标准；如不是中方投资，则使用欧美标准较多。如中方投资建设的巴布亚新几内亚项目，涉及地质、采矿、选矿、冶炼、制酸、尾矿、给排水、电气、仪表、电信、通风、热工、设备、建筑、结构、机修、管道、总图、环保、概算共 20 个专业 268 项规范或标准，均采用中国标准；压力容器、环保、安全、消防采用巴布亚新几内亚推荐的约 73 项国外标准。在老挝东泰项目中地质、采矿、矿机、选矿、尾矿、给排水、电气、仪表等专业全部采用中国标准，约 200 项。

4. 国际标准化实务参与情况

近几年来，有色金属企业逐步实质性参与国际标准化活动，积极开展国际标准化工作，跟踪了解国际标准化动态。中国恩菲工程技术有限公司为 TC300 技术委员会的国内技术对口单位，其联合主导编制的 ISO/TC282 下三项国际标准《工业废水分类导则》、《工业冷却水回用第 1 部分术语》和《工业冷却水回用第 2 部分成本分析导则》，经过国内行业专家多次研讨，充分将国内成熟的技术以及具有全球相关性的指标融入标准当中，大大提升了我国参与国际标准的质量和水平。3 项标准草案在国际标准会议上得到了各国专家的认可，目前标准已经顺利进入到 FDIS 阶段，有望在 2019 年正式发布。

5. 标准国际化意见、建议

政府层面，希望多一些可落地执行的政策、机制和经费支持；对标准化人才多提供培训机会，培养一批通晓国际标准化规则的高层次专家人才。

企业参与国际标准化组织 ISO 工作可从先派专家、多参加国际标准会议开始，了解国际标准工作的运行规则；从参编、联合主导编制到主编国际标准，一步步将中国的优势技术、管理等引荐国际标准序列；从工作组开始，到工作组副主任、SC 对口单位、TC 对口单位、秘书处和主席等，一步步影响、引领一个领域的国际标准发展。走国际化经营的企业，特别是大型央企，应有国际标准化发展规划，并将其纳入公司的整体战略规划中，同时需专门的团队及专项经费支持。

十一、建材工业工程[●]

(一)综述

2018 年，建材行业工程建设标准化工作紧密结合国家工程建设标准化工作改革方向，结合行业特点，发挥标准引领作用，探索行业新形势、新思路、高质量的建材工业领域标准、规范的制定等方面开展了多项工作，并取得了一定的成绩。

建材行业根据已经完成的工程建设国家标准规范体系开展了全文强制性标准的研编工作，在研编工作中，已经整合了一部分强制性标准，为下一步全文强制的正式编制，打下了良好基础。

(二)工程建设标准化改革情况

1. 工程建设标准化改革思路

(1)整合精简强制性标准

根据标准化工作改革需求，研究、制订符合建材工业领域需要的"工程建设全文强制性规范"，在保证国家工程建设建材行业底线问题的同时，涵盖工程建设项目的全生命周期过程，即项目的立项、规划、勘察、设计、施工、维护、运营直至拆除，使标准成为项目实施的基本依据。

(2)培育发展团体标准

团体标准要与政府标准相配套和衔接，形成优势互补、良性互动、协同发展的工作模式。要符合法律、法规和强制性标准要求。要严格团体标准的制定程序，明确制定团体标准的相关责任。

(3)全面提升标准水平

增强能源资源节约、生态环境保护和长远发展意识，妥善处理好标准水平与固定资产投资的关系，更加注重标准先进性和前瞻性，适度提高标准对安全、质量、性能、健康、节能等强制性指标要求。

跟踪科技创新和新成果应用，缩短标准复审周期，加快标准修订节奏。处理好标准编制与专利技术的关系，规范专利信息披露程序。加强标准重要技术和关键性指标研究，强化标准与科研互动。

(4)强化标准质量管理和信息公开

加强标准编制管理，改进标准起草、技术审查机制，完善政策性、协调性审核制度，规范工作规则和流程，明确工作要求和责任，避免标准内容重复矛盾。并充分运用信息化手段，强化标准制修订信息共享，加大标准立项、专利技术采用等标准编制工作透明度和信息公开力度，严格标准草案网上公开征求意见，强化社会监督，保证标准内容及相关技术指标的科学性和公正性。

[●] 本节执笔人：王立群，李永玲，国家建筑材料工业标准定额总站

2. 工程建设标准化改革重要工作

组织并研编了《建材工厂项目规范》、《建材矿山工程项目规范》、《水泥窑协同处置项目规范》三项规范，为下一步正式编制全文强制性规范打下了坚实的基础。

3. 团体标准化工作

建材行业在编中国工程建设标准化协会标准制修订项目 20 项。其中 2018 年度新申请的标准 13 项，2018 年已启动的标准 3 项，2019 年将陆续启动其余 10 项标准的编制工作，并积极推进在编项目的启动、征求意见、审查、报批等工作。在新时期，建材工业全面迈向绿色化、生态化、智能化的发展阶段。在这个过程中更需要发挥团体标准的作用，把建材行业的新产品和应用技术全面推向高质量发展步伐当中。建材行业在保证团体标准编制质量、和标准实际操作性的前提下，加大宣传力度，并同时梳理在编和已发布标准，科学合理分类，推进标准体系建立工作、建立标准查新库、对标龄过长的标准积极开展修订和清理工作。

（三）工程建设标准体系与数量情况

1. 现行工程建设标准数量情况

截至 2018 年年底，建材标准定额总站管理的建材工业领域工程建设国家标准 37 项，其中现行共 34 项（详见表 2-13），制订中标准共 3 项，修订中标准共 7 项。行业标准 17 项（详见表 2-13），团体标准 33 项。

现行的建材行业工程建设国家标准数量 表 2-13

类别	从未修订（项）	进行过修订（项）	现行数量（项）
国家标准	23	11	34
行业标准	16	1	17

2. 2018 年批准发布的工程建设行业标准数量

2018 年，由住房和城乡建设部批准发布的建材行业工程建设国家标准共 4 项，其中制定 1 项、修订 3 项。2005～2018 年，建材行业批准发布的工程建设行业标准很少，仅在 2012 年批准发布 2 项行业标准、2018 年批准发布 1 项行业标准，详见表 2-14。

2005～2018 年建材行业发布（包括制定和修订）工程建设行业标准数量情况 表 2-14

年份	2005	2006	2007	2008	2009	2010	2011	2012	2013	2014	2015	2016	2017	2018
数量	0	0	0	0	0	0	0	2	0	0	0	0	0	1

（四）工程建设标准编制工作情况

1. 2018 年建材行业工程建设标准制修订工作的指导思想和重点思路

继续加大改革力度，坚持改革路线。原有工程建设标准体系机制下，存在着强条分散、执行困难、标准国际化程度不高等诸多问题。今后必须根据新形势、新要求，对工程建设标准进行全面的改革。国家标准要向全文强制性规范过渡，同时要优化行业推荐性标准，培育发展行业团体标准。

2. 重点标准制修订工作介绍

为落实国家标准化改革的总体要求，工程建设标准要建立以技术法规为统领、标准为配套、合规性判定为补充的技术支撑新模式，首先要建立内容合理、水平先进、国际适用性强的强制性标准体系（技术法规体系）。研究编制了《建材工厂项目规范》、《建材矿山工程项目规范》、《水泥窑协同处置项目规范》三项全文强制性规范，修订了《建材工程术语标准》。

《建材工厂项目规范》涵盖水泥、平板玻璃、建筑卫生陶瓷、烧结砖瓦、玻璃纤维、岩矿棉、装饰石材等建材工厂建设项目。主要研究并提出建设规模、项目构成、布局选址、工艺装备水平等目标要求，节能、环境保护、安全、职业健康等方面的要求，以及工程勘测、设计、施工、验收、运营维护以及拆除等环节需要强制执行的技术措施。

《建材矿山工程项目规范》涵盖水泥原料矿山、玻璃原料矿山、砂石骨料、石材等各类建材矿山新建、改建、扩建及闭矿工程项目。主要研究并提出建设规模、项目构成、功能、性能等目标要求，防洪、给排水、安全、环保等方面要求，以及工程勘察、规划、设计、施工、验收及维护等方面需要强制执行的技术措施等。

《水泥窑协同处置项目规范》涵盖水泥窑协同处置工业废物（包含一般工业固体废物及危险废物）、生活垃圾、污泥、污染土等各类废弃物工程新建、改建及扩建工程项目。主要研究并提出建设规模、项目构成、功能、性能等目标要求，环境保护、安全、职业健康等方面的要求，以及规划、工程勘察、设计、施工、验收、验收及维护等环节需要强制执行的技术措施等。

《建材工程术语标准》是《工程建设标准体系》（建筑材料部分）中的重要基础标准，是体系中其他通用标准、专用标准的基础，它不同于建筑材料产品标准术语，各个专业章节设置不仅包括产品基本术语，还包括主要生产装置及设备术语。编制和修订建材领域的基本术语标准，将完善国家推荐性工程标准体系，有效地统一建材行业工程建设的基本术语，为建材行业工程建设标准的编写提供参考依据。

3. 标准复审及清理工作情况

截至 2018 年底，建材标准定额总站管理的建材工业领域工程建设国家标准共 37 项。其中现行共 34 项，新制订标准共 3 项，现行标准共 7 项在修订中。

（五）工程建设标准实施与监督工作情况

对已实施的工程建设标准展开跟踪、督促、检查、落实等组织工作。通过电子邮件、电话等沟通方式收集意见，并与主编人员加强沟通，及时将收集到的意见和建议反馈给主编人，以便标准修订。

（六）工程建设标准国际化情况

截至 2018 年底，建材工程建设标准完成了《水泥工厂节能设计规范》GB 50443 - 2016、《水泥工厂余热发电设计标准》GB 50588 - 2017、《水泥工厂余热发电施工及验收设计规范》GB 51005 - 2014 三项国家标准的英文版翻译。其中《水泥工厂节能设计规范》由国家建材标准定额总站组织，天津水泥工业设计研究院有限公司翻译；《水泥工厂余热发电设计标准》、《水泥工厂余热发电施工及验收设计规范》由国家建材标准定额总站组织，中材节能股份有限公司翻译。

（七）工程建设标准信息化建设

国家建筑材料定额总站网址 http：//www.jcdez.com.cn，包含本站公务、标准定额、政策法规、行业动态等多个板块，通过网站可以及时了解建材行业工程建设标准动态，也可查阅建材工程建设标准相关信息。

十二、电子工程❶

（一）综述

2018 年电子工程建设标准化工作以"深化标准化改革方案"为工作思路，以"深化工程建设标准化改革意见"为指引，以技术标准体系建设为核心，加强标准制定的顶层设计和体系建设。开展的主要工作有：

1. 在研标准、规范

2018 年度在研标准、规范取得阶段性成果 106 项（次），分阶段汇总见表 2-15。

在研标准、规范阶段性成果汇总　　　　　　　　单位：项　**表 2-15**

节点	启动	过程	征求意见	审查	报批	发布	校稿	合计
数量	22	41（项/次）	4	20	9	7	3	106（项/次）

2. 标准立项

组织申报 8 项 2019 年电子行业工程建设国家标准制修订项目和 2 项行业标准制修订项目，立项国标 6 项、行标 1 项。

3. 定额

2018 年完成《信息化项目建设概预算编制办法及计价依据》和《信息化项目建设预算定额》审查工作。

4. 专项工作

2018 年开展的专项工作主要有 19 项，按支撑对象汇总见表 2-16。

2018 年度主要专项工作汇总　　　　　　　　　　　**表 2-16**

支撑对象	工信部规划司	住房和城乡建设部标准定额司	合计
数量	11	8	19

（二）工程建设标准化改革情况

1. 工程建设标准化改革思路

电子行业标准化工作骨干在深入学习理解《深化标准化工作改革方案》（国发〔2015〕13 号）及新修订并发布实施的《标准化法》的基础上，以"放、管、服"为工作重点，

---

❶ 本节执笔人：杜宝强，工业和信息化部电子工业标准化研究院电子工程标准定额站

把电子工程建设标准化工作统一到中央"简政放权、放管结合、优化服务"的工作思路上来。

深化电子行业工程建设标准化工作改革，首先要落实好现有标准的精简整合工作，新立项标准的重复交叉现象应从根本上杜绝，已有的标准加快整合精简。新立项的国家标准和行业标准，严格限定在"保证人身安全健康、国家安全、环境保护和满足社会经济管理需求"的强制性标准，以及社会公益类的推荐性范围内。在做好标准制修订工作的同时，建立健全新型电子工程建设标准体系和制度建设，做好标准化工作的顶层设计，以实际行动践行习近平新时代中国特色社会主义理论。

2. 2018 年标准化改革重要工作

2018 年国家标准精简整合工作取得实质性成果，原国家标准《城市轨道交通综合监控系统工程设计规范》GB 50636-2010 和《城市轨道交通综合监控系统工程施工和质量验收规范》GB/T 50732-2011，被整合为《城市轨道交通综合监控系统工程技术标准》，并于 2018 年 2 月 8 日第 1828 号公告发布，标准编号为 GB/T 50636-2018，自 2018 年 9 月 1 日起实施。原国家标准《城市轨道交通综合监控系统工程设计规范》GB 50636-2010 和《城市轨道交通综合监控系统工程施工和质量验收规范》GB/T 50732-2011 自 2018 年 9 月 1 日起废止。

3. 团体标准化工作

中国电子工程设计院有限公司承担的中国勘察协会智能设计分会团体标准《无源光局域网 POL 工程建设和布线标准》编制，2018 年底，该标准征求意见稿通过专家的技术审查。

（三）工程建设标准体系与数量情况

1. 工程建设规范和标准体系情况

电子行业工程建设标准体系下分电子行业工程建设领域 1 个领域，为尽量避免标准体系内标准之间的重复和矛盾，并力求能够覆盖电子工程建设范围，突出系统性，标准体系电子行业工程建设领域下划分为基础标准、通用标准和专用标准三部分，详见《中国工程建设标准化发展研究报告 2017》，此处不再赘述。

2. 现行工程建设标准数量情况

截至 2018 年底，电子行业现行工程建设国家标准 61 项，其中 4 项标准进行过修订工作，57 项标准尚未进行过任何修订。现行行业标准 8 项，其中 1 项标准进行过修订工作，7 项标准尚未进行过任何修订。

3. 2018 年批准发布的工程建设行业标准数量

（1）2018 年标准数量情况

2018 年，由住房和城乡建设部批准发布的电子行业工程建设国家标准共 8 项，其中制定 7 项、修订 1 项。2018 年，电子行业未批准发布工程建设行业标准。

（2）近年来批准发布的行业标准数量变化情况

电子行业工程建设行业标准现行共 8 项，其中 2013 年批准发布 3 项，2016 年批准发布 2 项，2017 年批准发布 3 项。

（四）工程建设标准编制工作情况

1. 重点标准制修订工作介绍

2018 年电子行业认真贯彻落实《住房城乡建设部关于印发深化工程建设标准化工作改革意见的通知》（建标〔2016〕166 号）精神，依据《住房城乡建设部关于印发 2018 年工程建设规范和标准编制及相关工作计划的通知》（建标函〔2017〕306 号），重点开展《电池生产与处置工程项目规范》等 10 项工程建设全文强制性国家标准（以下简称规范）的研编工作。工程建设规范是保障人民生命财产安全、人身健康、工程质量安全、生态环境安全、公众权益和公共利益，以及促进能源资源节约利用、满足国家经济建设和社会发展等方面的基本规定和底线要求，是政府依法治理、依法履职的技术依据，是全社会必须遵守的强制性技术规定。所以做好电子行业牵头的 10 项规范研编工作责任重大，影响深远。

《电池生产与处置工程项目规范》等 10 项规范研编工作从启动到中期评估，平均历时 290 天。10 项规范的研编工作得到起草/承担单位主管领导和主要负责人的高度重视，研编组成员积极参与。共组织规模以上会议、调研、研讨 57 次，单项最高达 11 次，各项规范研编投入如图 2-7 所示；开展专题研究并撰写报告 49 项（部），起草规范草案 1200 余条，各项规范研编产出如图 2-8 所示。

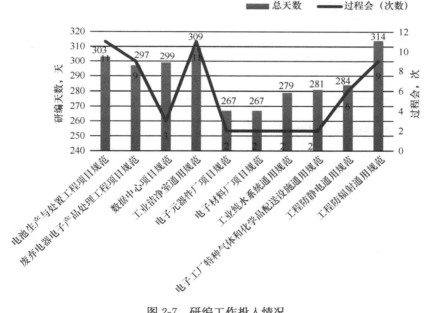

图 2-7　研编工作投入情况

2. 标准复审及清理工作情况

根据《住房城乡建设部关于印发 2018 年工程建设规范和标准编制及相关工作计划的通知》（建标函〔2017〕306 号）、《关于做好 2018 年度工程建设标准复审工作的通知》（建标工〔2018〕84 号）要求，在主编部门工业和信息化部规划司的领导下，中国电子技术标准化研究院电子工程标准定额站组织电子信息行业有关单位开展了 2018 年电子工程

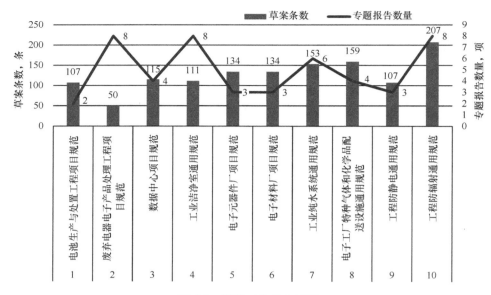

图 2-8　研编工作产出情况

建设标准复审及标准中涉及营商环境相关条文规定的梳理工作。

本次标准复审的对象为 2017 年及以前发布实施的国家标准，共计 53 项，占现行国家标准总量的 91%。本次复审意见汇总见表 2-17。

复审意见汇总表（项）　　　　　　　　　　　表 2-17

复审意见	继续有效	修订	废止	合计
国标数量	42	11	0	53

（五）工程建设标准国际化情况

截至 2018 年底，电子行业翻译完成 3 项国家标准的英文版，其中《公共广播系统工程技术规范》GB50526－2010 英文版于 2017 年 1 月 23 日第 1451 号公告发布，其他 2 项已报批未发布。

十三、广播电视❶

（一）综述

根据国务院深化标准改革方案的总体要求，启动了 2 项全文强制性国家标准《广播电视制播工程项目规范》和《广播电视传输覆盖网络工程项目规范》的研编工作。国家工程建设标准《架空电力线路、变电站（所）对电视差转台、转播台无线电干扰防护间距标准》GB 50143－2018、《有线电视网络工程设计标准》GB/T 50200－2018 和《有线电视

---

❶　本节执笔人：甘颖羚，国家广播电视总局工程建设标准定额管理中心

网络工程施工与验收标准》GB/T 51265－2018 获批准发布实施。开展并完成 4 项工程建设国家标准的复审工作。落实国务院文件，梳理国家现行标准中涉及营商环境的相关条文，营造工程建设领域良好的营商环境，降低工程建设技术管理制度性交易成本。

根据机构改革方案，原广播电影电视行业标准化管理职能中的电影类行业标准管理职能划转至中宣部电影局。

2018 年有 25 家事业单位、14 家企业参与标准制修订工作，目前专家库接近 400 人。

（二）工程建设标准化改革情况

1. 工程建设标准化改革思路

依据国务院关于深化标准化工作改革方案及住房和城乡建设部相关工作部署，结合广电行业工程建设特点及发展要求，完成强制性标准体系的构建，开展广电行业标准的体系结构研究，持续推进行业标准精简整合工作，着力解决标准重复、交叉、矛盾等问题。推动标准的实施与监督，促进经济持续健康发展和技术进步。

2. 2018 年标准化改革重要工作

推进并启动两项全文强制性国家标准的研编工作，开展并完成 4 项工程建设国家标准的复审工作。广电行业工程建设标准实施评价专题研究正式结题，对标准的实施状况、实施效果及科学性进行了评价，查找行业标准化管理的问题。

（三）工程建设标准体系与数量情况

1. 工程建设规范和标准体系情况

广电行业工程建设标准自 20 世纪 80 年代中期至今已有 30 余年，逐步形成自身完善的体系，基本涵盖了广电行业的广播电视台、中短波、电视、调频、发射塔、监测监管、卫星、光缆及电缆、微波及定额等种类。行业标准的实施，为规范行业的规划、勘察、设计、施工、验收、管理和检验鉴定等工程建设活动提供了重要的依据，对促进行业工程建设质量、保障安全、保护环境、节约能源起到积极的推动作用。目前，广电行业在用标准82 项（含工程项目建设标准），建标其中通用类 14 项；广播电视台类 13 项；中、短波类8 项；电视、调频类 6 项；发射塔类 5 项；监测类 6 项；卫星类 6 项；光缆及电缆类 9 项；微波类 4 项；定额类 11 项（详见图 2-9）。工程项目建设标准是工程项目前期工作中，对

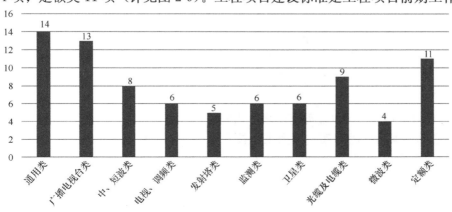

图 2-9　广电行业在用标准分类统计

项目投资决策中有关建设的原则、等级、规模、建筑面积、工艺设备配置、建设用地和主要技术经济指标等方面进行的规定。

2. 工程建设标准数量情况

截至 2018 年底，现行广播电视行业工程建设国家标准 7 项、行业标准 73 项，修订情况见表 2-18。2018 年批准发布国家标准 3 项（制定 2 项、修订 2 项）。

2005～2018 年批准发布的广播电视行业标准数量情况见表 2-19。2015 年国务院实施标准化工作改革，提出了转变政府管理职能，提升标准化管理效能，开展行业标准精简整合工作，工作开始后，在研究标准化改革工作的同时，对在编行业标准进行了精简整合，行业标准出台数量明显下降，工作重心转向国家标准编制工作。

现行的广电行业工程建设国家标准数量　　　　　　　表 2-18

类别	从未修订（项）	进行过修订（项）	现行数量（项）
国家标准	3	4	7
行业标准	50	23	73

2005～2018 年广电行业发布（包括制定和修订）的工程建设行业标准数量情况　表 2-19

年份	2005	2006	2007	2008	2009	2010	2011
数量	5	3	3	6	2	4	2
年份	2012	2013	2014	2015	2016	2017	2018
数量	5	4	2	5	1	1	0

（四）工程建设标准编制工作情况

1. 2018 年广电行业工程建设标准制修订工作的指导思想和重点思路

2018 年广电行业工程建设标准制修订工作符合标准化工作改革的要求，适应新型标准体系的需要。积极推动行业公共文化服务体系建设，推进基本公共服务标准化发展。严把行业标准立项环节，避免国家标准、行业标准内容的交叉重复矛盾，逐步缩减现有推荐性标准的数量和规模，严把行业标准立项环节，实现标准初审前置，简化制修订程序，提高审批效率。积极推进标准特别是重要标准的编制进度。

2. 重点标准制修订工作介绍

国家标准《架空电力线路、变电站（所）对电视差转台、转播台无线电干扰防护间距标准》GB 50143－2018 修订工作介绍：

（1）任务来源

原标准 GBJ 143－90 颁布实施以来，为我国 500kV 以下高压输电和广播电视的协同发展提供了重要保障。随着架空电力工程技术和电磁干扰研究技术的变化，近年来，包括电力线路和变电站的架空电力输电工程在全国有巨大变化，国际上最高电压等级的750kV 和 1000kV 交流架空电力多个工程项目在我国全面开展建设并逐步投入运营。原标准已经不能适应技术发展的需要，必须进行修订和完善。

根据中华人民共和国住房和城乡建设部《关于印发〈2014 年工程建设标准规范制订、

修订计划〉的通知》（建标［2013］169 号）的要求，以及工程建设标准定额制定、修订项目合同关于"架空电力线路、变电所对电视差转台、转播台无线电干扰防护间距标准 GBJ 143 - 90"，对该国家建设标准 GBJ 143 - 90 进行修订。该标准由国家广播电视总局广播电视规划院主编，中国电力科学研究院武汉分院和中国电力工程顾问集团西北电力设计院有限公司参编。

（2）编制原则

编制工作按住房和城乡建设部《工程建设标准编写规定》（建标［2008］182 号）的要求进行。

贯彻执行国家的基本建设方针和技术经济政策，适应目前技术发展，做到安全可靠、经济合理。在原标准的基础上，增加 750kV、1000kV 电压等级的架空输电线路、变电站相应防护间距。考虑到研究时间有限，为尽快填补标准空白，本次任务仅限于交流输电线路和变电站。

新编标准继承原标准有源干扰的评估方法，并增加无源干扰的评估方法和相应防护间距的制定。

修编标准考虑对工程建设的引领和指导，为工程技术人员提供可操作的基础依据，增加有源测试方法和无源干扰仿真的原则和基本要求。

（3）主要技术内容/修订的主要技术内容

本标准内容除前言外，正文包括以下章：

第一章　总则；

第二章　术语和符号；

第三章　防护间距；

附录 A　有源干扰防护间距的计算方法；

附录 B　有源干扰测量方法；

附录 C　无源干扰可接受限值、评估方法、防护间距的确定原则和仿真计算基本要求；

附录 D　防护措施等。

本标准的主要修订内容如下：

将标准名称更改为《架空电力线路、变电站（所）对电视差转台、转播台无线电干扰防护间距标准》；

将正文中"变电所"改为"变电站（所）"；将"广播电视网规划之内，接收信号频率在 VHF（Ⅰ）和 VHF（Ⅲ）频段"改为"广播电视网规划之内，接收信号和发射信号频率在 VHF（Ⅰ）、VHF（Ⅱ）和 VHF（Ⅲ）频段"，"电视差转台、转播台的接收天线"改为"电视差转台、转播台的接收和发射天线"，并将与 VHF（Ⅰ）的相关内容修改为 VHF（Ⅰ）、VHF（Ⅱ）。

增加"术语和符号"，增加有源干扰、无源干扰、无线电干扰限值交流线路等术语和标准中用到的符号。

增加 750kV、1000kV 交流架空电力线路对无线电台干扰影响防护间距。

增加 750kV、1000kV 交流架空电力变电站对无线电台干扰影响防护间距。

增加附录 B 有源干扰测量方法。

增加附录 C 无源干扰可接受限值和仿真计算基本要求。

将防护措施单独成附录 D，并修改补充内容。

修改标准条文说明。

（4）标准的初步评价及实施后的效益

顺应高压输电技术的发展趋势，坚持技术的先进性、开放性和可操作实施性，为国内高压输电工程和广播电视台站建设和协调发展铺垫了基础，对标准相关选址、工程建设具有积极意义。标准的实施，将保证特高压输电和广播电视的有序良好发展，具有较好的经济效益和社会效益，以及较强的指导意义和实用价值。

3. 标准复审及精简整合工作情况

2018 年 9 月，收到住房城乡建设部标准定额司《关于做好 2018 年度工程建设标准复审工作的通知》（建标工 [2018] 84 号），国家广播电视总局财务司委托总局标准定额中心具体组织国标复审工作，整理了现行有效国家标准（广电部分）信息。此次复审涉及国家标准 4 项，复审结果中建议"继续有效"的 3 项、"修订" 1 项；"废止" 0 项。

建议修订《厅堂扩声系统设计规范》GB 50371 - 2006。该标准自发布实施十余年来，在国内、国际重大会议和文化演艺场所的工程建设中发挥了主要作用。鉴于数字化、网络化、信息化等新技术的发展，需要增加数字、网络技术要求，补充系统可靠性及安全防范、多声道扩声系统相关内容，调整补充部分设计指标，规范相关辅助系统的技术要求。本文截稿时，该标准已经被列入工程建设国家标准修订计划并已启动编制工作。

（五）工程建设标准实施与监督工作情况

1. 工程建设标准宣贯和培训情况

2018 年 11 月开展了行业标准《广播电影电视建筑设计防火标准》GY 5067 - 2017 的宣贯，总局 8 个直属单位、29 个地方广电局、中央广播电视总台和 5 家电影集团单位的 84 位工程技术和管理人员参加了宣贯培训。标准主要编制人和公安部消防局审查专家结合工程实例，对标准进行了逐条宣讲，针对广电行业特点，对防火标准作了详细解读。

2. 工程建设标准实施情况统计、分析、评估工作

根据国家标准《工程建设标准实施评价规范》GB/T 50844 - 2013，开展工程回访、专家座谈、评价打分、现场观摩等工作，对在用 73 项工程建设行业标准的实施状况、实施效果和科学性进行实施评价。通过实施评价，掌握了大量详细、具体数据，了解各单位标准使用的现状，工程技术人员对标准实施状况的想法等，查找行业标准化管理的问题，分析标准化工作中的重点、难点，为行业标准化工作改革提供了基础性参考资料。

（六）工程建设标准信息化建设

国家广播电视总局继续在政府网站提供在用行业标准下载服务。国家广播电视总局工程建设标准定额管理中心的自建网页增加了标准信息和专家信息。

十四、国内贸易❶

（一）综述

2018 年共有 3 项工程建设国家标准、5 项国家建设标准、7 项工程建设协会标准在稳步推进中。同时，配合住房城乡建设部、商务部、农业农村部开展 2018 年度工程建设国家标准、行业标准复审工作。2018 年 5 月 16 日在山东烟台举办了"中国工程建设标准化协会商贸分会第一届第四次理事会暨第三届冷链物流、食品加工工程建设标准化大会"。

1. 国家规范 《农产品产后处理工程项目规范》 编制工作

根据住房和城乡建设部《住房城乡建设部关于印发 2018 年工程建设规范和标准编制及相关工作计划的通知》（建标函［2017］306 号）的通知，积极参与到全文强制规范《农产品产后处理工程项目规范》的编制工作中。现阶段，规范编制组围绕工作大纲，正全面开展调研工作。

2. 国家标准 《冷库施工及验收规范》 制订及 《冷库设计规范》 修订工作

根据住房和城乡建设部《住房城乡建设部关于印发 2015 年工程建设标准规范制订、修订计划的通知》（建标〔2014〕189 号）的通知，工程建设国家标准《冷库施工及验收规范》制订及《冷库设计规范》修订工作已于 2015 年正式启动。在积极开展调研工作、收集大量信息、广泛向社会征求意见的前提下，2018 年两本规范均已完成报批稿，上报主编部门商务部。目前，均处于报批审查中。

3. 国家建设标准 《农业生产资料配送中心建设标准》 编制及 《农副产品批发市场建设标准》、 《棉麻仓库建设标准》、 《果品库建设标准》 等的修订工作

根据住房和城乡建设部建标〔2012〕192 号、建标〔2013〕162 号及建标〔2015〕273 号通知，住房和城乡建设部、国家发展和改革委员会联合批准了国家建设标准《农业生产资料配送中心建设标准》编制及国家建设标准《农副产品批发市场建设标准》《棉麻仓库建设标准》《果品库建设标准》等修订工作。

编制过程中，紧紧围绕以"科学规划、因地制宜、节约资源、合理投资"为指导思想，紧密结合我国"农副产品批发市场""农业生产资料配送中心""棉麻库""果品库"的建设、发展与管理实际，广泛调研，吸收国内外先进经验，充分调动各方面积极因素，力争使制、修订后的《农副产品批发市场建设标准》、《农业生产资料配送中心建设标准》、《棉麻仓库建设标准》、《果品库建设标准》等建设标准达到"适用、经济、科学、合理"的工作目标。目前 3 项建设标准处于审批阶段，2 项建设标准处于编制阶段。

4. 协会标准编制工作

2018 年，中国工程建设标准化协会商贸分会继续积极组织商贸行业开展中国工程建设协会标准的制定及管理工作。2018 年有 7 项协会标准在编制中：《冷库门工程技术规程》、《冷库用金属面绝热夹芯板工程技术规程》、《肉制品车间设计规程》、《室内冰雪场馆保温体系及制冷系统设计规程》、《制冷系统蒸发式冷凝器循环冷却水电化学处理工程技术

❶ 本节执笔人：杜娟，中国工程建设标准化协会

规程》、《冷库能耗评价标准》、《制冷系统冷凝热回收工程技术规程》。其中，《冷库喷涂硬泡聚氨酯保温工程技术规程》于 2018 年 4 月起实施；《冷库门工程技术规程》于 2018 年 11 月 23 日批准发布，2019 年 5 月 1 日起实施。

5. 标准复审工作

商贸行业在完成各项标准编制工作的同时，积极配合住房和城乡建设部开展 2018 年度工程建设国家标准（商贸工程部分）标准复审工作，对 2013 年前发布的工程建设国家标准（商贸工程部分）及行业内相关标准进行了梳理，对本行业 2 本国家标准进行了复审。

（二）工程建设标准化改革情况

通过对《标准化法》的深入学习和贯彻，努力构建新型标准体系，培育发展团体标准，激发市场主体活力，并有针对性的对行业内规范进行整合精简，着力解决制定主体过多而产生的交叉重复矛盾等问题。

（三）工程建设标准数量情况

国内贸易行业现行工程建设国家标准 4 项，其中 1 项进行过修订工作，3 项标准尚未进行过任何修订；现行行业标准 7 项，尚未进行过任何修订。2018 年国内贸易行业未批准发布国家标准和行业标准。

（四）工程建设标准编制工作情况

1. 重点标准制修订工作介绍

制订工程建设国家标准《冷库施工及验收标准》是在现行的工程建设行业标准《冷藏库建筑工程施工及验收规范》SBJ 11－2000、《氨制冷系统安装工程施工及验收规范》SBJ 12－2011、《氢氯氟烃、氢氟烃类制冷系统安装工程施工及验收规范》SBJ 14－2007 的基础上进行补充及完善，重点增加了保温工程及设备工程的内容，为全面规范冷库工程施工，确保施工质量，保证安全生产及食品安全、质量、卫生等提供一个完善的施工及验收依据。

2. 行业标准复审工作情况

《牛羊屠宰与分割车间设计规范》GB 51225－2017、《禽类屠宰与分割车间设计规范》GB 51219－2017：商贸分会采用了会审、网上审议和函审相结合的方式进行复审，共计发出复审通知及表格 50 余份，收回意见 20 份，在中国国际肉类工业展上广泛征求意见，并于 2018 年 11 月组织主编单位及行业相关专家召开了复审工作会议。

通过一年来的实施情况表明，这两本规范具有较强的科学性和可操作性，对加强禽类屠宰加工管理，积极推动定点屠宰厂（场）的建设，促进肉类工业的健康发展具有较重要的意义。这两本规范有关章节、条文在防火安全、节能减排及新技术、新材料等应用上符合目前实际，为屠宰加工项目设计提供了有力的技术支持。规范根据小时屠宰量分级，进一步明确了屠宰分割各环节的温度及工艺参数，提高了产能效益，确保了产品质量及肉食品卫生、安全。

2018 年商贸分会就国家标准《禽类屠宰与分割车间设计规范》《牛羊屠宰与分割车间

设计规范》全面开展宣贯，组织各种形式的宣贯培训 7 次，参加人员近 500 人次。

十五、轻工业[1]

（一）综述

2018 年轻工行业工程建设标准化重点工作内容是：国家工程建设项目规范《食品饮料工程项目规范》、《生物发酵工程项目规范》、《轻工日用品工程项目规范》、《轻化工工程项目规范》研编工作。2018 年基本完成了《行业法规政策分析研究》、《现有规范强制性条文适应性研究》和《国外法规政策对比研究分析》三部研究报告初稿，拟定了上述四项工程项目规范的基本框架，经专家研讨会讨论，基本符合编制工作大纲的要求。同时，中国轻工业工程建设协会还组织了行业标准的修订工作，2018 年初经工信部批复，原主编单位正在对《甘蔗糖厂设计规范》、《合成洗涤剂工厂设计规范》、《啤酒厂设计规范》进行修订，对《日用陶瓷厂设计规范》、《塑料制品厂设计规范》进行外文版编译。

（二）工程建设标准化改革情况

1. 工程建设标准化改革思路

轻工行业标准化改革的思路：在政府主管部门的指导下，重点做好国家工程建设项目规范的研编，组织推动工程项目规范的起草研编工作顺利进行，保质保量，按时完成研编任务；组织行业标准、团体标准的复审、修订和编制；加强各层级标准间的衔接配套和协调管理，完善标准内容和技术措施，提高标准水平。

2. 2018 年标准化改革重要工作

轻工行业 2018 年标准化工作的重点是：做好国家工程建设项目规范的研编、行业标准的修订。

3. 团体标准化工作

截至 2018 年底，行业内尚未有相关团体标准发布，团体标准培育发展过程中遇到的问题主要是编制经费不足，行业内没有专职的标准编制机构，编制工作主要是依靠设计单位的技术人员，在标准编制和经营生产的双重压力下，团体标准编制积极性受到影响。

（三）工程建设标准体系与数量情况

1. 工程建设规范和标准体系情况

轻工行业工程建设标准体系：按工信部组织编写的"十三五"工程建设标准体系统一排序为第［9］部分，共包含了十个分领域，即：通用轻工业工程、制浆造纸工程、食品烟草生物工程、制糖工程、日用化工工程、日用硅酸盐工程、制盐及盐化工工程、皮革毛皮及制品工程、家用电子日用机械工程、其他轻工工程领域。此方法是根据工程建设特点，将轻工行业各产业按工程建设的学科加以归纳合并而划分，基本涵盖了轻工业工程建设的主要标准。

---

[1] 本节执笔人：吴柏泉，中国轻工业工程建设协会

2. 现行工程建设标准数量情况

轻工行业国家标准编制起步较晚，2013 年批准发布第一项轻工行业国家标准，随后 2014 年、2015 年分别批准发布 1 项国家标准。截至 2018 年底，现行的轻工行业工程建设国家标准 3 项，详见表 2-20。相对而言，轻工行业的行业标准起步较早，自 20 世纪 80 年代开始批准发布，截至 2018 年底，现行行业标准 28 项，均在 2005 年以前（包括 2005 年）批准发布。2018 年未批准发布轻工行业工程建设国家标准和行业标准。

现行的轻工行业工程建设国家标准、行业标准数量　　　　表 2-20

类别	从未修订（项）	进行过修订（项）	现行数量（项）
国家标准	3	0	3
行业标准	28	0	28

（四）工程建设标准编制工作情况

1. 2018 年轻工行业工程建设标准制修订工作的指导思想和重点思路

2018 年轻工行业工程建设标准制修订工作指导思想和重点思路：重点是做好国家工程建设项目规范的研编工作，同时做好行业标准的修订工作。

2. 重点标准制修订工作介绍

围绕轻工行业发展需要，为了贯彻落实国家资源节约与利用、环境保护方针，保障工程质量安全，保障和改善民生，以及促进工程建设领域技术进步等。2018 年轻工行业开展的重点制修订是：围绕轻工行业的国家工程建设项目规范《食品饮料工程项目规范》、《生物发酵工程项目规范》、《轻工日用品工程项目规范》、《轻化工工程项目规范》的研编工作。行业标准编制工作，主要是造纸、食品、啤酒、洗涤剂等规范的修订。

3. 标准复审及清理工作情况

根据住房和城乡建设部标准定额司的要求，中国轻工业工程建设协会组织轻工行业工程建设标准专业委员会和原规范主编单位对三项国标《生物液体燃料工厂设计规范》、《乳制品厂设计规范》、《制浆造纸厂设计规范》进行复审，复审结论是：继续有效。

十六、邮政工程[❶]

（一）综述

邮政业是现代服务业的重要组成部分，邮政网络是国家重要的通信基础设施，在促进国民经济和社会发展、保障公民基本通信权利等方面，发挥着十分重要的作用。标准化是提高服务质量、规范市场行为、推动行业科技进步的重要手段。

2018 年，按照国家邮政局标准化主管部门的整体部署和工作思路，围绕国家邮政局中心工作和邮政行业发展的热点难点问题，聚焦包装用品绿色化、信息交换规范化、基础资源统一化、设施设备智能化，高质量地完成了各项标准制修订项目及上级下达的各项工

---

❶ 本节执笔人：张辛，国家邮政局发展研究中心

作任务。尤其在工程建设领域，结合邮政业发展实情，提出了对 GB/T 24295《住宅信报箱》修订的立项建议，促进投递服务的拓展和改进，响应人民对美好生活的需要。

截至 2018 年底，邮政行业现行工程建设国家标准 2 项、行业标准 4 项，无现行团体标准。

（二）标准化工作能力建设情况

2018 年，秘书处加强了工作全流程管理，提前制定工作计划供委员参阅，同时在行标立项环节加入委员评议等。

一是向委员征求 2018 年工作计划。

为不断提升和改进邮标委工作水平，促进标准工作对行业发展的引领、规范和支撑作用，全国邮政业标准化技术委员会秘书处编制了《全国邮政业标准化技术委员会 2018 年工作计划》，征求各位委员意见和建议。《计划》提出了全年工作基本思路，并对标准制修订的重点领域和制修订清单征求意见。该项工作能促进委员对全年工作的了解，有利于委员提高参与标准研制、调研和审查的工作质效，提升标委会工作科学高效展开。

二是向各单位征求 2019 年行业标准立项建议。

为提升标准的科学性、先进性和适用性，完善标准制修订流程，根据《邮政业标准化管理办法》第十四条"国家邮政局各司局、各省（区、市）邮政管理局、相关企业等，可根据标准体系、标准化发展规划和业务发展等需要，提出年度行业标准制修订项目的立项建议"，标委会秘书处向行业各单位及委员发函征求 2019 年行业标准立项建议。该项工作一方面调动了各单位参与标准制修订的积极性，便于企业了解行业标准研制主要方向；另一方面，通过企业和各单位反馈的申请表，可以洞察企业需求和行业实情，从标准立项初期增进了标准有效实施的科学性。征集的立项清单能够为政府标准体系的完善提供参考。

此次工作共收集标准立项建议 36 项，涉及配送机器人等科技产品标准；城乡共同配送、即时配送等服务规范；信用信息交换、快递企业与末端企业信息交换等信息标准；安检机内控准则、安全生产教育、信用评价准则等管理标准；三段码编码、运单码号资源等基础标准；以及《快递服务》、《邮政业信息系统安全等级保护》等系列标准制修订建议。

（三）工程建设标准编制工作情况

《住宅信报箱》（GB/T 24295）自 2009 年发布实施以来，在规范信报箱的建设、提升信报箱质量和保障公民通信权利方面发挥了重要作用。但随着我国经济社会的发展，人民对美好生活的需要日益增长，标准已经不能很好适应发展需要。主要表现在：格口尺寸设置不够合理，导致空间利用率不高，且不能满足《邮政普遍服务》标准中关于包裹实行按址投递的相关要求；箱体结构设计过时老旧，不能满足多家企业共同使用，邮件快件投递一体化发展需要；安全设计考虑不足，邮件丢失、垃圾邮件随意投放等情况时有发生；功能设置比较单一，急需采用信息化手段，丰富信报箱功能，以适应人民群众和管理部门对服务便捷化、管理智能化的相关要求。

2018 年 9 月，全国邮政业标准化技术委员会组织起草单位完成了《住宅信报箱》（GB/T 24295）标准草案稿，并在国标委网站上发起委员投票，委员投票率 96.9%，投票赞成率 100%，一致同意该标准通过立项。10 月，正式提出《住宅信报箱》国家标准修订的立项需求。目前立项工作仍在推进之中。

在内容上，优化信报箱结构，修订信报箱技术参数，丰富信报箱功能，在不增加设置场地面积的情况下，提高信报箱使用率和智能化服务水平，适应经济社会发展和人民群众日益增长的美好生活需要的客观要求。

从实施效果看，标准修订后，信报箱的使用功能将得以扩展，性能更加稳定可靠，能够提供包含一般信件、报刊、包裹在内的投递服务，普惠百姓。

十七、核工业[1]

（一）综述

2018 年 1 月 31 日，中核集团与原中国核建集团实施重组。本年度工程建设标准化情况新增原中国核建集团部分情况。

2018 年完成 10 项本行业承担的工程建设标准的复审工作，其中，强制性国家标准 4 项，推荐性国家标准 6 项。2018 年发布 2 项国家标准，分别是《核电站钢板混凝土结构技术规范》（GB/T 51340－2018）、《核电厂建构筑物维护及可靠性鉴定标准》（GB/T 51323－2018）。

根据复审结果，组织有关起草单位就《核电厂建设工程监理规范》（GB/T 50522－2009）和《核工业铀矿冶工程设计规范》（GB 50521－2009）进行了修订。2018 年 3 月，《核电厂建设工程监理规范》（GB/T 50522－2009）（修订）、《核电厂混凝土结构技术标准（送审稿）》技术审查工作已完成并正式报批。

2018 年 9 月，中国核工业勘察设计协会面向全体会员单位公开征集了团体标准立项申请。本年度共收到会员单位团体标准立项申请 32 份。

（二）标准化工作能力建设情况

1. 标准化工作机构建设情况

2018 年 9 月，中国核工业勘察设计协会团体标准化管理委员会和团体标准化技术委员会正式成立。

2. 标准参与及人才培养情况

2018 年参与核电厂工程建设国家标准制定单位有中国核工业华兴建设有限公司、中国核工业第二二建设有限公司、中国核工业二三建设有限公司、中国核工业第二四建设有限公司、中冶建筑研究总院有限公司、中广核工程有限公司、上海核工程研究设计院、中国核电工程有限公司等。

2018 年参与工程建设标准复审和修订单位有中国核电工程有限公司、核工业第四研究设计院、中国新能核工业工程有限责任公司、核工业工程咨询有限公司等。

3. 标准化管理制度建设情况

2018 年发布了"中国核工业勘察设计协会团体标准管理办法（2018 修订版）"。该办

---

❶ 本节执笔人：申东望，核工业勘察设计协会

法从团体标准制定的依据、目的、组织机构、团体标准的制订、团体标准的复审、修订与修改、知识产权和法律责任、团体标准的实施与监督、经费和使用提出了管理要求。

（三）工程建设标准体系与数量情况

截至 2018 年 12 月，中核集团归口管理的核工业现行工程建设国家标准数量共计 10 项。2018 年，1 项标准完成报批稿、待发布，1 项标准正在修订中。

原中国核建归口管理的核工业现行工程建设国家标准数量 5 项，其中 2 项标准已发布，1 项标准完成报批稿、待发布，剩余 2 项标准处于标准征求意见稿阶段。

（四）工程建设标准编制工作情况

1.《核电厂建设工程监理规范》

2018 年 3 月，中核集团已按计划完成了《核电厂建设工程监理规范》（GB/T 50522－2009）修订工作并报批。

该标准增加了核电厂保修阶段监理、检修阶段及调试阶段监理方面的内容；增加了对监理声像资料的要求；调整了部分章节的名称，删减、补充了部分章节及内容；修订了部分与法律、法规、规章、标准不一致的内容；突出了核电厂监理的特点，增强了可操作性。

2.《核工业铀矿冶工程设计规范》

2018 年，中核集团按计划完成了《核工业铀矿冶工程设计规范》（GB 50521－2009）修订版征求意见稿的初稿，并组织征求意见。

3.《核工业工程术语标准》

编制《核工业工程术语标准》的基本原则是要满足工程建设标准化工作的需要，全面梳理工程建设标准化工作，构建层次清晰的概念体系，合理确定相关术语，并予以准确定义。同时，应与国际标准接轨，并注意与其他相关术语标准、与法律法规及相关政策文件的相互协调工作。依据 GB/T 20001.1－2001《标准编写规则 第 1 部分：术语》、GB/T 10112－1999《术语工作 原则与方法》、GB/T 15237－2000《术语工作 词汇 第 1 部分：理论与应用》、GB/T 16785－1997《术语工作 概念与术语的协调》建立核工业专用工程术语的概念体系，并采集核工业工程常用的名词术语数据，遴选术语和表述定义，参考GB/T 1.1－2009《标准化工作导则 第 1 部分：标准的结构和编写规则》编写出一份适用于核工业领域工程建设全过程的标准草案。

4.《核电厂建构筑物维护及可靠性鉴定标准》

该标准的出台，不仅填补了我国核电厂建构筑物维护及可靠性鉴定国标体系的空白，更对保障我国运行核电厂的定期安全审查和运行许可证有效期延续等工作具有重大意义和深远的影响。

5.《核电厂混凝土结构技术标准》

该标准的完成，不仅填补了我国核电厂混凝土结构国标体系的空白，更对促进核电技术标准化和材料国产化，统一核电厂混凝土结构设计、施工及验收标准，推动我国核电技术走向世界等方面具有重大的意义和深远的影响。

十八、医药工程●

(一)综述

以《关于深化工程建设标准化工作改革的意见》等文件为指南,中国医药工程设计协会把改革医药工程建设领域强制性标准列为 2018 年工程建设标准化重点工作,开展了《医药生产工程项目规范》、《医药研发工程项目规范》、《医药仓储工程项目规范》、《医药生产用水系统通用规范》、《医药生产用气系统通用规范》标准的研编工作,颁布实施了《医药工艺用气系统工程设计规范》。

(二)工程建设标准数量情况

截至 2018 年底,共 16 项有医药工程建设领域国家标准列入编制计划,已颁布实施 12 项(其中 11 项未进行过修订,1 项已完成修订并报批),完成报批 1 项,正在编制 3 项。

(三)工程建设标准编制工作情况

1. 2018 年行业工程建设标准制修订工作的指导思想和重点思路

以《关于深化工程建设标准化工作改革的意见》等文件为指南,中国医药工程设计协会把改革医药工程建设领域强制性标准列为 2018 年工程建设标准化重点工作。在住房和城乡建设部和工信部指导下,开展《医药生产工程项目规范》、《医药研发工程项目规范》、《医药仓储工程项目规范》、《医药生产用水系统通用规范》和《医药生产用气系统通用规范》标准的研编工作,参与编制《国家工程建设术语标准体系表》标准工作,并承担体系系列之一《医药工业工程术语标准》的主编任务。

2. 重点标准制修订工作介绍

新版《药品生产质量管理规范》(GMP)对无菌药品生产环境的空气净化要求作了较大修改,在工程建设上应如何面对是医药行业共同关心的课题。2018 年,为配合"加快制定全文强制性标准,逐步用全文强制性标准取代现行标准中分散的强制性条文"的工作方针,在《医药工业洁净厂房设计规范》修订过程中,编制组对该本标准所包含的强制性条款进行了梳理,确定了本标准的强制性条文的原则:1)对药品生产质量有重要影响的条文,如 3.2.1、3.2.2;2)医药生产特有的影响建筑与人员安全的条文,如 6.4.1、6.4.2、6.4.3、6.4.4、6.4.5、6.4.6、8.2.1、9.2.4、9.2.7、9.2.8、9.2.12、9.2.18、11.2.8、11.3.4、11.3.7、11.4.4;3)与药品特性有关且影响药品质量或人员健康的条文,如 5.1.6、5.1.7、5.1.8、5.1.11、7.2.12、9.6.1、9.6.3。梳理后,强制性条文减少了 13 条。修改版报批稿于 2018 年 4 月 28 日上报住房和城乡建设部,预计 2019 年下半年将颁布实施。

● 本节执笔人:缪晡,中石化上海工程有限公司

3. 标准复审及清理工作情况

2018 年开展标准复审工作，复审结果为 12 项国家标准继续有效。

十九、粮食工程❶

（一）综述

按照国家工程建设标准化改革的总体安排，国家粮食和物资储备局承担了《粮食仓库项目规范》、《粮食加工厂项目规范》、《食用植物油脂加工厂项目规范》、《粮食烘干设施通用规范》等 4 项强制性国家标准的研编任务，且拟于 2019－2020 年结合研编进度申请《植物油库项目规范》、《物资储备项目规范》等标准的编写任务。

为满足粮食行业工程建设需要，完善粮食工程建设标准体系，国家粮食和物资储备局于 2018 年下达了《粮食物流园区分类与规划指南》、《地下粮食储仓设计技术规程》、《气膜钢筋混凝土圆顶仓设计规范》、《气膜钢筋混凝土圆顶仓工程施工与验收规范》、《粮食散装船运损耗控制技术规程》、《粮食仓库安全操作技术规程》、《粮油储藏 氮气气调储粮工程设计规范》7 项工程建设类行业标准和《粮油储藏 粮食仓库挡粮门》、《粮油储藏 内环流储粮技术规程》、《粮油储藏 平房仓局部通风技术规程》等多项产品标准和管理标准的制修订计划。

粮食工程项目中防火设施的设计和使用问题是困扰粮食行业技术工作者多年的难题，国家粮食和物资储备局以公安部天津消防研究所开展《建筑设计防火规范》、《建筑防火通用规范》制修订工作为契机，委托河南工大设计研究院组织召开粮食行业防火设计研讨会，为编制粮食行业《粮油工程防火设计规范》提供思路、积累经验。

（二）标准化工作能力建设情况

1. 标准化工作机构建设情况

目前，粮食行业工程建设标准由全国粮油标准化技术委员会归口管理，全国粮油标准化技术委员会成立于 2006 年，秘书处设在国家粮食和物资储备局标准质量中心。为细化管理内容，合理分工管理目标，经国家标准化管理委员会批准，于 2016 年成立了原粮及制品分技术委员会、油料及油脂分技术委员会、粮食储藏及流通分技术委员会和粮油机械与设备分技术委员会等 4 个分技术委员会，粮食工程类建设标准由粮食储藏及流通分技术委员会归口管理。

2. 标准参与及人才培养情况

自分技术委员会成立以来，应工程建设的迫切需求，国家粮食和物资储备局先后下达了多项工程建设行业标准的制修订计划，如修订《小麦制粉厂设计规范》、制定《玉米淀粉厂设计规范》、《稻谷加工厂设计规范》等；科研单位加强仓型研发工作，如地下仓、气膜仓等，促进行业技术进步。

---

❶ 本节执笔人：梁彩虹，郭呈周，侯业茂，河南工大设计研究院

3. 标准化管理制度建设情况

2018 年，初步调整了标准申报周期及立项审定办法，加快了标准编制计划的下达，同时在立项范围内更侧重于工程建设类规范，如 2018 年分 3 批下达了行业标准的制修订计划，其中工程建设类行业标准 7 项，是历年工程建设标准立项数量之最。在规范的制修订程序上，要求立项的理由应充分，在制修订内容上，要求标准内容成熟可靠并建立在科学技术研究成果和社会实践经验的基础上，应起到引领行业技术进步的目的。

在标准化协调机制方面，加强了与通用规范起草部门的衔接，如 2018 年 1 月配合公安部天津消防所组织了《建筑设计防火规范》GB 50016-2014 粮食行业调研座谈会，初步解决了困扰粮食行业技术工作者多年的防火设施设置难题，也将粮食行业的需求及时传递给规范起草组，为编制行业标准《粮油工程防火技术规范》奠定了坚实的基础，此外与煤炭及冶金行业一起参与了《钢筋混凝土筒仓设计标准》GB 50077-2017 的起草，与通用技术规范的顺利衔接，将粮食钢筋混凝土筒仓特殊需求的内容在该设计标准中体现。

（三）工程建设标准化改革情况

1. 工程建设标准化改革思路

结合 2018 年修订的《中华人民共和国标准化法》，顺应工程建设标准化改革的需求，国家粮食和物资储备局结合现有的粮食工程建设标准体系框架及粮食行业发展规划，下达了《粮食工程建设标准体系》修订计划，对粮食行业所有现行、在编及待编的标准进行统筹规划，全面梳理。执行行业规范或者通用技术规范，或者参与相关通用技术规范的研编，确保在通用技术规范中体现粮食行业需求，使粮食工程建设标准涵盖勘察、规划、设计、施工、安装、验收、运行维护、鉴定、加固改造及拆除所有环节，一方面确保粮食工程建设所有环节有标可控，另一方面便于指导粮食工程建设标准的制修订和管理，对提高标准编制质量、加强标准管理起到重要作用。

2. 2018 年标准化改革重要工作

2018 年住房和城乡建设部下达了 4 项强制性粮食工程建设标准的研编任务，由于本阶段为研编阶段，尚无固定的模式可遵循，因此标准编制目的、使用对象、适用范围、大纲内容及与通用技术的衔接问题是研编起草单位重点研究对象，全国粮油标准化技术委员会加强管理，主持项目启动会并审议研编工作方案，及时了解研编工作遇到的问题，通过与相关行业的沟通交流，确保研编工作的顺利实施。

2018 年，持续跟进研编工作进展，适时组织申报《植物油库项目规范》，同时结合国家机构调整要求，建立物资储备工程建设标准体系框架，充实相关内容。

3. 团体标准化工作

全国粮油储藏分会于 2018 年 5 月开展了团体标准的制修订工作，涉及内容为粮油产品的质量标准，如在编标准《浓香菜籽油》、《特级核桃油》及《花生油质量安全生产技术规范》等，涉及工程建设领域尚未正式开展，2019-2020 年将采取措施，促进学会与相关市场主体共同制修订满足市场和创新需要的团体标准。

（四）工程建设标准体系与数量情况

1. 工程建设规范和标准体系情况

《粮食工程建设标准体系》LS/T 8010－2010 已经于 2010 年 10 月 1 日实施，以工程建设为主线，除基础标准（术语标准、图形符号标注、分类标准）外，还包括了粮食工程建设管理、规划设计、工程技术、施工验收、运营管理等方面，所涵盖的粮食工程范围包括粮油仓储工程、粮油深加工工程、饲料加工工程、粮食物流工程等。整个体系分为基础标准、通用标准、专用标准三个层次，构成完整的标准体系，如下图所示。本标准体系含有粮食工程建设标准 84 项（含工程项目建设标准），其中基础标准 4 项，通用标准 29 项，专用标准 51 项，同时标准体系是灵动的，标准的名称、内容和数量均可根据需要适时调整。

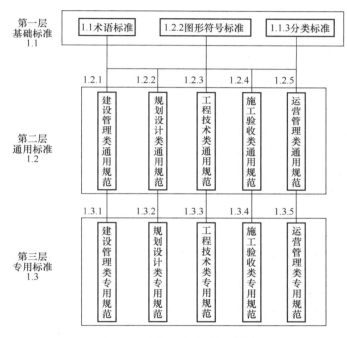

图 2-10　粮食工程建设标准体系

2. 工程建设标准数量情况

截至 2018 年底，粮食行业现行国家标准 5 项，其中 4 项进行过修订，1 项标准 2018 年实施，未进行过修订。

粮食工程现行行业 21 项，其中 1 项进行过修订，截至 2018 年底有 20 项未进行过修订，其中已经下达修订任务的有 8 项。近年来批准发布的行业标准数量变化情况见表 2-21。

2005～2018 年粮食行业发布（包括制定和修订）的工程建设行业标准数量情况　表 2-21

年份	2005	2006	2007	2008	2009	2010	2011
数量	2	0	3	4	1	4	0
年份	2012	2013	2014	2015	2016	2017	2018
数量	0	4	1	0	7	6	2

2016 年，由粮标委归口管理工程类建设标准后，组织行业编制了一批粮食工程信息化类标准，有力推动了粮食工程信息化的快速发展，2017 年及 2018 年分批下达的一批工程建设急需的标准，制修订标准多达 13 项，目前均处于在编状态，尚未批准发布，2019年批准发布的标准数量将会有所增加。

（五）工程建设标准编制工作情况

1. 2018 年粮食行业工程建设标准制修订工作的指导思想和重点思路

2018 年粮食工程建设标准重点工作主要集中在标准体系框架完善方面，为满足国家粮食物流发展规划、中美贸易、玉米去库存及发展粮食产业经济等实际工程建设需求，分批下达与此相关的工程建设标准，如《粮食物流园区设计规范》、《粮食立筒库设计规范》、《粮食物流园区分类与规划指南》、《粮食储运真空清扫系统技术规程》等，同时加快推进已立项标准《粮油工程防火设计规范》、《浸出油厂防火设计规范》、《植物油厂设计规范》、《粮食楼房仓设计规范》等急需工程建设标准的编制进度。

2. 重点标准制修订工作介绍

（1）《粮油工程防火设计规范》

在粮食流通领域，国家一直向粮食运输"四散化（散装、散运、散卸、散存）"方向大步迈进，基本实现了"运输四散化"、"作业自动化"、"管理信息化"的发展目标，粮食进出仓作业、使用状态等方面与其他散体物料有所不同，由于粮食行业的特殊性，各地的工程设计人员、施工图审查人员及消防审查人员对现行《建筑设计防火规范》具体条文的理解有差别，在实施过程中存在许多具体问题，亟需解决。在满足通用《建筑设计防火规范》的前提下，制修订适应粮食发展的行业防火规范是重点任务。

（2）《粮食物流园区设计规范》

"十二五"以来，随着我国现代物流业健康发展和"粮食收储供应安全保障工程"全面实施，我国粮食物流业发展较快，粮食现代物流体系初步建成，主要体现在粮食物流总量快速增长，"北粮南运"的粮食物流态势更加突出，粮食物流节点覆盖面扩大，运输方式多元化，粮食物流装备高效化及技术推广应用普及化。

着力打造产销区有机衔接、产业链深度融合、政策衔接配套、节点合理布局、物流相对集中、经济高效运行的粮食现代物流体系，实现粮食物流系统化、专业化、标准化、信息化协调发展。

系统化水平显著增强、专业化水平明显提升、标准化水平逐步提高、信息化水平跨越式发展。围绕"一个体系、一套标准、一个平台"的建设目标、重点实施"点对点散粮物流行动"、"降本增效行动"、"标准化建设行动"三大行动，促进粮食收购、仓储、运输、加工及销售一体化融合发展。

"一套标准"，重点推进粮食物流标准体系建设、建设和完善基础标准、通用标准和专用标准。重点建设粮食物流组织模式标准、粮食物流信息采集和交换标准、散粮接收发放设施配备标准、粮食集装箱装卸设施配备标准、粮食多式联运设备配备标准、粮食物流信息系统设计总体规范、粮食散装化运输服务标准及粮食集装化运输服务标准等急需编制的标准，并支持粮食物流装备企业研发标准化产品，为粮食物流的发展奠定良好的基础。

（3）《粮食仓库项目规范》

为贯彻执行国家技术经济政策，保障人民生命财产及粮食安全，节约资源，保护环境，强化政府监管，便于项目管理，提出粮食仓库项目管理、布局、规模、功能、性能和技术措施等要求，依据国家有关法律、法规及标准等，研编强制性标准《粮食仓库项目规范》。

（4）《粮食和物资储备术语标准》

粮食和物资储备工程术语标准主要适用的范围即统一粮食立筒库设计、粮食钢板筒仓设计、建筑设计防火、粮食平房仓设计、工业企业总平面设计、钢筋混凝土筒仓设计及物资储备等在设计和施工过程中的术语标准。主要对粮食和物资储备工程建设过程中的术语及其定义协调统一，力求达到术语的精确性和单一性，减少以至消除一义多词或一词多义，含糊不清、相互矛盾等混乱现象。如：原粮与成品粮的界定、粮食是否包含油脂、构筑物与建筑物中的设施区分；以及在工艺设计中的提升塔、工作塔、转接塔、计量塔的区分等。

正在修订2项国家标准，《粮食加工、储运系统粉尘防爆安全规程》GB 17440 - 2008及《饲料加工系统粉尘防爆安全规程》GB 19081 - 2008，需要与《粮油工程防火规范》编制组沟通，确保标准条款的一致，避免矛盾和重复。

3. 标准复审及清理工作情况

为做好年度工程建设标准复审和体系优化工作，全国粮油标准化技术委员会分别对粮食工程建设类国家标准、粮食工程类行业标准进行了梳理，基本情况如下：

现有粮食工程类建设标准国家标准7项，其中2项项目建设标准，国家标准5项。

（1）项目建设标准2项，其中上年度已经下达的《粮食仓库项目规范》研编任务，是在原有《粮食仓库建设标准》建标172 - 2016的基础上进一步调整。根据2018年度4项标准研编工作进展情况，适时申请《植物油库项目规范》等项目规范的编制工作，从而完善粮食工程建设标准体系框架。

（2）国家标准共5项，本年度需要复审的国家标准3项，考虑《粮食钢板筒仓施工与质量验收规范》GB/T 51239 - 2017于2018年1月1日刚刚实施，不在本次复审之列，通过对《粮食平房仓设计规范》GB 50320 - 2014和《粮食钢板筒仓设计规范》GB 50322 - 2011进行会议复审确定标准继续有效性。

本次梳理粮食行业工程建设类标准22项，其中7项继续有效，8项正在组织修订，3项刚刚颁布实施，2项待修订，3项建议修订，根据研讨意见，需要对标准体系进行优化并整合，主要意见如下：

（1）目前粮标委正在组织河南工大设计研究院编制行业标准《粮油工程防火设计规范》，由于该标准为首次编制，与粮食工程相关的部分防火技术要求在各专项标准里均有所体现，如《粮食物流园区总平面设计规范》LS/T 8009 - 2010、《植物油库设计规范》LS 8010 - 2014。修订标准《粮食立筒库设计规范》LS/T 8001 - 2007也需要与《粮油工程防火设计规范》相关内容进行协调。

（2）现阶段粮食行业工程建设过程中，设计文件编制除满足《粮食工程设计文件编制深度规定》LS/T 8002 - 2007的要求外，还需要配合建设单位编制安全专篇、消防专篇、环保专篇、职业健康专篇等专项申报资料，有些地区需要编制气象专篇及社会稳定风险评估专篇等，这些内容各地要求不同，无相对固定的模板，给设计单位增加了大量的工作。

目前国家正在酝酿工程建设项目审批制度改革，为满足项目审批的需要，设计文件编制内容及深度也将随之调整，拟采取一套文件满足不同部门审批的需求，因此设计文件深度将有所变化，同时随着 BIM 技术的深入开展，设计文件的载体可能会存在变革，因此《粮食工程设计文件编制深度规定》LS/T 8002－2007 需要待时机成熟后再组织修订。

（3）国家标准体系正在改革，2017 年以来逐步下达了一系列强制性项目规范和技术规范的研编工作，同时结构可靠度等与安全相关的规范不断更新，因此《粮食工程施工图设计文件审查要点》LS/T 8003－2007 待时机成熟后需要组织修订。

（4）《植物油库建设标准》（建标 118－2009）与《植物油库设计规范》LS 8010－2014 在项目规模划分上有矛盾（到底划分为 4 类还是 5 类?），如能申请《植物油库项目规范》的编制，需对此项内容进行调整。

（5）《粮油储藏技术规范》GB/T 29890－2013 中除对粮油储藏方面的内容提出要求外，内容还涵盖了对仓房围护结构的指标要求等，建议在标准体系整合过程中，将相关粮仓基本要求方面的内容纳入《粮食仓库项目规范》中或制修订行业标准《粮食仓库设计规范》，其他内容保留。

（6）标准化体制改革后标准体系框架将增加强制性规范，因此要加快通用技术类标准的制修订，如《粮食仓库设计规范》、《粮食仓库气密标准及测定方法》及米、面、油加工厂施工验收规范等。

（7）目前《粮油工程防火设计规范》、《浸出制油厂防火设计规范》、《植物油厂设计规范》、《小麦制粉厂设计规范》、《玉米淀粉加工厂设计规范》、《粮食楼房仓设计规范》、《地下粮食储仓设计技术规程》、《气模钢筋混凝土圆顶仓设计规范》及《气膜钢筋混凝土圆顶仓工程施工与验收规范》等多项粮食工程类标准在编，适应了工程建设的迫切需求，丰富了《粮食工程标准体系》的框架。

（8）粮食工程类建设标准号段 8005 缺号，待新标准发布实施时应填补该标准号。

（9）《粮食工程标准体系》LS/T 8007－2010 正在组织修订，起草单位应确保修订工作紧密结合工程建设标准化改革的要求，并借此机会进一步组织行业标准复审工作。

（10）下一阶段体系优化将保留 LS 8XXX 的号段作为行业工程建设类标准的编号范围，避免混乱。

（六）工程建设标准国际化情况

2018 年，以粮食行业四项强制性项目规范研编为契机，初步开展国外粮食工程建设标准的研究，包括工程建设标准体系构建，粮食行业工程建设标准应用情况等。

第三章

2018 年地方工程建设标准化发展状况

一、天津市[1]

（一）综述

截止至 2018 年底天津住建委批准发布实施的现行标准总计 184 项（其中标准、规范、规程 163 项，技术导则 21 项），现行标准设计图集 43 项。2018 年共发布 29 项标准（含 1 项京津冀区域协同工程建设标准和 4 项导则）、14 项标准设计图集，工程建设标准已实现全过程网上公开，主要涵盖了绿色建筑、装配式建筑、海绵和管廊等市政基础设施工程、新技术应用以及民生领域等内容，对提升天津市工程建设标准技术水平，完善标准体系架构，保证工程安全质量，提高城市宜居水平起到重要支撑作用。其中 2018 年度发布的《绿色雪上运动场馆评价标准》为首部京津冀区域协同工程建设标准，同时也是全国首个区域性工程建设标准，开创工程建设标准领域区域协同的先河，具有十分重要的意义。

（二）工程建设标准化改革情况

1. 标准化改革重点工作

2018 年天津市工程建设领域标准坚持以人民为中心的发展思想，坚持高质量发展，坚持以服务城建中心任务，为城建事业高质量发展提供了技术支撑为导向，按照"五位一体"总体布局和"四个全面"战略布局，牢固树立创新、协调、绿色、开放、共享发展理念，坚持标准服务工程建设领域供给侧结构性改革，提高工程质量和安全水平，保护生态环境，促进新技术应用和建筑产业转型升级，提升基础设施和公共服务设施保障能力，推动经济提质增效。

一是坚持创新推动，打破惯性思维，针对新情况新问题，充分发挥市场在标准资源配置中的决定性作用。强化底线控制要求，健全工程标准体系。精简政府标准规模，增加市场化标准供给。加大实施指导监督力度，实现互联网＋标准的信息化管理，及时公示工程标准和制修订计划，接受社会监督。提升标准水平和质量，推进社会经济发展。

二是坚持国际视野，积极推进标准国际化战略，学习借鉴欧美等国际一流标准，提高天津市标准的国际化水平。主动学习和看齐北京城市副中心"世界眼光、国际标准、中国特色、高点定位"建设标准和雄安新区建设高标准，推动京津冀地区标准高水平和一体

---

❶ 本节执笔人：师生，天津市住房和城乡建设委员会标准设计处；孙立艳、陈志，天津市绿色建筑促进发展中心

化。打破区域技术壁垒，加大与国际国内知名科研院所的沟通协作力度，创新标准编制模式，提升天津工程建设标准国际国内影响力。

2. 团体标准化工作

2018 年，天津市工程建设标准坚持精简政府标准规模，增加市场化标准供给总思路，贯彻落实国家和住房城乡建设部深化标准化改革工作文件要求，激发社会团体制定标准活力，共组织天津市 20 余家协会、企业联盟多次召开工程建设团体标准工作座谈会，积极鼓励和引导社会团体编制拥有自主知识产权的团体标准，供市场自愿使用。截至 2018 年，共有 8 家协会、学会等社会团体完成在全国团体标准信息平台上的注册工作，具备了编制和发布的资格。其中，天津市建材业协会、天津市监理协会已制定了相应的团体标准管理办法，并组织开展了团体标准的编制工作，天津市监理协会团体标准《建筑工程监理工作标准指南》已发布实施。天津市建材业协会《天津市模塑和挤塑聚苯板薄抹灰外墙外保温系统修缮》和天津市建设工程监理《装配式工作指南》两项团体标准正在编制中。

目前团体标准在天津市场认可度还比较低，还没有形成具有一定社会影响力的团体标准，需要政府加快引导和市场加紧培养。

（三）标准复审及清理情况

2018 年度，按照住房和城乡建设部《工程建设标准复审管理办法》（建标〔2006〕221 号）文件规定，天津住建委组织有关单位及专家，对 2013 年及以前发布实施的 67 项工程建设标准进行了复审。其中，确认继续有效的工程建设标准 27 项，需修订的工程建设标准 22 项，废止的工程建设标准 18 项。为加强工程建设标准管理，保证标准编制水平，结合天津市城建工作发展需要、工程建设领域技术进步和产业结构调整，以及工程建设标准改革总要求，天津住建委还对在编标准进行大清理、大排查，共废止 18 项标准编制计划。

（四）工程建设标准国际化情况

为深入贯彻落实习近平总书记系列重要讲话精神，天津住建委围绕解放思想、对标国际先进标准、实现建设领域高质量发展，组织召开"解放思想、推动标准国际化"座谈会，邀请驻津央企和本市勘察设计、施工总承包等 15 家企业，围绕贯彻新发展理念，支撑新时代工程建设高质量发展，适应工程建设国际化需要。8 家企业作了专题演示发言，发言单位分别聚焦"一带一路"沿线等国家关切，深化标准互利合作，以标准化促进投资和贸易便利化，推动中国标准国际化。

1. 标准服务于 "一带一路" 建设

与会单位分别介绍了在国际上承担的工程项目案例和实践，充分交流和分享了各自的经验和方法，积极开拓海外市场，在亚洲、非洲、美洲、大洋洲等 46 个国家和地区承揽了一批境外设计和施工总包工程项目，把中国标准带到世界各地。华北院承担的中白工业园一期起步区市政基础设施项目，位于白俄罗斯首都明斯克以东 25 公里，规划总面积达80 平方公里，是中国对外合作的最大工业园区，2015 年习主席到访参观了该园区。2018年华北院作为住房和城乡建设部燃气标准化委员会，加入国际 ISO/TC161 委员会，同时也加入国际燃气联盟。同时华北院正在筹备"第十九届国际液化天然气会议

（LNG2019）"，这是中国首次举办这一全球最重要的、被称为液化天然气（LNG）行业"奥林匹克"的国际会议。

2. 积极开展中外标准对比研究

企业加大中国标准外文版翻译和宣传推广力度，铁三院开展了《中国高铁技术运用于印尼高铁专项研究》、《中日德法技术标准对比研究和翻译工作》等课题研究，完成《铁路房屋建筑设计标准（英文版）》等10余册外文版标准翻译工作，出版了《中国高铁技术海外设计实务》等书籍。一航院作为中国设计企业60强，世界500强（91），承建的中缅原油管道等工程，全部采用中国标准，增强了中国标准国际影响力。同时公司建立了国际标准数据库，包括总体、水工、道路、堆场、岩土、建筑、暖通等相关专业，各类国外规范合计700余册，包含日、美、英、欧、韩等国标准，尤其是各种详实权威的国外标准规范，有助于境外开展业务，从而构建良好的境外标准规范保障，提高了企业国际核心竞争力。

3. 中国标准走出去的探索

中铁六院承担的"乌兹别克斯坦卡姆奇克隧道"项目，工程主体采用中国标准，作为乌兹别克斯坦国家重点工程、"一带一路"上的示范性工程，社会影响大。通过精心组织、精心设计、科研攻关，解决了施工过程中的一系列技术难题，提前3个月完成隧道洞通。2016年6月习主席访问乌兹别克斯坦期间，与乌国总统卡里莫夫共同出席了隧道通车仪式，隧道的通车结束了乌国东部经济区与首都经济圈不通铁路的历史。工程自2016年6月22日通车以来，运营状况良好，综合效益显著，在国际上彰显了"中国技术、中国速度、中国质量、中国智慧"，被誉为"一带一路"上的奇迹。

4. 标准国际化建设适应性分析

工程建设标准作为经济社会活动的技术依据，世界的通用语言，在降低贸易成本，促进技术创新，增进沟通互信，推动共建"一带一路"和与国际接轨发挥着不可替代的作用。与会单位分享了按照片区划分来给出标准执行情况的参考经验：

非洲：大部分项目使用中国资金（中国融资），基本采用中国标准；

中东地区：因为石油资源大部分国家财力雄厚，不缺乏资金，业主对项目标准要求非常严苛，基本采用美国或英国标准；

大洋洲：基本为澳大利亚影响区域，采用澳新标准；

中美洲：美国影响范围之内，基本采用美标；

南美洲：多为西班牙殖民地而独立的国家，基本采用宗主国（西班牙）标准，通过谈判可以接受英国或美国标准；

东南亚地区：较早建设的项目基本可以接受中国标准；中国央企投资建设的项目可以采用中国标准；近几年来有显著的变化趋势，一些跨国公司（或集团）投资的项目，如果业主要求严格，一般合同均要求采用美国或英国标准（国际权威或认可的标准体系）。

"解放思想、推动标准国际化"这项活动，一是通过解放思想大讨论使大家形成合力，按照习总书记"三个着力"的重要要求，实施供给侧结构性改革，按照国际通行语言，带领天津市新技术、新装备走出去。二是一流企业做标准，通过制定标准，来提升企业品牌，提高国际竞争力。三是以市场为导向，结合天津市自贸区的改革前沿，企业做先锋，积极改革开放，实现高质量发展，使天津市地方工程建设标准走向国际化。

（五）工程建设标准信息化建设

2018 年，为深入贯彻党的十九大精神和以人民为中心的发展理念，全面落实住房和城乡建设部深化工程建设标准化改革工作总要求，推动天津市工程建设标准面向社会全面公开。天津住建委于 2018 年 4 月 10 日上线天津市工程建设标准全文公开系统。目前，公众可以登录"天津住建网—专题专栏—标准规范"进行标准文本查询。

天津市工程建设标准全文公开系统包含现行标准规范和标准设计图集在线浏览下载，在编标准目录和进度查询、标准管理工作流程等内容。该系统的上线运行是天津市推行"互联网＋政务服务"改革目标的具体举措，方便了和工程建设从业者及社会各界快捷的获取标准信息和随时随地查阅标准文本，实现了"数据多跑路、人员少跑腿"，提高了标准使用效率，最大限度发挥了标准作用，有助于工程建设者通过标准指导工作、通过标准发现问题和解决问题，有助于提高城建事业治理能力和治理水平。

二、上海市❶

（一）综述

2018 年是深化工程建设标准化工作的改革大年。团体标准管理机制研究和标准国际化调研推进是上海市贯穿全年的两项重点工作。为推动中国工程建设标准国际化工作，深入学习贯彻习近平总书记关于"一带一路"倡议的重要讲话精神，落实《国务院办公厅关于促进建筑业持续健康发展的意见》（国办发〔2017〕19 号）等要求，12 月 5 日，上海协同住房和城乡建设部成功举办工程标准国际化工作推进会，探索推进工程建设标准国际化工作。

（二）工程建设标准化改革情况

2018 年标准化改革重要工作主要有以下四点：

一是积极开展标准国际化工作。根据住房和城乡建设部领导要求，配合上海住建委标定处成立了工程建设标准国际化工作小组，开展"一带一路"专题调研，并结合大调研情况，组织撰写并形成《上海市工程建设标准国际化工作方案》、《上海市建设工程标准国际化三年行动计划》、《上海工程建设标准国际化联盟章程》。

二是调整标准立项重点，从源头上控制标准数量。按照"紧紧围绕创新驱动发展、经济转型升级，对标国际一流水平，不断适应上海社会经济发展新常态，符合深化标准化工作改革方向，紧密结合政府职责范围，突出上海市工程建设领域重点工作"的工作原则，启动 2019 年上海市工程建设地方标准立项工作。2019 年立项的标准项目以各委办局推荐的公益类标准为重点，最终确定 52 项工程建设地方标准制修订计划。

三是强化标准复审工作，精简整合现行标准体系。2018 年标准复审的目标是优化推荐性标准体系，结合政府职责范围以及标准的实施情况，逐步缩减现有地方标准的数量和

---

❶ 本节执笔人：杨瑛，上海市建筑建材业市场管理总站

规模。经会同交通委、规土局、水务局、绿化市容局、消防局等行业管理部门,并组织业内专家对 54 项现行上海市工程建设规范进行了复审。

四是鼓励培育团体标准,补充完善标准供给体系。积极鼓励具备相应能力的学会、协会等社会组织以及产业技术联盟共同制定满足市场和创新需要的标准,由市场自愿选用。探索团体标准管理机制,研究团体标准管理机制,编制团体标准指导意见(草案),对团体标准发布、应用、评估等工作提出管理要求。

(三)重点标准制修订工作介绍

(1)《街道设计标准》

街道除了承担交通功能外,作为城市最普遍的公共空间,是展示城市形象的重要组成部分。2016 年,上海出版了国内首部"街道设计导则",提出了"道路向街道转变"的理念,并在上海多条街道进行实践应用,获得了良好的社会反响。为更好地推动"以人为本"的城市街道设计新理念,打造安全、绿色、活力、智慧、友好的上海街道,把街道设计的实践经验固化下来,便于推广应用,《街道设计标准》的编制成为了必然的工作。该标准总结了上海和部分国际大都市在街道设计方面的研究与应用成果,弥补了城市道路与沿街界面之间的统筹设计、相关专业之间统筹设计标准的空白,涉及道路工程、交通规划、市政工程、市容绿化、沿街建筑界面、城市管理等多领域,着力解决道路与两侧街道空间设计的"两层皮"问题,形成统一的街道形象,实现最佳效果。

(2)《装配整体式混凝土建筑检测技术标准》

《装配整体式混凝土建筑检测技术标准》是针对目前装配式建筑施工过程中缺乏检测方法的问题而编制的。为准确把握检测方法的科学性和可行性,标准编制组开展了两年多实验研究和工程实践,积累了大量的试验数据,从中归纳总结出套筒灌浆饱满度的检测方法。该标准在国内率先提出了检测套筒灌浆饱满度的预埋传感器法和预埋钢丝拉拔法,填补了检测方法的空白,是现阶段加强装配整体式混凝土建筑质量监管的有效措施,规范了装配整体式混凝土建筑的检测方法,保证了装配整体式混凝土建筑的建造质量,促进了本市建筑工业化健康发展。

(3)《住宅设计标准》

为适应上海市经济发展的需要,切实维护好城市运行安全和生产安全,提高住宅建设水平,满足广大市民对居住质量、居住功能、居住环境和防火安全的需求,上海建筑设计研究院有限公司、上海市建筑建材业市场管理总站会同相关单位对《住宅设计标准》DGJ 08-20-2013(2014 版)进行全面修订。编制组通过开展国内外住宅发展现状实地调研、文献资料分析汇总、住宅建设项目实地考察、相关专题研讨、相关行业主管部门座谈,并结合与国内外相关标准在设计理念、性能指标、安全质量等方面比对研究工作,历时两年,编制完成了该标准的编制任务。本次修订主要特点有:一是提高住宅安全性能,细化了对凸窗防护、空调机板、设备平台等安全要求。二是全面提升住宅品质,提出了可变套型设计、隔声降噪要求、适老化设计、智能化设计的技术要求。三是细化了各功能空间、用电负荷、室内电源插座、远程抄表等方面的设计要求。四是从垃圾分类、阳台污水排放、住宅新风进排风口等方面提出环保节能的要求,保证室内外环境舒适度。

(4)《岩土工程信息模型技术标准》

岩土工程信息是城市基础设施全生命周期信息的重要组成部分，是城市建设过程中产生的宝贵数据资源。推动建筑信息模型技术延伸至岩土工程领域，是 BIM 技术发展的趋势之一。《岩土工程信息模型技术标准》的编制，统一了各类软件模型的技术标准，有利于参建各方实现信息共享，保证信息的有效性、完整性和准确性，也有利于城市建设信息化水平，提高工作效率。该标准也是本市发布的第 6 本工程建设 BIM 标准中。这些标准内容协调，构建了本市工程建设 BIM 标准的体系框架，能有效指导本市工程建设企业在工程实践中应用 BIM 技术，BIM 技术在工程建设过程中的全覆盖。

（5）《绿色生态城区评价标准》

《绿色生态城区评价标准》继国家《绿色生态城区评价标准》GB/T 51255－2017 发布后的第一部地方绿色生态城区评价标准。该标准紧紧围绕绿色发展的基本理念，紧跟国家和上海绿色生态发展政策，涵盖绿色生态城区规划建设各方面，体现了上海城镇化特点及趋势，具有很强的地域特点。该标准界定了绿色生态城区的概念和内涵，适用于本市新开发城区和更新城区。绿色生态城区的评价分为规划设计评价和实施运管评价两阶段，设置了选址与土地利用、绿色交通与建筑、生态建设与环境保护、低碳能源与资源、产业与绿色经济、智慧管理与人文 6 类指标，由总得分确定绿色生态城区等级，具有较强的针对性和可操作性，可为本市绿色生态城区的建设提供技术支撑。

（四）地方标准复审及清理工作情况

2018 年标准复审的目标是优化推荐性标准体系，结合政府职责范围以及标准的实施情况，逐步缩减现有地方标准的数量和规模。经会同交通委、规土局、水务局、绿化市容局、消防局等行业管理部门，并组织业内专家对 54 项现行上海市工程建设规范、14 项建筑标准设计进行复审。经专家组审议，23 项继续有效，29 项应予修订，16 项予以废止。

为切实推进标准编制工作，提高标准编制质量，淘汰落后标准，经审查，5 项在编标准已有相关标准替代，1 项在编标准的内容已被 2018 年新立项标准所囊括，经征询各相关主管部门和主编单位意见，上海市住建委发文撤销 6 项在编标准。

（五）工程建设标准国际化情况

1. 国外标准研究情况

2018 年，上海市开展了《上海工程建设标准与国际标准对比研究》课题。研究内容包括两部分：一是中外建筑技术法规和标准体系比对。对国际国外（欧盟、英国、法国、美国、日本）的技术法规、标准体系及其监督实施制度进行了调研，并与我国及上海的情况进行比对分析，结合我国及上海建筑业发展现状，取其所长，因地制宜，建立和完善标准、技术法规体系和监督体制。二是中外建筑行业重点技术领域标准比对。针对建筑行业重点技术领域（建筑安全、建筑结构、建筑环境、建筑运营管理、住宅设计、绿建节能、装配式、BIM、海绵城市等方面），与国际国外先进标准进行对标，分析与国际一流标准之间的差异，为提高上海市工程建设标准的编制水平提供参考。

2. 标准国际化工作推进情况

标准国际化工作是 2018 年上海市住建委的重点工作之一。主要开展了以下三方面工作：一是开展"一带一路"专题调研。根据住房和城乡建设部领导要求，成立了工程建设标准国际化工作小组，赴大型设计、施工、制造企业，调研"一带一路"沿线国家的工程建设标准化情况。调研内容主要包括标准体系建设、标准水平和标准化活动开展情况，以及当地政策、管理和实施监督制度等，尤其是中国标准的应用推广、上海企业走出去的优势和遇到的阻碍，总结好的经验和做法，提出应对政策。二是结合大调研情况，组织撰写并形成《上海市工程建设标准国际化工作方案》、《上海市建设工程标准国际化三年行动计划》、《上海工程建设标准国际化联盟章程》，着手开展上海工程建设标准国际化联盟的成立工作。三是协同举办住房和城乡建设部 2018 年度地方工程建设标准化工作现场会和工程标准国际化工作推进会，广泛邀请中国交建、中建八局、中国建设科技集团、上海建工、中石化、上海申通、上海城投等集团公司，围绕各自业务发展情况，分别向大会分享了集团公司的标准国际化工作实践和感悟，并为工程建设标准国际化工作积极献言献策。会上，上海市住建委就上海《住宅设计标准》中外对比工作情况作了经验交流。

3. 标准国际化意见和建议

根据 2018 年上海市住建委开展的"一带一路"专题调研及上海部分企业意见，建议开展以下几方面标准国际化工作：一是优化标准管理机制，提升工程建设标准体系的国际兼容性。优化精简政府标准，强化企业主导作用，发挥外资聚集优势，鼓励和规范外资企业参与标准化工作，建立包容开放的标准化工作格局。二是聚焦优势领域，提高工程建设标准的质量水平，科技创新引领，实现标准技术水平与质量同步提升，提升标准的国际一致性，打造标准国际化示范项目。三是多措并举，强化标准国际化人才培养与交流，加强标准化工作人员的合作交流，选拔引进标准国际化人才。四是加强工程建设标准国际化合作，主动融入国际标准组织。组织承办国际标准化活动，打造工程建设标准国际化中心。五是搭建标准国际化服务平台，持续推进工程建设标准国际化工作。强化标准化信息平台建设，培育标准化咨询机构，繁荣标准国际化服务行业。

（六）工程建设标准化研究工作

2018 年，上海市住建委共立项开展了 12 项标准化课题研究，完成 10 项课题研究验收。重点推进《上海市废弃混凝土资源化利用现状问题和政策研究》、《预制混凝土构件新型连接技术研究》、《上海地区被动式超低能耗建筑技术体系研究》等社会关注、技术先进的科研项目。同时，完成 2019 年科研项目立项工作，确定 10 项建筑建材业科研项目。这些科研项目的研究聚焦城市建设和管理需求，把握工程建设领域科技创新的特点和规律，重点围绕提升住宅品质、改善人居环境、提高城市承载力、宜居性、安全性和包容度，推动"一带一路"建设，推进绿色生态城区建设，建立标准评价指标体系等重点领域的研究。

（七）工程建设标准信息化建设

为适应新形势下工程建设领域对标准信息化的需求，紧跟时代发展步伐，上海市住建委对工程建设标准信息化工作高度重视。"上海市工程建设标准化网"网站作为发布标准、征求意见、查询标准全文、征集标准项目的官方网站。2019 年 4 月，由上海市建筑建材业市场管理总站申请，"上海工程标准"微信公众号对外发布。该公众号主要提供上海市最新工程建设标准化工作信息，发布标准化政策，加强工程标准互动。公众号至今已发布信息近百条，进一步扩大了宣传阵地，提升了标准工作的宣传力度。

2018年底，随着上海市政府对部门网站建设的统一要求，"上海市工程建设标准化网"相关内容合并至上海市住建委官网。

三、重庆市[1]

（一）综述

工程建设标准是经济建设和项目投资的重要制度和依据，对确保工程质量安全、促进城乡科学发展、落实国家技术经济政策等都发挥了重要的技术法规支撑作用。2018年期间，重庆市城乡建设工作也取得了一定成绩，下达工程建设地方标准制修订计划55项，发布工程建设地方标准30项，推动工程建设地方标准制修订100余项，发行标准26000余本。目前重庆市现行有效工程建设地方标准268项（截止到2018年12月），涵盖装配式建筑、轨道交通、智慧城市、海绵城市、绿色建筑、建筑节能等多个领域。

（二）工程建设标准化改革情况

按照工程建设标准化改革精神，对《重庆市工程建设标准化工作管理办法》（2004年发布）进行了修订，并起草了《重庆市建设领域新技术工程应用专项论证实施办法（试行）》。其中，《重庆市工程建设标准化工作管理办法》与原办法相比增加了团体标准与企业标准的定义及指导原则，为开展团体标准与企业标准的标准化工作提供依据；增加了标准宣贯培训、解释、实施监督检查、标准员工作职责及标准信息化建设等要求。增加了工程建设地方标准化工作及标准编制经费的使用和管理要求，确保经费专款专用，不得挪作他用，以保障标准化工作及标准编制的质量水平。《重庆市建设领域新技术工程应用专项论证实施办法（试行）》（征求意见稿）规范了相关国家、地方标准或突破国家、地方标准以及重庆市相关技术规定的新技术专项论证工作，加强创新技术工程应用程序性审查和事中事后监管。

（三）工程建设标准编制工作情况

1. 重点标准制修订工作介绍

《智慧小区评价标准》系统构建了智慧小区评价指标体系和评价权限分值，明确了智慧小区的建设重点和具体考评内容，有效指导和规范重庆市智慧小区的建设。

《山地城市室外排水管渠设计标准》的编制完善了国内尚无相关标准响应山地城市的排水管渠设计特点的不足，使山地城市排水管渠设计工作更加规范化、具体化，对重庆当前和未来的城市建设与发展均具有现实意义。

2. 地方标准复审及清理情况

开展标准复审，修订《城乡建设领域基础数据标准》、《建筑智能化系统工程验收标准》等16项地方标准，注重综合性标准编制，提高标准使用效率。

整合精简地方标准，将《重庆市住宅小区智能化系统工程设计规范》、《住宅小区智能

---

[1] 本节执笔人：张林钊，重庆市住房和城乡建设委员会

化系统工程技术规范》、《住宅小区智能化系统工程验收规范》整合为《重庆市住宅小区智能化系统工程技术标准》等。

（四）工程建设标准化研究工作

1. 重庆市建委科研项目 《山地建筑工程建设标准体系研究》

项目背景：重庆是典型的山地建筑城市，山地建筑数量日趋攀升，对于建设领域既是机遇，又是挑战。山地建筑有着地形、地貌、经济、功能等多方面的综合约束，与平地建筑有着很大的不同，比如竖向规划、建筑通风采光、结构受力等。考虑到山地建筑的复杂性与多样性，照搬平地建筑的工程经验加以套用，有可能造成资源的浪费或者安全隐患，并且随着山地建筑体量与结构复杂程度而加重。为了更好地、更有针对性地开展山地建筑工程活动，有必要建立一套山地建筑工程建设标准体系。目前针对山地建筑的规划、设计、施工等已经有了某些方面的规范指导，但仍然不够全面，无法形成体系，尚不能对目前的山地建筑工程进行充分、有效地指导。因此本课题将结合现状探索建立山地建筑工程建设标准体系。

本项目的研究内容主要：（1）对工程建设标准化现状的研究。通过广泛查询与检索，对我国山地建筑建设现行国家标准、行业标准、以及重庆市地方标准和企业标准进行全面梳理，分析山地建筑建设标准化现状中存在的主要问题。（2）对山地建筑工程与平原建筑工程的主要差异进行比较分析。分析山地建筑与平原建筑受地形因素影响差异较大的方面，如场地地基方面、规划布局方面、建筑及结构设计方面、施工方面等。详细论证山地建筑工程与平原建筑工程的差异性。为标准体系针对性地筛选标准提供依据。（3）对山地建筑建设标准多层次、多维度分析归类。分析我国及重庆市山地建筑建设标准的特点。通过系统分析，找出标准化工作的重点；通过对山地建筑建设工程系统的结构分解，找出系统中各要素的内在联系，为标准体系表的建立奠定基础。（4）编制重庆市山地建筑工程建设标准体系。根据分析成果，结合现行标准以及国家和重庆地方标准化工作现状，提出标准体系的编制原则和方法，编制出数量合理、层次明确、覆盖全面、兼顾现状并且具有一定前瞻性的山地建筑工程建设标准体系表。既为重庆市工程建设标准体系提供了细化补充，又为后期"查漏补缺"地开展山地建筑相关标准编制提供重要依据，具有重要意义。

取得的效果：本课题按照规划、设计、施工、验收、运维五个工程建设阶段将体系表分为五个系统。每个系统按照专业进行分类（规划与验收不再分类）。设计部分分为地基基础、风景园林、给排水、建筑设计、勘察测量、建筑防灾、建筑结构、道路桥梁隧道和其他；施工部分分为地基边坡、给排水、建筑结构、道路桥梁隧道和其他；运维部分分为地基边坡、给排水、结构维护和其他。然后将标准按照上述专业类别纳入对应部分。标准体系表具有以下特点：

1）标准体系表结构层次清晰

该标准体系表延续了纵向根据使用范围和共性程度把标准按照基础标准、通用标准、专用标准分列层次的结构模式，既可以融入我国及重庆市工程建设标准体系，又能同其他相关专业标准体系衔接。而横向按专业分类的方法，有利于标准的制定、修订、实施、协调和管理，有利于标准检索，在不知道标准编号的情况下，可按专业查找所需要的标准。

2）标准覆盖了山地建筑工程建设的生命全周期

该标准体系表建立在详细分析山地建筑工程建设过程的基础上，全面覆盖了山地建筑工程的规划、设计、施工、检测与验收等过程，从根本上减少了重复和矛盾，保证了其覆盖率。

3）标准体系表突出重点、兼顾发展

该标准体系表在内容上填补了山地建筑工程建设标准体系的空白，根据分析结果，有的放矢地将设计、施工等内容作为标准化工作的重点。体系表不仅立足当前，更兼顾发展，根据重庆市工程建设实际情况，提出了一些有针对性的待编标准。

山地城市标准体系的建立既是对当前重庆市工程建设标准体系的细化补充，也是确保重庆市山地建筑工程质量，提升重庆市山地建筑水平的重要措施，具有十分重要的现实意义。

2. 住房和城乡建设部科研项目 《基于施工现场标准员继续教育考核的工程建设标准信息化宣传培训创新模式研究》

研究目的及意义：本课题通过施工现场人员中的标准员岗位为切入点，探索建立基于施工现场人员的工程建设标准信息化宣传培训创新模式，在全行业施工现场人员及操作工人中形成示范，待继续教育机制成熟后再向全行业专业人员推广。通过机制约束，不仅能增强施工现场人员参与工程建设标准化工作的积极性与主动性，不断提升从业人员对工程建设标准的理解与执行能力、工程建设标准化意识及标准化工作能力水平，还能够有效的保障从业人员在施工现场能够全面、正确、有效的执行工程建设标准，使工程建设标准化工作能切实渗透到施工现场第一线，确保工程质量安全，减少和防止建设工程安全事故的发生，进一步提高我国建设工程的质量安全水平。

主要研究内容：本课题从参与标准编制工作、完成标准化相关科研项目、对在编标准及标准化相关文件反馈有效意见、对现行工程建设标准实施反馈有效意见、参加区（县）级及以上标准化相关培训、学术会议或讲座、参与其他标准化宣传培训工作以及减分项等不同角度对标准员参与标准化宣传培训工作进行全面梳理研究，并进一步量化形成考核指标。与继续教育学时、继续教育考试构成完整的、相辅相成的、可操作性强的标准员继续教育考核体系。同时建立了标准员诚信评价体系。

取得的效果：

1）梳理并量化了标准员继续教育中参与工程建设标准化宣传培训工作的考核指标；

2）提出了标准员参与标准化宣传培训工作考核及诚信评价的机制；

3）提出了建设标准员信息化管理平台。

本课题的研究成果拟针对标准员岗位进行探索试点，在全行业施工现场专业技术人员及操作工人中形成示范，机制成熟后再向全行业专业人员推广，不仅能增强施工现场专业技术人员参与工程建设标准化宣传工作中的积极性与主动性，不断提升施工现场专业技术人员对工程建设标准的理解与执行、工程建设标准化意识及标准化工作能力水平，还能够有效的保障施工现场专业技术人员在施工现场能够全面、正确、有效的执行工程建设标准，使工程建设标准化工作能切实渗透到施工现场第一线，确保工程质量安全，减少和防止建设工程安全事故的发生，进一步提高我国建设工程的质量安全水平。

3. 住房和城乡建设部项目　《工程建设标准化法规制度建设及执行情况评估》

项目背景：工程建设标准化是指为在工程建设领域内获得最佳秩序，对实际的或潜在的问题制定共同的和重复使用的规则的活动。工程建设标准化相关的法规制度是工程建设标准化活动开展的重要法律依据，在保障建设工程质量安全、促进产业转型升级、强化生态环境保护、推动经济提质增效、提升国际竞争力等方面发挥了重要作用。2015 年国务院发布《关于印发深化标准化工作改革方案的通知》（国发〔2015〕13 号）和国务院办公厅关于印发贯彻实施《深化标准化工作改革方案》重点任务分工（2017～2018 年）的通知（国办发〔2017〕27 号）明确规定"环境保护、工程建设、医药卫生强制性国家标准、强制性行业标准和强制性地方标准，按现有模式管理。"2017 年 11 月全国人大审议通过《中华人民共和国标准化法》，未对工程建设标准化工作做出明确规定，现有的工程建设标准化管理制度难以支撑在新发布的《中华人民共和国标准化法》条件下的工程建设标准化活动。因此，非常有必要让部分地区先行探索建立符合新发布《中华人民共和国标准化法》和工程建设标准化改革精神的地方标准化法规制度，并总结经验，为全国各地完善建设标准化法规制度建设提供重要思路。

本项目的研究内容主要有：一、对现有的工程建设标准化相关法规制度进行分析研究，并调研《标准化法》发布后对现有法规制度及管理制度带来的影响并提出相关建议；二、研究制定《重庆市工程建设标准化管理办法》，明确工程建设标准的管理、立项、编制、发布、备案、实施监督等；三、研究制定《团体标准、企业标准在重庆市应用的适用性评估管理办法》，建立第三方评估机构开展团体标准和企业标准评估制度，对团体标准、企业标准在重庆市的适应性评估，确保团体标准和企业标准与重庆市工程建设标准的协调一致性。

取得的效果：一是建立完善的工程建设标准管理制度对保障我国工程建设安全与质量具有重要意义。工程建设质量涉及人民群众的生命财产安全，没有标准就难以确保工程的质量和安全。施工图审查、竣工验收备案、工程质量监督以及工程监理等各项工作都离不开标准。建立完善的工程建设标准体系，对保证我国工程建设质量，促进建筑业健康有序发展具有重要作用。二是建立完善的工程建设标准管理制度对深化政府管理体制改革具有重要意义。政府管理体制改革一直在朝着建立现代公共服务型政府的方向努力，管理方式上也由直接干预市场逐步开始转变为为市场运行提供良好的法律保障。根据当前标准化改革精神，结合工程建设标准化工作特点，建立完善的重庆市工程建设标准化相关法规制度，强化建设行政主管部门对工程建设标准的管理，为重庆市工程建设标准化工作开展提供法规制度依据，并总结经验，为其他省市乃至全国工程建设标准化法规制度建设提供参考。同时本研究项目较为详细地研究了国内工程建设标准化改革面临的现状，对重庆市下一步深入的开展工程建设标准法规制度建设工作提供了很好的参考和建议。

（五）工程建设标准信息化建设

运行维护"重庆市工程建设标准化信息网"和"重庆工程建设标准化"微信公众号，积极宣传工程建设标准化政策、工作动态、地方标准编制、标准员等信息，同时积极开展地方标准电子版本免费上网，加强了重庆市工程建设标准化信息的宣传扩散，进一步提升了对重庆市工程建设标准化工作的了解。

建立并运行维护网络平台"重庆市工程建设标准化信息网"、微信公众号"重庆工程建设标准化"及 QQ 群，其中微信公众号关注人数达 4500 余人，月浏览量达 30000 余次，积极宣传工程建设标准化政策、工作动态、地方标准编制、标准员等信息，同时积极开展地方标准电子版本免费上网，畅通工程建设标准化信息渠道，加强了重庆市工程建设标准化信息的宣传扩散，促使重庆市工程建设标准化工作影响力逐步提高。

四、山西省[1]

（一）综述

2018 年，山西省认真贯彻落实住房和城乡建设部和住建厅党组的决策部署，按照"十三五"标准化规划要求，紧紧围绕建筑节能、装配式建筑、工程质量、城市建设等重点工作需要，组织制定发布了《装配式混凝土建筑技术标准》、《波纹钢综合管廊技术规程》等 26 项地方标准，对标先进省市，完成了《建筑施工技术标准体系》研究。同时，加强工程建设标准的实施与监督，在山西省范围内开展了房地产开发项目光纤到户国家强制性标准执行情况的专项检查，针对存在的问题，组织省内建筑、通信等行业专家编制了《山西省住宅区和住宅建筑内光纤到户通信设施设计导则和标准样图》，有效补充了国家标准，进一步树立了标准权威（据 2019 年一季度行业统计数据显示，山西省光纤用户总数达 979.1 万户，占宽带用户总数的 96.6%，占比在全国多月稳居首位）。标准化工作为山西省城乡建设提供了重要的技术支撑。

截至 2018 年底，山西省现行工程建设地方标准 138 项，其中 23 项标准进行过修订工作，115 项标准尚未进行过任何修订。2018 年，山西省批准发布工程建设地方标准共 26 项，其中制定 22 项，修订 4 项。

（二）工程建设标准编制工作情况

2018 年，全省标准定额工作基本思路：认真落实王蒙徽等住房和城乡建设部领导提出的"工程建设标准改革要从抓过程转变为抓结果，把工程建设标准变成城市管理工作的抓手"等重要指示精神，落实全省住房城乡建设工作会议要求，准确把握标准化工作定位，大力实施标准化战略，转变标准定额被动承担为主动引领，更好服务建筑业转型升级和城乡规划、建设、管理。

工作措施：一是坚持统筹谋划，增强工作前瞻性。制定印发了《山西省住建厅 2018 年标准定额工作要点》，提出了今年全省标准化工作的基本思路、工作重点、完成措施等。开展了《山西省工程建设标准化"十三五"发展规划》执行情况中期评估，全面把握规划目标任务实施进度。二是严格标准编制程序，提升编制质量。制定《山西省工程建设领域地方标准编制工作规程》，建立了在编标准编制进度管理台账，标准主编单位每季度报送工程建设地方标准编制进度报告表，及时掌握在编标准编制进度

---

[1] 本节执笔人：王凤英，山西省住房和城乡建设厅标准定额处

情况。三是搭建地标体系框架，增强标准系统性。对现行、在编的国标、行标和地标标准进行梳理，提出了近几年工程建设领域需要编制的地方标准目录，搭建"山西省工程建设标准体系表"，进一步明确下一步制修订工作重点和发展方向。四是创新工作方法，扎实推进光纤到户国家标准的贯彻落实。针对房地产开发项目执行光纤到户国家标准不到位的问题，组织编制《山西省住宅区和住宅建筑内光纤到户通信设施设计导则》和标准样图，促进光纤到户国家标准的有效实施。五是狠抓标准监督，增强标准权威性。每年坚持开展一次工程建设强制性标准执行情况专项检查，按照"重要标准、薄弱环节、简洁实用、促进落实"的监督原则，主要从施工图设计文件审查环节入手，严肃查处设计、图审单位不执行标准的行为，有效减少了违反强制性标准条文的数量，推动标准全面应用。

（三）工程建设标准化课题研究

《建筑施工技术标准体系》研究，按照建筑施工的专业类别、用途等制定编码规则，梳理国标、行标、地标 1000 余项，新增工艺标准 400 余篇。该体系的建立，达到了建筑施工企业对标准使用的条理性、系统性和便利性，也为山西省工程建设标准体系的搭建奠定了基础。

1. 研究背景和目的

根据山西省住房和城乡建设厅《关于印发〈2014 年山西省工程建设地方标准规范制订、修订计划〉的通知》（晋建标函［2014］197 号文）的要求，由山西建设投资集团有限公司（原山西建筑工程（集团）总公司）承担了《建筑施工技术标准体系》（简称标准体系）研究课题。

山西建投作为山西省规模最大的综合性建筑企业集团，站在企业发展战略的高度，清醒地认识到标准规范在企业竞争中起着关键作用，施工技术标准体系的建立在提高工程质量、确保工程安全、提高核心竞争力、促进创新、节约资源、保护环境、推动技术进步等方面发挥着越来越重要的作用。

施工是工程建设中一项综合性很强的实践活动，涉及到人员、机具、材料、方法、环境等因素，直接影响施工质量、施工进度、施工成本等方面。施工技术标准，是施工企业组织正常生产的技术依据，在企业生产过程中必不可少。山西建投作为一个以施工为主业的企业，建立一套施工技术标准体系可以作为企业生产操作、内部验收的技术依据，可以作为工程项目施工方案、技术交底的蓝本，可以作为编制投标方案和签订合同的技术依据，是技术进步和技术积累的载体。

2. 建筑施工标准体系构建

为了便于查询和检索，参照房屋建筑工程建设标准体系的编码规则，施工技术标准体系将每个标准赋予唯一编码，除工艺标准分为四级外其余标准编码均分为三级，第一级编码根据施工专业划分为 14 类（见表 3-1），第二级编码根据标准用途划分为"技术标准"、"验收标准"、"材料标准"、"工艺标准"、"检验标准"、"管理标准"等六类（见表 3-2），第三级为排列序号（工艺标准第三级为分项工程编号，第四级为排列序号）。体系构架见图 3-1。

第一级编码表　　　　　　　　　　　　　　　　　　表 3-1

专业号	专业标准	专业号	专业标准
[0]	综合	[7]	建筑电气工程
[1]	地基与基础工程	[8]	智能建筑工程
[2]	主体结构工程	[9]	建筑节能工程
[3]	建筑装饰装修工程	[10]	电梯工程
[4]	建筑屋面工程	[11] ※	发输电工程
[5]	建筑给水排水及供暖工程	[12] ※	工业管道
[6]	通风与空调工程	[13] ※	设备安装

注：※表示适用于房屋建筑外的其他专业标准。

第二级编码分类表　　　　　　　　　　　　　　　　表 3-2

序号	标准用途	说　明
1	技术标准	有关工程设计、施工等技术标准
2	验收标准	有关工程验收标准
3	材料标准	有关建筑材料分类、基本性能、应用技术等标准
4	工艺标准	有关分部分项工程的作业条件、施工工艺、质量标准、成品保护等企业标准
5	检测标准	有关涉及结构安全和主要使用功能等工程质量检测技术标准
6	管理标准	有关涉及工程环境、安全等管理标准

建筑施工标准体系编码举例（除工艺标准）：

【0】1.18《混凝土结构设计规范》GB 50010－2010
　　　　　└─标准排列序号
　　　　──标准用途分类
　──施工专业分类

上述序号图例具体表示为第一类（综合）、第一项（技术标准）、排列序号为 18 的标准。

3. 施工工艺标准的修订

"技术标准"、"验收标准"、"材料标准"基本依据国家或行业标准，但工艺标准必须由集团自行编制，一方面结合企业自身的特点，将企业多年来的实践经验进行总结和升华，另一方面，是集团实现"强基固本，精益求精"管理理念的重要举措。近年来，随着国家标准《建筑工程施工质量验收统一标准》GB 50300 及其配套规范的颁布实施，建筑施工企业都面临着如何建立自己的施工工艺标准的新课题。山西建投长期以来十分重视企业技术标准体系的建设，并将它作为企业发展战略的重要基础工作来抓。为了进一步提高企业施工技术水平和管理素质，规范施工工艺，保证工程质量和安全，由集团组织本系统技术骨干编写了新版《建筑安装工程施工工艺系列标准》现已发布实施。

建筑安装工程施工工艺系列标准共 18 个分册，其中土建 11 分册，安装 7 个分册，于2019 年 3 月由中国建筑工业出版社出版。18 个分册分别为：

《地基与基础工程施工工艺》、《基坑支护与地下水控制工程施工工艺》、《地下、外墙和室内防水工程施工工艺》、《混凝土和钢-混凝土组合结构工程施工工艺》、《砌体、钢、

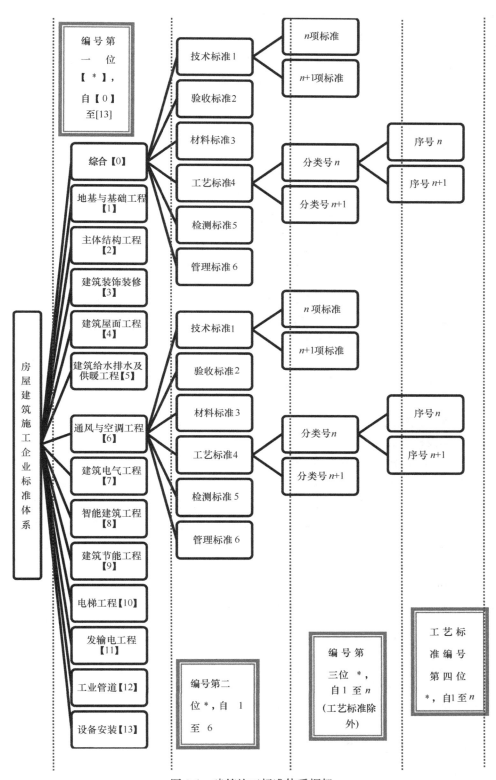

图 3-1　建筑施工标准体系框架

木结构工程施工工艺》、《建筑地面工程施工工艺》、《门窗工程施工工艺》、《幕墙及饰面板、砖工程施工工艺》、《抹灰、吊顶、涂饰等装饰装修工程施工工艺》、《屋面工程施工工艺》、《建筑节能工程施工工艺》、《建筑给水排水及供暖工程施工工艺》、《建筑通风与空调工程施工工艺》、《建筑电气工程施工工艺》、《发输电工程施工工艺》、《工业管道工程施工工艺》、《设备安装工程施工工艺》共 11 个分册，233.6 万字。

五、吉林省[1]

（一）综述

截至 2018 年底，吉林省现行工程建设地方标准 98 项，其中 17 项标准进行过修订工作，81 项标准尚未进行过任何修订。2018 年开展了如下工作：

1. 做好标准立项、编制工作。结合标准项目征集情况，进行系统梳理并通过专家论证，紧紧围绕改善农居环境、城市综合管廊建设、海绵城市建设、老旧城区改造、装配式建筑、建筑节能等省政府重点工作和行业发展趋势，分两批下达 2018 年吉林省工程建设地方标准制定编制计划，共包含 21 项标准项目。2018 年，吉林省批准发布工程建设标准共 11 项，其中制定 10 项、修订 1 项。

2. 强化标准编制队伍建设。结合行业标准化发展趋势，优化补充吉林省工程建设标准化工作专家库，通过在吉林省范围内开展的标准化工作专家征集，共有 300 余位业内专家提出申请，其中 35 至 45 岁之间中青年编制专家占较大比重，将经过科学合理地筛选最终形成吉林省工程建设标准化工作专家库，改善标准化专家知识和年龄结构，培育和壮大吉林省工程建设标准化工作专家队伍。

3. 加大标准前期研究投入。为了增强标准的适用性和科学性，加强针对今年计划内项目《吉林省超低能耗绿色建筑节能技术导则》中涉及的外围护结构方面研究和实验；《装配式钢结构综合管廊工程技术标准》项目中涉及试验段工程构件试验。同时，组织办内技术人员参加新法规、新标准、新技术的相关培训，掌握行业发展动态，为开展标准化相关工作提供有效信息。

4. 理清思路开展调研。赴大专院校及科研单位调研，了解标准应用情况，确立标准的学术成果地位；赴河北、陕西等标准化工作开展较好的省份调研考察，围绕推进标准化工作改革、促进行业发展、健全标准体系、促进科技成果转化等方面座谈交流，结合标准项目进行实地考察，汲取经验，已着手编制《吉林省工程建设地方标准技术指南》，并形成初稿，将现行地方标准目录、上一年度新编地方标准汇总及每项标准内容简介、本年度制定（修订）地方标准计划及项目简介汇编成册，免费发放；针对《道路再生骨料基层工程技术标准》、《工程建设项目招标代理程序标准》的相关问题，赴厦门、泉州、贵州等相关技术先进及标准领先地区进行考察调研，更好地完成吉林省地方标准编制工作。

5. 利用信息平台强化社会监督。采取新标准＋示范项目的模式，组织标准管理部门和主编部门，充分利用工程建设标准化工作联络员机制，共同做好标准应用的跟踪指导和

---

[1] 本节执笔人：侯慧实，吉林省建设标准化管理办公室

效果评估，及时发现解决应用环节的技术问题和管理难点，缩短标准复审周期，加快标准修订节奏。有效利用吉林省住房和城乡建设厅官方网站、吉林建设标准微信公众号等平台，发布工程建设国家标准、行业标准、地方标准的相关信息，目前已在厅官方网站建立"吉林省工程建设地方标准全文公开"栏目，实时更新，免费下载查询现行标准，为行业从业人员应用标准提供方便条件。

（二）工程建设标准编制工作情况

1. 2018 年地方工程建设标准制修订工作的指导思想和重点思路

2018 年吉林省工程建设标准化工作紧紧围绕省政府、省建设厅重点工作，做好工程建设地方标准的制修订工作，年内发布实施 11 项工程建设地方标准。加强标准体系研究，申报标准化战略科研专项《海绵城市建设标准体系研究》工作。

2. 地方标准复审工作情况

根据全省地方标准集中复审结论，确定《混凝土小型空心砌块砌体工程施工及验收规程》DB22/T 445 - 2007、《配筋混凝土小型空心砌块砌体工程施工及验收规程》DB22/T 452 - 2008、《预制钢筋混凝土复合保温外墙挂板技术规程》DB22/T 1039 - 2011、《CL 复合墙体建筑体系技术规程》DB22/T 1052 - 2012、《硬泡聚氨酯外墙外保温工程技术规程》DB22/T 1596 - 2012 等 5 项工程建设地方标准列入 2018 年度第三批地方标准制修订计划。

（三）工程建设标准信息化建设

有效利用吉林建设标准微信公众号、吉林省住房和城乡建设厅官方网站、吉林省工程建设标准化信息网等平台，及时开展标准制修订动态发布和信息共享，严格执行标准公示制度，保证标准内容及相关技术指标的科学性和公正性。加大标准立项、专利技术等标准编制工作透明度和信息公开力度，及时上传已发布实施的地方标准，实现工程建设地方标准全文公开（http：//jst. jl. gov. cn/jsbzh/qlbzj/），满足行业需求。

六、辽宁省❶

（一）综述

2018 年，辽宁省相继开展了节约资源、节能减排，降低建筑能耗、推动可再生资源利用，发展循环经济、提高建筑节能水平等相关标准的制定，编撰完成《辽宁省地方标准汇编（1990～2017 年）》，实现了全部标准（146 项）可通过辽宁省标准化信息公共服务平台在线阅览。

2018 年批准发布 10 项工程建设地方标准，其中 3 项制定、7 项修订。

（二）标准化工作能力建设情况

辽宁省工程建设地方标准由辽宁省住房和城乡建设厅归口管理，由省住房城乡建设厅

---

❶ 本节执笔人：王海涛，辽宁省住房和城乡建设厅建筑节能与科学技术处

和省市场监督管理局联合发布。参与标准编制、修订的工作单位，主要集中在科研院所、大专院校、协会和龙头企业。主要标准编制单位有：省建筑节能与建设科技发展中心、省建设科学研究院、省建筑设计研究院、大连理工大学、沈阳建筑大学等。工程建设标准化工作主要依据《辽宁省地方标准管理办法（2017 修订版）》（辽质监发）实行。

（三）工程建设标准编制管理工作情况

1. 2018 年批准发布的工程建设地方标准

（1）指导思想和工作思路：深入学习贯彻党的十九大精神和习近平新时代中国特色社会主义思想，充分发挥工程建设标准化工作的技术保障和支撑作用，强化标准规范的系统性，突出公益性建设标准制定，狠抓标准编制质量和进度，做好标准的实施与检查工作，进一步完善制度建设，推进标准事业稳步发展。

（2）2018 年批准发布工程建设标准地方标准 10 项，包括：《污水源热泵系统工程技术规程》（修订）DB21/T 1795－2017、《海水源热泵系统工程技术规程》（修订）DB21/T 1720－2017、《高性能混凝土应用技术规程》（修订）DB21/T 2225－2018、《回弹法检测泵送混凝土抗压强度技术规程》（修订）DB21/T 1559－2018、《建筑同层排水工程技术规程》（修订）DB21/T 2933－2018、《水泥聚苯模壳格构式混凝土填充墙技术规程》DB21/T 2965－2018、《绿色建筑评价标准》（修订）DB21/T 2017－2018、《居住建筑供暖热计量系统技术规程》（修订）DB21/T 1722－2018、《城市黑臭水体整治——排水口、管道及检查井治理技术规程》DB21/T 2976－2018、《低影响开发城镇雨水收集利用工程技术规程》DB21/T 2977－2018。

2. 地方标准复审工作情况

为促进建立科学合理的地方标准体系，加快重要地方标准制修订工作，推动辽宁老工业基地新一轮振兴。按照工作计划和省质量技术监督局要求，我省积极开展地方标准复审工作。清理了 2018 年前发布的现行辽宁省地方标准。

3. 重点标准制修订工作介绍

辽宁省是国家装配式建筑推广试点省，沈阳市为试点市。为规范省装配式建筑检测技术，提高装配式建筑工程质量，组织编制了《装配式住宅建筑设计规程》DB21/T 2760－2017，该规程在全国属于领先水平。

（四）工程建设标准信息化建设情况

本年度，辽宁省住建厅配合辽宁省质监局编撰完成了《辽宁省地方标准汇编（1990～2017 年）》并正式移交辽宁省档案馆，作为反映辽宁省经济社会发展成果的重要史料对外展出。全部标准文本的电子版可通过辽宁省标准化信息公共服务平台在线阅览。汇编除了用于贯彻实施和查询统计外，还可以供教学普及、科学研究、数据分析和决策参考等使用，具有特殊的历史价值、使用价值和收藏价值。

（五）绿色建筑制度建设情况

2018 年 11 月 28 日，《辽宁省绿色建筑条例》经辽宁省十三届人大常委会第七次会议审议通过，于 2019 年 2 月 1 日起正式实施，标志着辽宁省成为继江苏、浙江、宁夏和河北之后第五个出台绿色建筑相关条例的省份。辽宁省绿色建筑条例的立法编制工作走在了全国前列，《条例》的颁布实施，填补了辽宁省内绿色建筑立法方面的空白，对于全面推进辽宁省绿色建筑发展，改善人居环境，实现人与自然和谐共生有着非常重要的意义。

2018 年由辽宁省住房和城乡建设厅建筑节能与建设科技发展中心主编的《绿色建筑评价标准》（修订）DB21/T 2017－2018，为辽宁省绿色建筑的发展提出了新思路。

七、山东省[1]

（一）综述

党的十九大以来，山东省牢固树立、自觉践行以人民为中心发展理念和五大发展理念，努力把工程建设标准化工作融入山东省改革发展大局，深入推进标准化改革，大力实施标准化战略，充分发挥好标准化在助推山东新旧动能转换、促进经济转型升级的基础性作用。2018 年，深化工程建设标准化改革，全面落实《山东省工程建设标准化管理办法》，强化工程建设标准编制、实施、复审、评估等全过程管理，以绿色城市、海绵城市、生态城市及美丽乡村建设为中心，重点提高与人民群众生活密切相关的居住标准和工程质量安全标准水平，健全装配式建筑标准体系，组织制定工程建设地方标准，加强对标准执行情况"双随机一公开"检查，有重点、有组织地开展标准的宣贯培训。同时，积极培育发展团体标准和企业标准，构建新型工程建设地方标准体系，为工程建设领域的健康发展提供有力支撑。截至 2018 年底，山东省现行的工程建设地方标准为 171 项，其中，2018 年批准发布山东省工程建设标准 25 项。开展标准宣贯培训 3 次，累计培训各类管理人员、技术人员 200 人。组织推荐《绿色建筑设计规范》、《建筑岩土工程勘察设计规范》、《建筑施工操作平台与运送设备组合系统技术规范》三项地方标准申报中标协首届"标准科技创新奖"，其中《绿色建筑设计规范》获得二等奖。

（二）工程建设标准化改革情况

1. 工程建设标准化改革思路

深化工程建设标准化改革，全面落实《山东省工程建设标准化管理办法》，强化工程建设标准编制、实施、复审、评估等全过程管理，以绿色城市、海绵城市、生态城市及美丽乡村建设为中心，重点提高与人民群众生活密切相关的居住标准和工程质量安全标准水平，缩短地方标准复审周期，加快地方标准修订节奏。同时，积极培育发展团体标准和企业标准，构建新型工程建设地方标准体系，为工程建设领域的健康发展提供有力支撑。

2. 2018 年标准化改革重要工作

参与行业标准化改革，地方标准地域特点不断突出。按照国务院办公厅关于同意山东等省开展国家标准化综合改革试点工作的要求，2018 年 6 月，山东省政府印发了《关于开展国家标准化综合改革试点工作的实施方案》（鲁政字〔2018〕125 号），明确了总体要求、主要任务、重点工程、实施步骤和保障措施。山东省开展国家标准化综合改革试点，

---

[1] 本节执笔人：张少红、杨伟伟，山东省工程建设标准定额站

是山东省新旧动能转换总体方案中的一项重要内容。坚持山东优势，突出山东特色，确定在装配式建筑、绿色建筑、农村环境整治三大领域开展试点，梳理现有标准，拟定标准建设项目，建立健全这三大领域地方标准体系，仅在农村环境整治这一领域，就拟制定《村庄道路建设标准》、《农民个人自建住宅工程通用设计标准》《农村无害化卫生厕所改造标准》《改善农村人居环境示范村创建标准》《园林小城镇建设标准》《农村生活污水处理标准》和《特色小镇评定规范》等 7 项地方标准。

3. 团体标准化工作

培育发展团体标准，标准供给结构不断完善。认真落实住房和城乡建设部有关要求，鼓励具有社团法人资格和相应能力的协会、学会等社会组织，根据行业发展和市场需求，制定团体标准，供市场自愿选用。

一是积极引导社会组织参与团体标准制定。根据深化标准化改革要求，组织召开 3 次专家审查会，引导 10 多项技术先进、有成熟实践经验的标准项目纳入团体标准编制计划。

二是促进政府标准向团体标准转化。2018 年 6 月份组织开展了山东省工程建设标准复审工作。通过主编单位自审，专家逐项审查，提出是否可转化成团体标准的意见，转化团体标准 2 项。

三是指导社会组织开展团体标准编制工作。指导山东省房地产业协会等社会组织做好标准立项、编制、审查、发布等各项工作，并参与审查。2018 年 2 月，发布《住房租赁经营服务规范》、《新建商品房销售服务规范》两项标准，填补了山东省工程建设团体标准空白。

截至 2018 年底，山东省团体标准发布情况见表 3-3。

山东省团体标准发布情况表 表 3-3

序号	团体标准名称	标准号	协会	发布日期	实施日期
1	住房租赁经营服务规范	T/SDFX 001－2018	山东省房地产业协会	2018-2-8	2018.3.20
2	新建商品房销售服务规范	T/SDFX 002－2018	山东省房地产业协会	2018-2-8	2018.3.20
3	低环境温度空气热泵热风机	T/SDCT 001－2018	山东省建筑节能协会	2018.5.29	2018.6.1
4	SR 外模板现浇混凝土复合墙体保温系统应用技术规程	T/SDCT 002－2018	山东省建筑节能协会	2018.7.25	2018.9.1

（三）工程建设标准体系与数量情况

1. 工程建设规范和标准体系情况

2002～2018 年批准发布山东省工程建设标准共计 171 项。标准体系中，绿建与节能共 45 项，工程质量与安全 54 项，住宅类 7 项，管理类 18 项，建筑抗震 2 项，市政道路 13 项，轨道交通 3 项，装配式建筑 8 项，海绵城市 8 项，村镇建设 2 项，城市供水类 5 项，其他 6 项。标准体系所占比率如图 3-2 所示。

2. 近年来山东省地方标准数量变化情况

2005～2018 年来，山东省地方标准批准发布数量呈稳步上升的趋势，情况见图 3-3。数据显示，近年来，山东省地方标准数量明显增加，每年发布的标准数量呈增长趋势。随着工程建设标准化改革的深化，2017 年发布工程建设地方标准与 2016 年相比略有下降。

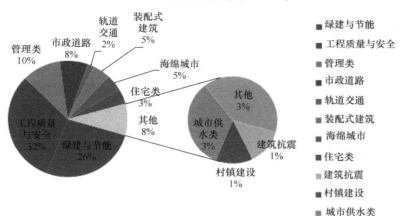

图 3-2　现行工程建设地方标准体系比例

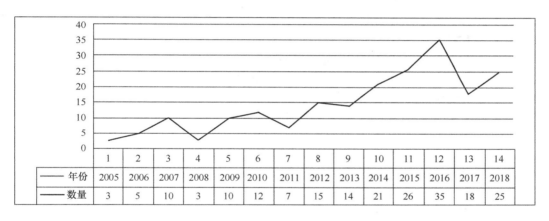

图 3-3　2005～2018 年地方标准年度发布趋势

（四）工程建设标准编制工作情况

1.重点标准制修订工作介绍

为推进装配式建筑进程，建立完善工程建设标准体系，运用科研成果，梳理现有标准，结合山东省地域技术特点及发展现状，编制了《装配式建筑评价标准》、《装配式混凝土结构现场检测技术标准》、《装配式钢结构建筑技术规程》、《装配式竖向部件临时斜支撑应用技术规程》等 4 项标准，完善了工程建设装配式地方标准体系。构建了一套适合山东省实际发展情况的装配式标准体系，有效推动装配式建筑产业技术水平的全面提升，对推动山东省装配式建筑的发展具有引导和促进作用。

2.清理规范地方标准，标准体系不断优化

按照地方标准制定原则和范围，对现行的标准开展清理评估，对不再适用的予以废止，不符合产业发展政策的及时修订或整合修订。缩减地方标准数量和规模，逐步向政府职责范围内的公益类标准过渡。对 2013 年 9 月之前批准实施的 62 项山东省工程建设标准开展复审工作，废止 24 项地方标准，整合修订 26 项地方标准，继续有效的 10 项。通过清理规范，缩减了山东省工程建设领域标准数量和规模，优化了地方标准体系。

（五）工程建设标准国际化情况

落实"一带一路"倡议，推进"一带一路"建设方面，开展以下三点工作：一是鼓励相关企业开展中外标准翻译与对比应用，探索中国标准国家化道路。二是开展了标准翻译和宣传推广工作，鼓励重要标准与制修订同步翻译。2018 年 7 月，组织翻译了 8 项装配式有关标准。三是鼓励山东省建筑科学研究院等单位积极参加国际标准化活动，加强与国际有关标准化组织交流合作。

（六）工程建设标准化课题研究

积极开展工程建设地方标准标准化调研，加强地方标准编制的可行性研究，构建新型工程建设地方标准体系。

1. 参与住房和城乡建设部标准定额司课题《举办工程建设标准化成果宣传活动》，完成"山东省工程建设标准化成果宣传工作情况"。通过研究，分析存在问题，找出解决方式，创新宣传方式。

2. 参与住房和城乡建设部标准定额司课题《装配式建筑成套技术标准体系建设指南研究》，按照分工完成加拿大装配式建筑技术标准体系现状及山东装配式建筑技术地方标准体系状况的研究。研究运用科研成果，梳理山东省现有标准，编制了市场急需的《装配式建筑评价标准》等 4 项标准，优化了工程建设装配式地方标准体系。

八、江苏省[1]

（一）综述

2018 年，江苏省住房和城乡建设厅贯彻落实国家和省关于深化标准化改革的部署，坚持围绕中心、服务大局，聚焦绿色建筑、装配式建筑、工程质量提升、城乡安全与防灾等住房城乡建设重点领域，组织开展地方标准的制（修）订工作，全年共完成 22 项地方标准、4 项标准设计的编制（修编），其中新编地方标准 15 项、修编 7 项，新编标准设计 1 项、修订 3 项。同时，切实加强工程建设标准实施监督检查，探索构建适应新时代要求的工程建设标准化管理机制，取得了阶段性成效。

2005～2018 年，江苏省发布（包括制定和修订）的工程建设地方标准数量见图 3-4。2018 年新《标准化法》实施后，新的工程建设地方标准管理体系正在建立过程中，导致工程建设地方标准的发布工作有所放缓。

除通过政府网站宣传外，2018 年江苏省工程建设标准站注册了微信公众号，共发布工程建设标准化相关信息 57 条。

---

[1] 本节执笔人：路宏伟，刘涛，杨映红，陈军，胥文婷，江苏省住房和城乡建设厅绿色建筑与科技处，江苏省工程建设标准站

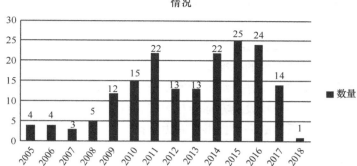

图 3-4　2005～2018 年江苏省发布（包括制定和修订）的
工程建设地方标准数量

（二）工程建设标准化改革情况

2018 年，江苏省住房和城乡建设厅继续开展"江苏省工程建设标准化改革管理机制研究"课题研究。召开课题启动会议，邀请江苏省内外工程建设标准化方面的专家对课题研究法思路和内容进行讨论。课题组认真梳理了国外工程建设标准化情况和国内各地工程建设标准化现状，系统总结了江苏工程建设标准化成效，深入分析了工程建设标准化工作面临的新形势、新任务、新要求，初步提出了江苏工程建设标准化改革思路和实现路径。

（三）工程建设标准编制工作情况

1. 重点标准制修订工作介绍

为贯彻落实以人民为中心的思想，在保障居民通信权利、保护通信自由和秘密的基础上，适应人民群众日益高涨的对快递包裹服务的需求，化解传统信报箱用不上、快递柜不够用的尴尬，规范江苏省住宅智能信报箱建设，2018 年江苏省住房和城乡建设厅发布了《住宅智能信报箱建设标准》。

智能信报箱整合了传统的信报箱和近年新兴的智能快件箱全部功能，既可投取信函、报刊，又可投取包裹。《住宅智能信报箱建设标准》明确了住宅智能信报箱是居住建筑的重要组成部分，应将智能信报箱建设工程纳入建筑工程统一规划、设计、施工和验收，应与建筑工程同时投入使用；对智能信报箱的布局设计、设置数量、功能拓展及材料厚度、大小等作出了明确规定。该标准的制定，填补了国内智能信报箱建设标准的空白，既助推了居民邮政普遍服务发展，又对解决邮政业末端问题、服务和改善民生、促进供给侧改革具有重要意义。

2. 标准复审工作情况

2018 年，江苏省住房和城乡建设厅按照《住房城乡建设部标准定额司关于开展工程建设地方标准复审工作的通知》（建标实函〔2014〕18 号），采取主编单位自审和会议审查相结合的方式，对 2012 年～2013 年批准实施的 26 项工程建设标准和 5 项工程建设标准设计开展了严格、规范的复审工作。

年初，江苏省住房和城乡建设厅专门印发了复审通知，组织主编单位开展自审，并认真填写《江苏省工程建设地方标准自审意见表》。组织召开专家复审会议，由各标准主编人员汇报自审情况，与会专家进行讨论、质询形成复审意见，并填写《江苏省工程建设地方标准复审专家意见表》。将复审结果在网上进行公示，广泛征求社会各方意见。经过这一系列程序，最终明确继续有效的标准13项，需修订的标准10项、标准设计4项，需废止标准1项、标准设计1项，合并修编的标准2项。

通过复审，使江苏省工程建设地方标准与国家、行业标准保持了良好的协调性，为江苏省工程建设地方标准体系不断完善提供了有力支撑。

（四）工程建设标准化课题研究

2018年，江苏省住房和城乡建设厅继续开展"江苏省工程建设标准化改革管理机制研究"科研课题。该课题由江苏省住房和城乡建设厅建筑节能与科研设计处（抗震防灾处）牵头，江苏省工程建设标准站和省内有关高校参与。

1. 研究意义

随着我国社会的发展，原有的经济和政治体制已经不能够满足发展的需要，标准化体制的改革是我国社会发展的必然趋势，是政治和经济改革的关键，通过改革可以实现共同治理，增强市场和企业的活力，可以促使我国社会更快的发展。本次研究主要系统分析江苏省工程建设标准化改革思路与方法，借鉴部分国内外工程建设标准化的经验，明确江苏省工程建设标准化改革的目标、内容及意义，促进标准化改革的发展。

2. 研究目标。

根据建设"强富美高"新江苏的要求和建设"建筑强省"的战略定位，借鉴国内外工程建设标准化工作经验，针对当前江苏省工程建设标准化工作存在的刚性约束不足、体系不尽合理、指标水平偏低、国际化程度不高等问题，提出符合江苏省实际的工程建设领域标准化改革目标、思路，探索构建省市两级工程建设标准化管理机制，优化政府监管体系；提出工程建设领域地方标准、行业标准、团体标准、企业标准发展思路，适当整合地方标准、行业标准，积极培育发展团体和企业标准，增加团体标准、企业标准市场化标准供给，构建工程项目合规性判定制度，为江苏省工程建设领域标准化改革提供有力支撑。

3. 研究内容

1）梳理总结美国、加拿大、法国、德国、欧盟、日本等国家和地区工程建设标准化管理和应用情况。

2）梳理总结北京、上海、广东等兄弟省市工程建设标准化工作经验。

3）总结江苏省工程建设标准化工作成效，分析当前面临的新形势和新要求。

4）提出工程建设标准化改革思路。

5）提出相应的工作建议。

4. 取得的成果

系统梳理了国外工程建设标准化发展和国内部分省份工程建设标准化改革现状，总结了江苏工程建设标准化工作成效，分析了当前面临的形式，初步提出江苏工程建设标准化改革思路和路径。

（五）工程建设标准信息化建设

江苏省住房和城乡建设厅建设了"工程建设标准化管理信息系统"，包括：编制单位版应用程序、评审专家版应用程序与管理版应用程序等。这三部分既各自独立，可单独运行相关功能，又相辅相成，共同构成了一个完整的工程建设标准管理系统。

编制单位版应用程序是为编制单位提供的本地应用程序。通过本程序，编制单位可以实现项目信息的登记申请、项目信息的维护以及后期流程的操作，极大地提高了编制单位的工作效率。

评审专家版应用程序是为评审专家提供的项目评审平台，用以实现对提交的项目的在线评审。

管理版应用程序是为管理用户提供的操作平台，用以实现网上用户注册、用户管理以及对项目的一系列操作。其中，对项目的操作包含立项初审、任务分配、初稿受理、初稿审查、征求意见反馈、送审受理等。

该系统结构采用层次化、组件化的标准三层体系结构设计模式。平台具有一个合理的、稳定的、易扩充的系统架构，系统用户界面、业务逻辑、数据存储分离，充分保证系统各层次的逻辑独立性和可扩展性。目前，该系统已应用于江苏省工程建设标准化管理工作中。

九、安徽省[❶]

（一）综述

2018 年，在住房和城乡建设部的正确领导下，安徽省住房和城乡建设厅深入学习贯彻习近平新时代中国特色社会主义思想和党的十九大精神，推进工程建设标准化改革，加强工程建设标准化制度建设，强化工程建设标准实施监督，有力地促进了全省住房城乡建设的健康快速发展。截至 2018 年底，安徽省现行工程建设地方标准 133 项，其中 10 项标准进行过修订工作，123 标准尚未进行过任何修订。

（二）标准化工作能力建设情况

加强工程建设标准化制度建设。为切实从制度上规范我省工程建设地方标准制定工作，2018 年 7 月印发了规范性文件《安徽省工程建设地方标准制定管理规定》，明确了标准制定分为立项、编制、发布三个阶段，并对每一个阶段的工作内容、工作要求进行了细化，规范了工作流程，统一了工作步骤。同时规定了标准编制分为五个环节，其中增加了专家论证环节，充分发挥专业标准化技术委员会的作用。改变过去标准编制从启动编写到提交审定全过程由编制组一体完成的情况，保证了标准的科学性和公正性。同时，为了保证标准编制的顺利进展，增加了标准编制过程中的监督环节，提升标准编制效率。

---

❶ 本节执笔人：黄峰，安徽省住房和城乡建设厅

（三）工程建设标准化改革情况

1. 组织开展《关于设计、施工企业推进工程建设标准员制度指导意见》制定工作

为贯彻落实《安徽省人民政府办公厅关于推进工程建设管理改革促进建筑业持续健康发展的实施意见》（皖政办〔2018〕97号），提升企业工程建设标准化管理水平，组织开展《关于在设计、施工企业推进工程建设标准员制度实施的指导意见》制定工作，在设计、施工企业中进一步推进工程建设标准员制度实施。该意见已于2019年3月印发施行。

2. 组织开展《安徽省工程建设团体标准管理规定》制定工作

为深入推进全省工程建设领域标准化改革工作，促进工程建设团体标准发展，规范工程建设团体标准管理，使全省工程建设团体标准化工作有章可循，有规可依，组织开展《安徽省工程建设团体标准管理规定》制定工作。目前该规定已完成征求意见并修改完毕，力争尽快出台实施。

（四）重点标准制修订工作介绍

推进《住宅建筑设计标准》编制工作。贯彻落实"房子是用来住的"这一理念，提升住宅设计品质，组织开展《住宅设计规范》制定工作。组织召开《住宅设计标准》编制工作座谈会，邀请有关市住房城乡建设主管部门及专家进行座谈交流，开展问卷调查，广泛征集意见。赴浙江、上海等省市以及省内合肥、亳州、池州等市实地调研工作。目前标准已形成征求意见稿，并在广泛征求意见，将尽快按程序修改完善，力争尽早出台发布实施。

（五）工程建设标准实施与监督工作情况

1. 工程建设标准宣贯和培训情况

印发了2018年度工程建设标准宣贯培训计划，下达并组织开展了《电动汽车充电站及充电桩技术标准》10项工程建设标准的宣贯培训工作，行业主管部门、专业技术人员等近7000人次参加了宣贯培训。

2. 工程建设标准实施监督检查情况

为促进工程建设标准实施监督，安徽省住房和城乡建设厅会同省民政厅，采用"双随机一公开"的方式，组织完成了安徽省工程建设地方标准《养老服务设施规划建设导则》专项检查，抽取了芜湖、黄山、宿州三市共6个县及13个养老服务设施项目作为检查对象。组织完成对《太阳能热水系统与建筑一体化技术规程》、《太阳能光伏与建筑一体化技术规程》2项安徽省工程建设地方标准实施情况开展专项检查，抽取了合肥、铜陵、阜阳三市12个工程项目作为检查对象。该2项检查均印发了检查通报。

十、福建省

（一）综述

2018年，福建省认真贯彻党的"十九大"、中央城市工作会议精神，坚持以人民为中心，坚持绿色发展、市场驱动、强化供给、共建共享、先行先试，积极推进工程建设标准化改革，突出地域特点，着力构建具有区域特色的工程建设标准化体系，把标准作为提升城乡建设管理水平、促进建筑业持续健康发展的重要支撑和抓手。

（二）标准化工作能力建设情况

福建省认真学习贯彻住房和城乡建设部《关于深化工程建设标准化工作改革意见》精神，进一步加强编制管理，提高标准化管理水平。进一步充实标准编制、审查力量，根据《福建省住房和城乡建设厅关于福建省建筑工程技术中心（省抗震防灾技术中心）职责调整的通知》（闽建人〔2018〕16号），由福建省建筑工程技术中心承担福建省工程建设地方标准技术审查工作，建设完成福建省建设科技项目管理信息系统，推动地方标准工作从立项、征求意见、审定、发布全过程无纸化管理，进一步完善标准数据库，加快推进地方标准全文公开。

（三）工程标准化改革情况

一是加强顶层设计，大力提升标准编制质量。加强顶层设计，开展标准体系研究，做好"加减法"。按源头把控、科学立标、突出重点原则，印发《关于进一步做好工程建设地方标准体系研究工作的通知》，组织编制城市轨道交通、综合管廊、装配式建筑、房屋及市政工程建筑施工机械、海绵城市、绿色建筑与建筑节能、绿色建材、城市生活污水垃圾、城市照明、建筑门窗幕墙、房屋建筑结构检定加固、传统与历史建筑、岩土工程、建筑装饰装修、市政道路桥隧、消防工程等共16个领域地方标准体系。

二是培育团体标准，加强创新平台建设。为加强行业自律管理与引导，支持鼓励依法成立的省级和有条件的市级建设类社团积极组织编制建设行业团体标准，对实施效果良好且符合要求的，公布实施一年后可直接申请转化为工程建设地方标准。组织编制《工程建设团体标准制定与应用评价标准》和《工程建设企业标准制定与应用评价标准》。福建省土木学会、福建省建筑业协会、福建省城市建设标准、福建省建设科技与工程建设标准化协会积极开展团体标准，先后制定了团体标准管理办法，试点开展团体标准编制工作。鼓励厦门市"先行先试"，对标先进国家和地区，制定适用于厦门地区的福建省工程建设地方标准。鼓励高校、科研院所及建筑业龙头企业加快建立成果转化机构，引导福建省建筑科学研究院、厦门建研集团等主要科研单位攻关热点难点问题，并将成果向标准转化。

（四）工程建设地方标准编制情况

2018年，推进重点标准闭合实施，提升标准化工作成效，按照"标准＋配套政策"思路，以标准化手段促进相关工作落到实处。

1. 突出标准地方特色，提升区域化标准水平

服务民生工程，提升居住品质。组织开展制定住宅设计品质技术和管理措施专题研究，发布《福建省住宅工程设计若干技术规定》；为适应人口老龄化现状与趋势，改善老年人居家养老居住条件，制定发布《福建省住宅适老性设计标准》；推动小区电动汽车基础设施建设，制定发布《福建省电动汽车充电基础设施建设技术规程》。开展"共享小区"

试点建设，通过推进网络深度覆盖、推广智慧灯杆、建立共享服务平台等方式提升小区高品质建设、提高民生幸福指数，研究适用于全省的"共享小区"规划建设标准，对"共享小区"的基础设施和建筑环境规划、设计、施工、运营模式、保障体系、效果评价等提出规范要求。根据《福建省城市轨道交通标准体系》，发布《福建省城市轨道交通工程联络通道冻结法技术规程》、《地铁基坑工程技术规程》、《福建省轨道交通防水工程技术规程》等6项城市轨道建设标准。

加强施工标准化，保障工程质量安全。一是提升标准化外窗质量。大力推进实施《福建省民用外窗工程技术规范》，严格落实外窗节能指标、永久性标识、干法安装、工业化生产等标准化要求，积极推进建设标准化外窗基地、创建试点示范和制定市场信息价等工作。二是抓好施工扬尘治理。着力解决空气污染问题，推进绿色施工，重点抓施工现场扬尘监测防治，组织开展《福建省建设工程施工现场扬尘防治与监测技术规程》系列宣贯活动，开发福建省建设工程施工现场扬尘监测平台。三是重点抓建筑起重机械安全管理，编制发布《建筑施工塔式起重机、施工升降机报废规程》、《福建省建筑起重机械防台风安全技术规程》以及《建筑起重机械安全管理标准》。四是加强施工过程标准监控。发布《福建省城市隧道工程施工质量验收标准》《预应力混凝土箱梁桥悬臂浇筑施工监控技术规程》等4项标准。

试行"一岛两标"，推动海峡两岸标准互通。支持平潭综合实验区"一岛两标"落地实施，在平潭综合实验区内由台商独资或控股开发建设的项目，可采用台湾地区的技术标准进行设计、施工和质量管理。组织梳理台湾工程建设标准，共梳理了684项台湾地区工程建设技术标准，对照国家、行业及地方标准关键技术指标，研究台湾工程建设标准与国家、行业和地方标准融合的方法。

开展技术研究，推动标准走出去。福建地处东南沿海，与东南亚国家或地区密切，结合"一带一路"战略需要，组织开展东南沿海建筑外窗等围护结构技术应用研究，推动区域绿色建筑标准和政策实施协同发展，引导福建省建筑产业走向东南亚。受住房和城乡建设部标准定额司委托，完成课题《我国夏热冬暖地区与东南亚国家和地区的绿色城市标准化比较研究》。

2. 坚持以人民为中心，贯彻绿色发展理念

推进绿色建造。完善建筑垃圾资源化利用标准体系，发布《建筑废弃物再生砖和砌块应用技术规程》、《再生骨料混凝土应用技术规程》、《再生骨料砌块砌体应用技术规程》、《建筑废物分类与处理技术标准》，福州、泉州两地列入住房和城乡建设部开展的全国建筑垃圾治理试点城市，为探索建筑垃圾治理、资源化利用和低碳化处理提供试点经验。推进海绵城市建设，结合本省各地降水、产业发展等特点，及时修订《透水砖（板）路面应用技术规程》，助推福州、厦门等国家海绵城市建设试点。

发展绿色建筑。一是推进绿色建筑强制性标准实施。自2018年起全面实施《福建省绿色建筑设计标准》DBJ13-197-2017），全省民用建筑全面执行一星级或以上绿色建筑标准、政府投资或以政府投资为主的其他公共建筑全面执行二星级标准。组织编制《福建省绿色建筑工程验收标准》DBJ13-298-2018，将"建筑节能分部工程"扩展为"绿色建筑分部工程"，纳入工程质量统一验收环节。二是推进建筑能效提升工程。结合夏热冬暖地区的气候特点，开展了大量的调研分析、资料收集和模拟验证，采用适宜的新技术、新材料,提高了门窗、空调能效比等节能指标限值,组织编制福建省公共建筑、居住建筑节能"65%+"设计标准,制定高于国家标准的地方标准。

服务乡村振兴。推动农村污水垃圾无害化处理,组织编制《福建省农村钢筋混凝土三格化粪池标准设计图集》和《福建省农村砖砌三格化粪池标准设计图集》,提升村镇居民生活品质。

3. 突出标准科研互动,促进产学研用

推进企业创新标准化。一是加大省级企业技术指导。福建省新批准了 51 家建筑企业成立省级企业技术中心,为推动施工企业创新发展,组织修订《福建省省级企业技术中心(建筑施工企业)管理与评价标准》,突出科技创新、信息化、大数据等建设要求。二是大力推广 BIM 技术,积极推广《福建省 BIM 技术应用指南》,公布绿色住宅小区、装配式建筑等各类 BIM 试点示范 130 余个,组织举办 2018 年首届 BIM 技能大赛和应用大赛。

推进建筑产业现代化。结合福建省实际,编制《福建省钢筋套筒灌浆连接技术规程》、《福建省预制装配式建筑模数协调技术要求》、《装配式内隔墙、外墙及建筑构造标准图集》等装配式建筑技术标准,组织省内骨干企业合力开展装配式建筑结构体系、减振隔震、连接节点、施工吊装、检测监测、抗台风、软土地基等若干关键技术和标准体系研究,《装配式混凝土建筑绿色建造关键技术和产业化应用研究》列入福建省 2018 年重大科技专项课题。

推进标准化和信息化融合应用。为加强施工单位信息化工作,不断提升企业信息化能力,组织编制《福建省建设工程电子文件与电子档案管理技术规程》和《福建省建筑施工企业信息化应用管理规程》,提高施工现场智能化管理水平。

十一、广东省[1]

(一)综述

2018 年,广东省继续深化工程建设标准化改革,加大重要标准制修订力度,强化标准动态管理和重要标准宣贯培训,培育发展团体标准,探索开展粤港澳大湾区标准共建。首次成体系开展水污染治理系列标准制订,启动一批重点标准编制,发布一批重要工程建设标准,全年新立项标准 24 项,列入预备项目 28 项,发布标准 20 项。截至 2018 年底,广东省共有现行工程建设标准 110 项,在编工程建设标准 116 项。建成广东省工程建设标准化管理信息系统,实现新发布标准全文公开和标准制修订全过程信息化管理。完成广东省工程建设强制性标准整合精简,开展在编标准专项清理,废止部分超期严重的"僵尸标准"。建立广东省建设科技与标准化专家委员会。支持行业协会编制了一批团体标准。探索开展粤港澳大湾区标准共建,粤港部分单位联合编制了地方标准《强风易发多发地区金属屋面技术规程》,在深圳市长圳项目中启动开展粤港标准体系对标试点。

---

[1] 本节执笔人:廖江陵、江泽涛,单位:广东省住房和城乡建设厅

(二)工程建设标准化改革情况

1. 完成标准整合精简工作

完成广东省现行工程建设强制性标准整合精简工作,废止强制性标准 2 项,废止 16 项强制性标准的部分强制性条文,转化为推荐性标准 4 项,使广东省工程建设地方标准与国家、行业标准保持了良好的协调性,进一步完善了工程建设标准体系结构。

2. 持续加大重点领域标准供给

首次成体系开展水污染治理系列标准制订,新立项标准 24 项,列入预备项目 28 项,启动了《南粤古驿道标识系统规划建设技术规范》等一批重点标准编制,发布了《电动汽车充电基础设施建设技术规程》等 20 部重要工程建设标准。这些标准的制订为进一步完善工程建设标准体系,保障重点领域标准供给,助力打赢污染防治攻坚战和促进住房城乡建设高质量发展提供了重要技术支撑。

3. 加强标准编制动态管理

建成广东省工程建设标准化管理信息系统,建立了广东省工程建设标准信息库,实现了对工程建设标准的申报、审核、反馈等环节的全过程动态监管和标准全文检索和全文在线公开,进一步增强地方标准化工作的公开性和透明度,提升标准化工作管理信息化水平。开展了在编标准专项清理,终止了《广东省绿色校园建筑评价标准》等 13 项超期严重的"僵尸标准"编制,规范标准编制要求。

4. 培育发展团体标准

支持和引导有条件的社会团体根据市场需要,制定高于推荐性标准水平的团体标准,填补政府标准空白,团体标准实行自我公开声明和监督制度。目前有关行业协会已发布若干工程建设领域团体标准,如广东省建筑节能协会发布团体标准《建筑墙体隔热腻子系统应用技术标准》,规范隔热腻子系统在民用建筑墙体隔热工程中的应用,提高建筑物隔热性能;广东省建筑业协会发布团体标准《建筑幕墙用高性能硅酮结构密封胶》,全面提升结构胶拉伸粘结性和剪切性能,增加了烷烃增塑剂检测项目,热失重要求更严格,禁止添加白油、液体石蜡等烷烃增塑剂,杜绝"充油胶"安全隐患,规范建筑幕墙用高性能硅酮结构密封胶应用。

5. 探索粤港澳大湾区标准共建

一是开展粤港澳地区工程建设标准体系对比研究工作。以港珠澳大桥工程实施粤港澳三地标准情况为例,对粤港澳三地建设工程领域法律法规、标准体系进行调研,对三地标准体系差异进行对比研究,全面了解粤港澳三地工程建设标准体系情况,研究粤港澳大湾区标准融合发展的对策建议。二是支持行业协会开展大湾区标准化工作交流。举办"粤港澳大湾区城市绿色低碳发展标准协同研讨会"。围绕"区域协同创新发展,共建绿色低碳城市"这一主题,深度交流和研讨绿色建设标准、安全标准,探讨在粤港澳大湾区尺度下建设绿色低碳城市圈协同合作模式,聚焦建设标准协同研究,推动粤港澳大湾区城市绿色低碳发展。三是探索粤港澳大湾区标准共建。广东省标准《强风易发多发地区金属屋面技术规程》吸纳了香港部分研究机构为编制组单位,充分总结了大湾区金属屋面工程在强风工况下的先进技术做法,提升了地方标准水平。此外,深圳市还在保障性住房长圳项目中启动开展粤港标准体系对标试点。

（三）重点标准制修订情况

1.《电动汽车充电基础设施建设技术规程》 DBJ/T 15-150-2018

本规程主要内容包括总则、术语、基本规定、设计、施工、验收等，适用于广东省新建、改建、扩建民用建筑及工业建筑停车场、汽车库时需配套建设（包括预留安装条件）的民用电动汽车充电基础设施的设计、施工及验收，不适用于特定行业或独立建设的充电设施，也不适用于换电站、电动公共汽车等大型电动汽车的充电设施建设以及低速电动汽车、电动摩托车、电动自行车以及电动三轮车等车辆的充电基础设施建设。本规程对电动汽车充电基础设施建设涉及的规划、建筑、电气、通风空调、给排水等各专业内容做出明确要求，提出电动汽车充电基础设施的建设应按照政府相关文件的配置要求，对目前设计过程中争议较大的供配电系统设计、负荷计算、需要系数选取、预留安装条件等问题，提供了明确的要求或解决方案，对电动汽车充电基础设施建设消防方面的加强措施进行规定，在国内首次比较完整地对电动汽车充电基础设施的消防设计提出了明确要求。

2.《广东省建筑信息模型应用统一标准》 DBJ/T 15-142-2018

本标准主要内容包括总则、术语、基本规定、应用策划、模型细度、设计应用、施工应用、运维管理应用、模型交付与审核等内容，适用建筑信息模型在建筑全生命期的创建、使用和管理。本标准对 BIM 技术在建筑工程的设计、施工、运营维护各阶段中的模型细度、应用内容、交付成果作出规定，整体考虑了各阶段模型与信息的衔接，是国内为数不多对建设工程设计、施工、运营维护全过程应用 BIM 技术作出具体规定的标准，具有一定的前瞻性，该标准经专家评审总体达到国内先进水平。

3.《广东省居住建筑节能设计标准》 DBJ/T 15-133-2018

本标准适用于广东省新建、扩建和改建居住建筑的建筑节能设计。商住楼的住宅部分、宿舍楼等应按照居住建筑进行节能设计。主要内容包括总则、术语、符号、建筑节能设计一般规定、建筑和建筑热工节能设计、建筑节能设计的综合评价、暖通空调和照明设计、建筑节能设计审查等。本标准在《夏热冬暖地区居住建筑节能设计标准》JGJ 75-2012 基础上进行了细化，补充了具体的规定，对某些条文增加了相关的要求，修订了常用的参考数据表等，在《〈夏热冬暖地区居住建筑节能设计标准〉广东省实施细则》DBJ 15-50-2006 的基础上，新增加"居住区热环境设计"一节，取消了"建筑节能的工程监理与验收"相关内容，具有地方特色，能够有效指导本省居住建筑的节能设计。

（四）工程建设标准化信息化工作情况

2018 年，建成广东省工程建设标准化管理信息系统。广东省工程建设标准化管理信息系统由政策法规、行业动态、文件通知、标准信息、用户咨询、标准编制管理等模块组成，建立了广东省工程建设标准信息库，实现对广东省工程建设标准的申报、审核、反馈等环节的全过程管理和标准全文在线公开，进一步增强地方标准化工作的公开性和透明度，提升标准化工作管理信息化水平。

十二、云南省[1]

(一)综述

2018 年，云南省工程建设标准化工作以工程建设标准的行政监管和服务为抓手，突出体现以人为本、保障公共利益、服务人民群众等要求，促进工程建设、城乡建设科学发展，提高标准的技术水平，扎实推进，充分发挥工程建设标准对城乡建设的重要技术支撑作用。鼓励申报云南省现行工程建设地方标准体系中尚未制订的基础标准、通用标准等项目，以及标龄较长亟待修订的项目。2018 年，由云南省住房和城乡建设厅批准发布的工程建设地方标准共 14 项，其中制定 13 项、修订 1 项。截至 2018 年底，云南省工程建设地方标准 84 项，其中 6 项标准进行过修订，78 项标准尚未进行修订。

(二)工程建设标准编制工作情况

1. 重点标准制修订情况——《云南省绿色建筑检测技术标准》

(1)任务来源

根据云南省住房和城乡建设厅《关于印发云南省 2013 年工程建设地方标准编制计划的通知》(云建标〔2013〕514 号)的要求，工程建设地方标准《云南省绿色建筑检测技术标准》(以下简称《标准》)被列入云南省 2013 年度工程建设地方标准编制计划，由云南省建筑科学研究院作为主编单位承担标准的编制工作。

(2)标准编制的必要性

云南省绿色建筑建设项目越来越多，而绿色建筑考察的阶段是建筑全寿命周期，《云南省绿色建筑评价标准》DBJ53/T-49-2015 也已经修订完成，设计阶段可参考该评价标准进行设计和标识评价工作，运行阶段则需指定绿色建筑检测标准，现行业标准《绿色建筑检测技术标准》CSUS/GBC 05-2014，不能满足《云南省绿色建筑评价标准》DBJ53/T-49-2015 中云南省地方特色的内容。编制组以新增章节、条文和修改章节、条文内容的形式补充增加《云南省绿色建筑评价标准》DBJ 53/T-49-2015 中涉及的云南省地方特色条文检测内容，同时结合省内外相关工程经验及国家绿色建筑检测相关标准实施的经验，编制该标准。

(3)标准编制原则

1)与现行法律法规及相关标准相协调一致。

2)本标准根据云南气候多样，温和气候为主的气候特征，结合云南省绿色建筑的实际实施技术情况，在大量的绿色建筑项目案例分析和总结国内外近年来对绿色建筑检测的研究和应用基础上，参考《绿色建筑检测技术标准》CSUS/GBC 05-2014 和上海市地方标准《绿色建筑检测技术标准》DG/TJ08-2199-2016 的相关内容而编制。

3)本标准根据云南省地方特色，对建筑周围热岛强度、室外风环境、玻璃紫外线透射比、消防用水水质、太阳能光热系统的集热系统效率和太阳能保证率、太阳能光伏系统

---

[1] 本节执笔人：郭虹燕，云南省住房和城乡建设厅科技与标准定额处

的光电转换效率、空气源热泵系统的热泵制热量、性能系数（COP）、热水储存性能和储水箱容量的检测做了相关规定，较好地与《云南省绿色建筑评价标准》DBJ 53/T－49－2015 的内容进行匹配，充分体现因地制宜原则。

（4）标准执行预期

绿色建筑检测是检验绿色建筑项目施工运行阶段的实施效果，是控制绿色建筑真正落实在实际建设项目中的重要控制手段之一。目前我国绿色建筑的项目逐年增多，单靠设计评价标准对绿色建筑项目进行设计阶段的评价控制已难以满足真正的绿色建筑理念和思想，必须同时提高施工建造运营维护阶段的控制力度，将绿色建筑检测的内容和方法规范化。为此，编制组认为在《云南省绿色建筑检测技术标准》颁布实施之后，应尽快组织宣贯该标准，使标准在云南省绿色建筑工作中产生积极影响，引导质量检测单位对绿色建筑项目的工程质量进行科学的判定，对后续绿色建筑的运行评价及后期的运营维护工作提供科学的数据基础，引导和吸引企业正确、主动的进行绿色建筑工程的设计和建设，推动云南省绿色建筑技术发展。

2. 标准复审及清理工作情况

根据《工程建设标准复审管理办法》，2018 年云南省住房和城乡建设厅组织相关部门和单位对 2012～2013 年发布的《云南省城镇道路及夜景照明工程施工及验收规程》DBJ53/T－46－2012）、《烟草建筑消防设计规范》DBJ 53－13－2013 等 10 部现行工程建设地方标准进行复审，确认继续有效的 6 项，修订的 4 项。

（三）工程建设标准信息化建设

按照"积极稳妥、分步实施"的原则，规划建设统一规范的全省标准信息网站"云南省工程建设标准定额管理网"，在该网站上专门设立工程建设标准的模块，用于标准的管理、宣传。在总结推广昆明、玉溪等试点城市和云南建投集团等试点企业取得的工作经验的基础上，利用移动互联网＋技术，开发标准查询系统平台和施工现场应用软件"标准通"APP，填补了国内同类软件的空白，在工程建设一线实行标准信息共享。

十三、贵州省●

（一）综述

2018 年，贵州省围绕基础建设、绿色生态、节能减排、装配式建筑的标准化等方面，组织编制贵州省工程建设地方标准，共发布了 8 项标准。为继续践行节约资源和保护环境的国家经济政策，完善贵州省绿色建筑评价标准体系，贵州省住房和城乡建设厅组织完成了《贵州省绿色建筑评价标准》的修编工作，目前已向社会发布，指导贵州省绿色建筑的评价工作。为贯彻落实贵州省关于磷化工产业全面实施"以渣定产"重大决策部署，督促建设系统将磷石膏建材推广，目前在编磷石膏建材工程建设标准 3 项、设计图集 1 项，标准、图集、工法"三位一体"的工程标准应用体系正在加快形成。为认真贯彻落实住房和

● 本节执笔人：郑义文，贵州省住房和城乡建设厅

城乡建设部、工业和信息化部《预拌混凝土绿色生产评价标识管理办法（试行）》，结合贵州省实际，组织开展了预拌混凝土绿色生产评价工作。为进一步做好无障碍环境市县村镇创建工作，结合无障碍环境建设"十三五"实施方案，贵州省住房和城乡建设厅联合贵州省大数据局、通信管理局、民政厅、残联、卫健委等五个部门联合发文，认真组织各地开展无障碍环境市县村镇创建工作，并召开无障碍设施施工与质量验收培训班，全面提升无障碍设施建设和改造技术水平。

（二）工程建设标准化改革情况

根据国家《标准化法》的调整，鼓励学会、协会、商会、联合会、产业技术联盟等社会团体协调相关市场主体共同制定满足市场和创新需要的团体标准。贵州省住房和城乡建设厅在组织工程建设地方标准的同时，鼓励行业协会发挥主导作用，自主制定、发布团体标准，希望团体标准能够成为地方标准的有力补充，进一步规范行业的组织行为。

（三）工程建设标准编制工作情况

1. 2018 年标准制修订工作介绍

2018 年，贵州省工程建设地方标准制修订工作继续围绕贯彻落实国家节能减排、资源节约利用、生态环境保护等要求，保障工程质量和施工安全的思路来开展。批准发布《建筑施工直插盘销式模板支架安全技术规范》、《既有建筑安全评估技术规程》、《贵州省建筑桩基设计与施工技术规程》、《贵州省绿色建筑评价标准》、《建筑给水聚丙烯管道应用技术规程》、《室外埋地聚乙烯（PE）给水管道工程技术规程》、《贵州省建筑地基基础设计规范》、《贵州建筑岩土工程技术规范》等 8 项工程建设地方标准。

2. 重点标准制修订工作介绍

为进一步深入推进装配式建筑建设，贵州省住房和城乡建设厅积极促进装配式建筑相关标准的制定，先后下达了《装配式混凝土结构灌浆密实度检测技术规程》、《装配整体式叠合剪力墙结构技术标准》、《贵州省装配式木结构建筑设计标准》、《贵州省装配式木结构建筑施工质量验收标准》等标准的编制任务。为贯彻落实贵州省关于磷化工产业全面实施"以渣定产"重大决策部署，贵州省住房和城乡建设厅下达了《贵州省磷石膏建材工程应用统一技术规范》等工程建设标准 3 项和《冷弯薄壁型钢磷石膏基轻质砂浆喷筑复合墙体内隔墙构造》标准设计图集的编制任务。其中，工程建设地方标准《贵州省磷石膏建材工程应用统一技术规范》的编制工作已近完成，包含磷石膏抹灰砂浆等 10 大类磷石膏建材，涵盖磷石膏建材工程设计、施工、验收和使用维护各环节。

十四、四川省❶

（一）综述

2018 年，四川省工程建设标准化工作紧紧围绕四川省委四川省政府重点工作与厅机

---

❶ 本节执笔人：王震勇，四川省住房和城乡建设厅；王强，四川省标准设计办公室

关目标任务，不断完善标准化工作机制，深化标准化工作改革，积极助推建筑业转型升级高质量发展，着力在改善民生、绿色环保、质量安全、推广适用新技术等方面加大标准的编制与供给力度；严控标准质量；加强对标准的宣传推广和学习交流。四川省建设工程标准申报已实现线上线下双渠道畅通；在住建厅门户网站，已增设地方标准清单及地方标准电子版两栏目，及时公示四川省所有工程建设地方标准有效和废止的名单，地方标准电子版栏目已上传地方标准十余项，目前在不断完善。2018 年，成立了轨道交通标准化委员会，为四川省轨道交通地方标准的研制奠定了坚实的基础。

2018 年，随着社会经济的发展的技术的进步，四川省建设厅对 5 项工程建设地方标准进行了修订，包括：《四川省绿色建筑评价标准》DBJ51/T 009－2018、《四川省既有玻璃安全性检测标准》DB51/T 5068－2018、《四川省在用塔式起重机安全性鉴定标准》DB51/T 5063－2018、《四川省通风与空调工程施工工艺标准》DB51/T 5049－2018、《四川省地面工程施工工艺标准》DB51/T 5038－2018。

（二）工程建设标准化改革情况

1. 2018 年标准化改革重要工作

2018 年 11 月，四川省住房和城乡建设厅组织召开了四川省工程建设标准化工作会，以会代训，对四川省各市州建设行政主管部门有关人员 42 人进行了培训，宣讲了标准化法。四川省 21 个市州住房城乡建设局、城管局明确了标准化工作联络员和分管领导，初步建立了省市联动机制，为推动标准化工作改革，完善标准化工作机制打下了基础。加强横向合作，积极开展调研工作，转变工作方式。会同绵阳市住建局到绵阳科技城进行了军民融合深度发展的标准化工作调研。积极开展国际标准化研究，组织开展国外标准研究，主要针对美国、南亚、非洲等地。

在"大学习、大讨论、大调研"活动中，参加建筑业高质量发展课题赴广元、绵阳的调研；会同科技发展中心组织 SSGF 建造体系研讨论坛；赴中建钢构、中建科技、成都建工、中节能等调研装配式混凝土、装配式钢结构和烧结保温砖的发展情况，赴西科大调研FR 装配式墙板 9 度设防条件下破坏性实验；会同相关处室单位积极推动土坯房维修加固标准图集编制条件的研讨。在"三大"活动中面向管理部门、企事业单位开展工程建设标准化工作问卷调查。共反馈有效问卷 190 余份。通过对调查结果统计分析，农房建设、装配式建筑、建筑节能及标准化宣传推广工作关注度较高。

2. 团体标准化工作

2018 年，四川省对团体标准和企业标准进行了大力宣传和推动，但是，由于目前市场对团体标准、企业标准的认可度不高，相关管理制度没有及时配套完善，管理人员意识形态没有及时转变，致使社会团体、企业对编制团体标准和企业标准普遍缺乏信心。2018年度，四川省没有工程建设团体标准编制发布。

（三）工程建设标准国际化情况

1. 国外标准研究情况

2018 年，四川省华西集团开展了"工程建设标准国际化现状研究"，针对中国标准在越南、柬埔寨、尼泊尔工程建设项目的使用情况进行了调研。在中国对外援助项目上，一般都采用的国内标准，因为国内标准内容丰富，涵盖面广泛，在建设中项目的均有对应的规范相适应；国内标准在境外项目建设中资金来源为亚洲发展银行或世界发展银行等欧美国家主导的项目中几乎没有应用，主要采用的都是欧美标准或当地标准。

2. 标准国际化意见、 建议

（1）必须要有标准的多国翻译版本。

（2）度量单位需要借鉴英标，比如增加英寸、英尺等。

（3）在境外项目的招标时，就要有采用中国标准的要求，或至少有采用中国标准的需求选择，这样，项目投标方就可以在投标时选择中国标准进行投标方案的设计。

（4）从建设国的实际情况出发进行设计。如地材方面的标准，中国是一个地大物博的国家资源很丰富，满足要求的地材资源量大，而针对于资源缺乏的国家要找到满足中国标准的地材就很困难。最终是要达到同样的验收要求，设计就必须要明确加以技术处理方面的要求，国外监理是按标准来控制质量，一般不会违背标准要求。如果设计不加以技术处理的要求，工程没法继续。

（5）国内标准在制定的过程中，要全盘考虑境外各地的不同条件，囊括各种情况。例如：在俄罗斯的极寒地区施工，在极寒条件下需要有相应的设计、施工、检测和维护等标准予以对应。

（6）质量验收资料需要精简。通常国内的质量验收资料非常多，竣工资料的数量也惊人。而国外的质量验收资料相对较少，但也清晰全面。例如竣工资料仅仅有 21 张表格的签发依据。

（四）工程建设标准化课题研究

2018 年，四川省住建厅组织编制的四川省工程建设地方标准《悬挂式单轨交通设计标准》已由四川省住建厅发布实施。

悬挂式单轨交通作为一种新型的交通制式，目前国内尚无相关技术标准。近年来，四川省积极开展悬挂式单轨交通技术研究，在试验线上经过了 30000 余公里反复试验和验证，进行了多达十八项的技术革新与改造，积累了大量经验与数据，建立了以"悬挂式单轨车桥耦合分析仿真"为核心的数据体系，为编制悬挂式单轨交通设计标准奠定了坚实的基础。设计标准编制团队集合了国内十余家轨道交通行业的知名企业，并向全国范围内的专家广泛征求了意见建议。标准内容涵盖车辆、轨道梁桥、通信与信号系统、供电及运营维护等多个专业，涉及设计施工、验收、测试及运营维护等各个阶段。该技术标准为我国第一个悬挂式单轨交通设计地方标准，为悬挂式单轨交通设计、建设与工程验收提供了科学严谨的依据。

2018 年，四川省积极开展装配式建筑预制墙板应用技术研究，主要针对目前市场上各类新型成品墙板在装配式建筑中的安全使用，打通科研到运用的渠道，规范各类墙板使用要求，推动装配式建筑健康发展。四川省住建厅组织省内外知名墙板生产企业和设计施工单位，召开了专题研讨会，制定四川省装配式建筑预制墙板使用技术标准。

2018 年，为深入开展脱贫攻坚，推动农房建设。结合四川省实际情况，积极开展现代夯土结构研究，实施木材替代行动。开展相关技术标准研制，现已在多地试点，并进行了系列实验。预计 2019 年可出台相关技术标准，为四川省贫困地区、边远地区农房建设提供新的解决路径。

（五）工程建设标准信息化建设

2018 年新启动的图集项目全面纳入"四川省标准设计管理信息系统"的管理，并对编制单位操作人员进行了培训。管理系统严格遵循《四川省标准设计管理办法》规定程序，从立项到批准发布出版印刷全过程均受管理系统的监控。与出版单位合作开通"交大 e 出版"四川标准栏目，可手机查询四川地方标准和图集，厅门户网站同步更新四川地方标准和图集电子文档。

十五、甘肃省❶

（一）综述

围绕住房和城乡建设部和甘肃省住房城乡建设厅的重点工作，坚持新发展理念，不断完善地方工程建设标准体系，着力在推进城市基础设施建设、促进城镇综合承载能力提高，强化工程质量安全、推进建筑业持续发展，推动装配式建筑发展、"四新"推广应用以及深入推进精准脱贫农村危房改造、改善农村人居环境和特色小城镇建设等方面，组织开展标准编制、指导实施与监督等工作。下达了《大厚度湿陷性黄土填挖改造场地治理技术规程》等 26 项标准编制计划、《断桥铝合金三玻两腔节能系统门窗建筑构造》等 11 项标准设计。及时组织召开了编制启动会，对项目编制单位提出了编制工作要求，进行了项目化管理，做好标准编制动态跟踪与服务指导工作，确保编制项目按计划完成。

截至 2018 年 12 月底，完成工程建设地方标准及建筑标准设计图集编制、修编共计 39 项（含 2018 年以前的计划项目），其中完成编制工程建设地方标准 18 项，完成修编的工程建设地方标准 15 项，完成标准设计 6 项。完成了《灌注桩后注浆技术规程》等 10 项标准的审查。

为贯彻落实《标准化法》、国务院标准化工作改革方案及建设部深化工程建设标准化工作改革意见的精神，积极开展了甘肃省工程建设地方标准信息化服务平台建设，在省建设厅信息网站开展了甘肃省工程建设地方标准公告、标准信息发布等，标准内容实现全文登载免费公开查询服务。积极鼓励制定标准的团体、企业开展标准自我声明、诚信公开，通过信息服务平台向社会公示其标准，推动了标准供给侧改革。加强了标准化管理部门的权威性，突显了政府提供标准的公益性和团体标准、企业标准的市场竞争力，充分发挥好标准在地方工程建设中的技术指导与规范作用。

（二）标准化工作机制建设情况

甘肃省工程建设标准化相关工作由甘肃省工程建设标准管理办公室全权负责。工程建设地方标准的立项由省标办负责审核，以省住房和城乡建设厅名义下达编制计划；标准的审查由省标办邀请省技术质量监督局共同组织，并由省住房和城乡建设厅与省市场监督管

---

❶ 本节执笔人：杜翔，甘肃省工程建设标准管理办公室

理局共同批准、发布；标准的宣贯实施与监督检查等其他标准化工作由省标办自行安排。涉及公路交通、电力、水利等其他行业的工程建设地方标准的立项审核，均委托各相关行业主管部门自行组织，统一下达编制计划。

（三）重点标准制修订工作介绍

1. 《严寒和寒冷地区居住建筑节能（75%）设计标准》

除延续国家现行节能设计标准的主要特点外，结合了甘肃省的地方特色：

（1）经与甘肃省气象局多次联系与沟通，增加了武威和定西两重要城市气象参数，并通过对典型建筑的热工计算，对耗热量指标进行统计分析，并结合实际工程进行复核验算后采用对比分析法确定出该两城市的耗热量指标限值，填补了国家现行节能设计标准中该两城市相关数据的缺失。

（2）耗热量指标在国家现行节能设计标准的基础上再节能10%，考虑以往节能标准中低层居住建筑难于达到节能标准的要求，故本次编制过程中并未对所有建筑均要求做到再节能10%，对于≤3层的建筑耗热量指标限值只要求在节能65%基础上再节能3.5%确定耗热量指标限值。

（3）选用不同类型的典型建筑，经过对不同楼层、不同地区等大量数据计算，并经过调查当地节能材料、各种构造做法的可行性，经过大量反复计算、调整分析，最终确定不同围护结构热工性能参数限值。

（4）居住建筑的能耗包括供暖、通风、空调、给排水、照明和电气系统等的能源消耗，原有标准只有供暖、通风、空调的节能设计，本次标准纳入了给排水、生活热水和电气系统的节能设计。

（5）根据甘肃省气候和水文地质条件，增加可再生能源利用章节，提出在居住建筑中充分利用太阳能光热资源、地源热泵系统、空气源热泵系统、土壤源热泵系统等可再生能源系统，对我省推广经济适用安全的建筑节能新技术、新产品，发展低能耗建筑具有重要意义。

（6）给出防火与结构同等级、耐久性与建筑同寿命的外墙外保温构造及其热工性能指标示例，外窗的性能等级及热工性能，可供设计者参考。

2. 内衬聚乙烯水箱（池）技术规程

（1）对于传统焊接水箱采用 PES 钢塑复合水箱替代，PES 钢塑复合水箱采用全新的一体成型技术，将钢板，保温层，PE 层紧密结合在一起。且保证内部与水接触的部件中不含金属件，接触部位全部为进口食品级的 LLDPE 材料。实际使用寿命达到 30 年。

（2）对于老旧混凝土水池，利用 PE 超声波热熔技术，制作 PE 水箱（池）内衬。采用特制的达到卫生饮用等级的 PE 板材（LLDPE），通过超声波熔焊技术，把 PE 板材衬贴在混凝土水箱（池）的六个面上。优点：a）水箱（池）沉降混凝土的热胀冷缩发生细微裂缝时，PE 板材具有自身强度，柔韧性等物理特性避免水箱（池）漏水；b）箱（池）壁不易附着水藻；c）施工与清洗简便；d）使用寿命达到 30 年以上。

（3）甘肃省目前正面临着二次供水改造的重大任务，包括新建和改建项目，其中又以二次供水系统中的储水设施的改造为重点。对于已有和新建项目的小型储水设施（水箱），PE 超声波热熔技术和 PES 钢塑复合水箱一体成型技术可满足要求；对于新建大型小区的室外地下钢筋混凝土生活储水池，可以采用 PE 超声波热熔技术满足要求，避免水池漏水对建筑物及场地产生二次危害。

（4）我省因各区域地质条件的特殊性（湿陷性黄土，以防渗漏为主）及海拔高差造成的温度变化大的特点，本规范对于我省位于湿陷性黄土区的地下储水池（包括生活水池和消防水池）来讲，对保证建筑物及场地的安全起到了极大的作用，进一步提高了二次供水的安全可靠性，完全解决了水池、水箱渗漏问题。

十六、宁夏回族自治区[1]

（一）综述

2018 年宁夏回族自治区聚焦重点，加大标准供给力度，组织完成了 7 项地方标准、标准设计的编制、审定、发布工作，标准发布数量为历年之最；围绕热点难点开展重点标准编制任务，完成《绿色建筑设计标准》、《建筑防水工程技术规程》等重点标准的编制发布工作；创新开展标准评估调研工作，组织开展各市、县住房和城乡建设局标准化工作开展情况和已立项标准编制进度情况的标准化调研督查工作，有效推动全区工程建设地方标准化工作有序开展；继续完善标准管理体制机制，为补充完善《宁夏工程建设标准化管理办法》，组织开展《宁夏工程建设地方标准制修订程序（送审稿）》起草工作。

（二）工程建设标准化改革情况

1. 工程建设标准化改革思路

随着近两年标准化工作的不断深化改革，宁夏回族自治区一直致力于工程建设标准化工作的制度、体系的建设与完善中，不断的摸索、改进工作方法与机制。从精准立项，科学构建完善工程建设地方标准体系；广泛宣贯，切实有效的树立标准化权威地位；创新模式，开展工程建设标准化督导检查工作；围绕热点，开展标准编制及体系建立的调研研讨工作等方面着力开拓创新，推动标准化重点工作的有序开展。

2. 2018 年标准化改革重要工作

探索建立地方标准评估体系与机制。为深入推进工程建设地方标准化工作改革，完善工程建设标准化监管与服务制度的建设，探索建立工程建设标准评估体系与机制。依托标准立项、编制等重点环节与流程，通过现场考察、座谈交流等形式，对拟立项标准的必要性、可行性等进行预评估，对编制单位的技术实力、编制能力、经费来源、履约能力等进行摸底，对标准编制进度进行督导跟进，创新开展工程建设标准化评估调研工作。确保标准立项论证的充分性、有效性，提高地方标准的编制质量，优化地方标准体系建设，初步建立标准立项、标准编制环节的评估工作机制，使宁夏回族自治区地方标准评估工作逐步纳入规范化的轨道。

（三）工程建设标准编制工作情况

1. 工程建设重点标准制修订工作介绍

（1）《绿色建筑设计标准》

---

[1] 本节执笔人：谢翌鹤，宁夏工程建设标准管理中心

　　为解决工程建设项目在设计阶段落实绿色建筑要求存在的对绿色建筑指导原则认识不到位、对绿色建筑条文要求理解不到位、对绿色建筑实用技术掌握不到位等问题，以落实地方标准《绿色建筑评价标准》为编制原则，以规范和指导宁夏回族自治区民用绿色建筑设计为指导思想，提出绿色建筑的设计方法和适用技术，遵循先进性、科学性、经济性、安全性的原则完成《绿色建筑设计标准》的编制。该《标准》规定了绿色建筑设计工作的总则、术语、基本规定、绿色设计策划、场地与室外环境、建筑与室内环境、结构与建筑材料、给水排水、暖通空调、建筑电气十个章节；三个附录；绿色建筑设计技术集成表，绿色建筑模拟软件边界条件，宁夏常用本土植物名录。以现行工程建设标准为依据，推荐了相应的先进适用技术，编写方式上将条文说明和标准条款紧密结合，在条文说明中对条款进行了详解，具有很强的可操作性。该《标准》的发布实施指导和规范了建筑设计单位开展绿色建筑工程设计，保障绿色建筑工程的设计质量，为推动自治区的绿色建筑发展提供重要的技术支撑。

　　（2）《建筑防水工程技术规程》

　　本《规程》规定了建筑防水工程技术的总则、规范性引用文件、术语、基本规定、以及屋面、种植屋面、建筑外墙、室内、地下防水工程的设计与施工、质量验收及相关附录等，共十个章节八个附录。具体编制以屋面-外墙-室内-地下室-验收为主线，在各部分中针对材料、设计、施工等内容进行详述。标准中给出了自治区主要城镇基本风压和年降水量等气象指标，同时吸取了浙江、河北等省市地标的优点，注重结合我区气候特点和工程建设实际，具有一定先导性。例如卫生间设有洗浴设施时，四周墙面防水层高度不应小于1.8m；屋面、墙体的节点构造均需做保温交圈处理等要求，均高于其他同类标准。标准中列示的材料性能及指标，均按照国家或行业标准规定的试验方法，进行多批次试验验证后确定，数据的准确度及可靠性符合相关标准要求。故本《规程》的发布实施，推进了防水新材料、新技术、新工艺在自治区的广泛应用，将宁夏地区的建筑防水技术推向更高水平，同时限制淘汰落后产品及施工工艺，对于引领行业转型，提升自治区防水材料、防水工程品质，提高建筑工程质量具有积极作用与重大意义。

　　（3）《短螺旋挤土灌注桩技术标准》

　　短螺旋挤土灌注桩是一项环保节能的先进桩基技术，比传统工艺施工的灌注桩在承载力方面有大幅度提高，能够节约工程材料、缩短施工工期、降低工程造价，经济效益突出。由于这项桩基技术施工不排土，减少了环境污染，促进了节能减排与环境保护，社会效益显著，符合国家可持续发展战略。为了促进短螺旋挤土灌注桩技术在宁夏回族自治区的推广应用，并为工程建设各主体单位提供标准依据，编制完成《短螺旋挤土灌注桩技术标准》。具体编制过程中，在短螺旋挤土灌注桩基承载力估算方法方面，借鉴了欧洲、美洲、澳洲及亚洲的日本等国家的相关标准，并根据我国岩土工程勘察的技术特点对其计算方法进行了本土化修订，使其计算结果更加准确；在短螺旋挤土灌注桩基施工方面，借鉴国内已经颁布的山东、河南、安徽三个省地方标准的相关内容，根据宁夏回族自治区的土层特点，尤其是湿陷性黄土地区和存在液化土层地区的桩基施工，提出了更为合理的施工要求及优化原则；通过对试桩结果的分析对比，将《短螺旋挤土灌注桩技术标准》相关计算参数做了适应性调整，使该标准提供的计算方法准确且安全。

　　（4）《建筑物移动通信基础设施建设标准》

结合移动通信基础设施的基本情况和网络建设的实际需求，宁夏回族自治区编制了《建筑物移动通信基础设施建设标准》。本《标准》规定了建筑物移动通信基础设施建设标准的总则、规范性引用文件、术语和定义、通信基站、通信机房、通信电源、通信管线、屋面设施、地面设施、验收十个章节；两个附录：建筑物移动通信基础设施建设需求意见书（附录A），柱墩及锚栓示意图（附录B）。在具体编制过程中以规范和指导自治区民用建筑物移动通信基础设施为指导思想，建筑物移动通信基础设施的建设应与建筑物"同步规划、同步设计、同步施工、同步验收"，应满足多家运营商平等接入的要求，并遵循共建共享的原则，统筹考虑建设方案。以现行工程建设标准为依据，增加了相应通信建设技术要求，对技术要求进行了详细的说明，具有很强的可操作性。本《标准》的发布实施将指导和规范建筑设计单位开展建筑物通信基础设施工程设计，更好地促进移动通信基础设施与住建、园林、市政、交通等基础设施的深度融合，提高城市建设的科学性和降低移动通信网络基础设施建设选址难度，对于推动移动通信基础设施的共建共享、避免重复建设，促进社会信息化的持续快速健康发展，起到重要的基础保障作用，为"宽带中国"战略落地和"互联网＋经济"发展构建完善的移动通信网络保障。

2. 标准复审及清理工作情况

对13项强制性地方标准和15项推荐性地方标准进行了复审。复审结果为13项强制性地方标准转化3项，修订2项，废止5项，继续有效3项；15项推荐性地方标准继续有效。

（四）工程建设标准实施与监督工作情况

1. 工程建设标准宣贯和培训情况

（1）委托全国重点高校—武汉大学举办"宁夏工程建设标准化管理培训班"，自治区建设行政主管部门相关人员近50人参加培训。切实发挥工程建设标准化对宁夏回族自治区住房和城乡建设事业的顶层引领和科学指导作用，确保工程建设质量安全。

（2）采取对市县标准化行政部门标准化政策实施情况以及对标准立项单位、编制单位标准编制情况的督导调研的方式，深入基层、深入企业、深入科研院校，面向行业不同人员，对工程建设标准化工作进行广泛宣传，深入交流了解标准编制需求，切实提高行业行政管理和专业技术人员对标准化工作的认知度与认同感。

2. 工程建设标准实施监督检查

依托市县标准化行政主管部门开展标准化政策实施情况、已立项标准进展情况督导检查，以标准执行情况为重点扎实开展勘察设计、工程质量安全、建筑节能、绿色建筑和装配式建筑等专项检查，对检查发现的问题要求实现主管部门认真监督落实整改，对违反强制性标准的行为依据有关法规进行严厉处罚，并与企业诚信体系挂钩，切实增强建设各方主体执行标准的责任意识。

（五）工程建设标准信息化建设

不断加强质量公共信息服务能力。利用住房城乡建设厅门户网站，开办标准化信息栏目，提供标准化政策法规，国家、行业工程建设标准目录，地方工程建设标准及标准设计目录、标准征求意见等查询服务。按照国务院深化标准化工作改革方案中提出的向社会公开标准文本的要求，充分利用信息平台，实现地方标准信息发布实时公开与更新及地方标准网上全文公开。不断完善信息平台建设，加强标准信息整理搜集录入工作，优化版块设计，实时更新相关目录，使该窗口成为自治区建设行业标准化信息的权威发布平台和服务交流平台。充分利用微信群、QQ 群，增设交流互动平台，不断提高标准的信息化服务能力。

十七、西藏自治区❶

（一）大力实施推进装配式建筑发展

1. 根据《西藏自治区人民政府办公厅关于推进装配式建筑发展的实施意见》（藏政办发〔2017〕143 号），及时开展了装配式建筑标准组织编制工作，通过政府公开采购程序，委托编制了《西藏自治区高原装配式钢结构建筑技术标准》，已于 2018 年 8 月 23 日第 8 次厅务会通过，于 2018 年 8 月 29 日完成了在西藏自治区住房和城乡建设网上公告发布，自 9 月 1 日起施行。

2. 为了合理确定装配式建筑发展目标、技术体系和产业布局，与十三五规划项目进行更好的衔接，西藏自治区住房和城乡建设厅委托编制《西藏自治区高原装配式建筑发展专项规划》，目前规划成果已经形成，计划近期研究后实施。

（二）大力实施推进绿色建筑评价工作

1. 建立完善西藏自治区绿色建筑标准技术体系，委托开展了《西藏自治区绿色建筑设计标准》、《西藏自治区绿色建筑评价标准》的编制工作，已于 2018 年 8 月 23 日第 8 次厅务会通过，于 2018 年 8 月 29 日完成了在西藏自治区住房和城乡建设网上公告发布，自9 月 1 日起施行；10 月 25 日联合住房和城乡建设部科技与产业发展中心和西藏藏建科技股份有限公司在拉萨举办两个标准的宣贯培训工作。

2. 在西藏地方绿色建筑标准颁布实施前，为保障西藏自治区顺利开展 2017 年绿色建筑考核认定、做好自治区生态文明指标考核等工作，组织区内多名专业技术人员编制完成《西藏绿色建筑自治区级认定技术条件》（暂行），并印发执行。

3. 组织开展绿色建筑考核认定工作。根据《西藏绿色建筑自治区级认定技术条件》（暂行），组织区内专家，对各地市上报的 2017 年度城镇新增绿色建筑进行复核、认定，城镇新建建筑进行统计汇总，并对西藏自治区绿色建筑占城镇新建建筑比重指标进行测算。经考核认定，2017 年西藏自治区城镇新增绿色建筑（一星）面积为 189.64 万平方米，城镇新建建筑面积为 919.53 万平方米，绿色建筑占城镇新建建筑的比重为 20.62%，在全国排名第 27 位，较 2016 年排名（31 位）上升了 4 位。

---

❶ 本节执笔人：西藏自治区住房和城乡建设厅

第四章

工程建设标准化发展与改革探讨

一、加快建设国际化工程建设标准体系[1]

加快建设国际化的工程建设标准体系是 2017 年底召开的全国建设工作会议的新要求，也是工程建设标准化几十年改革发展过程中首次提出的新目标、新任务。如何加快建设？当前应当突出做好哪些重点工作？住房和城乡建设部王蒙徽部长在讲话中做出了全面部署，而且要求明确，任务具体，可见效、易操作。近一个时期来，从部里到全国、从管理机构到有关专家，都在全力以赴落实有关任务和蒙徽部长的要求。但是，什么是国际化的工程建设标准体系？建设一个什么样的国际化工程建设标准体系？目前还没有一个权威的说法，或者说目前仍有很多个不同的说法，尚未形成普遍认可的统一认识。

综合目前的观点，有的认为建设国际化的工程建设标准体系就是中国标准"走出去"，使中国标准成为国际标准或者某些国家的标准，从而带动中国技术、中国产品、中国工程服务等"走出去"，进入国际市场。也有的认为建设国际化的工程建设标准体系就是全面采用国际标准、欧盟标准或美国规范等，改造中国现有标准的形式、内容和结构，构建新的中国工程建设标准体系。甚至还有的认为建设国际化的工程建设标准体系就是中国标准的外文化，把中国标准成体系地翻译出来，为中国企业提供服务，为"一带一路"倡议提供技术支持。整体看，这些认识还是很有代表性的，而且不同程度地主导着某一地方、某一方面、某一领域的标准化工作，影响很深，作用很大。应该说，这些认识有其积极的一面，都是在积极地探讨和不断推动工程建设标准化工作改革和发展。但是，也必须清醒地看到，这些认识存在的片面性、局限性和由此而带来的危害性，都是在突出强调某一个方面的同时，弱化了整体性和全局性，降低了建设国际化工程建设标准体系的战略地位和作用，非常有必要尽快提高认识，正本清源。本书的有关观点，作为一家之言，仅供参考。

（一）建设国际化工程建设标准体系的必要性

建设国际化的工程建设标准体系是新时代工程建设标准化改革发展的战略性安排，既是目标、方向，也是原则和技术路线，具有全局性、长远性和战略性意义。

其一，建设国际化的工程建设标准体系是建设建筑业强国的需要。建筑业强国不是在国内强就是强国，必须具有国际强国的地位和实力。国际强国地位和实力除了有能力承担、建设和高质量完成各种复杂的工程项目外，还必须在技术水平、建造工艺、材料装备等方面处于世界领先地位，其标志之一就是要具有一套自主、独立、完整的国际高水准的

---

❶ 本节执笔人：杨瑾峰，住房和城乡建设部标准定额研究所（现单位：住房和城乡建设部执业资格注册中心）

工程建设标准，而且是被国际普遍认可和积极采用的工程建设标准。目前看，我国现行工程建设标准无论国际化程度还是整体水平，都还有较大差距。这就要求必须调整工程建设标准化的发展战略，"抬头向外"，构建满足建筑业强国需要的国际化的工程建设标准体系。

其二，建设国际化的工程建设标准体系是突破工程建设标准化发展瓶颈的需要。新中国成立以来，尤其是改革开放三十多年来，以政府为主导，制定了 7000 多项具有中国特色的工程建设标准。这些标准满足了中国工程建设的需要，在工程建设活动中，发挥了无可替代的作用。然而，正是这 7000 多项工程建设标准和以这些标准为基础构成的工程建设标准体系，在发展过程中所积累起来的矛盾和问题，已经发生了量与质的转变。一方面是标准"碎片化"问题更加明显，造成标准制订、修订矛盾交汇、任务叠加，标准供应压力增大；造成新旧标准交替频繁，实施标准和对标准实施监管难度增大。另一方面是"一条腿长，一条腿短"的失衡状况更加明显，造成政府和社会、国家和地方、对内和对外工程建设标准化发展的严重不平衡、不充分，尤其是标准的国际化程度低，中国标准在国际建设市场还没有权威性，与我国的对外投资水平、工程建设能力等国际地位很不相称。这就要求必须打破惯性思维，"走出国门"，站在国际的高度，促进中国工程建设标准体系转型升级，使中国工程建设标准既满足国内市场的需要，也适应"走出去"，开拓国际市场的需要。

其三，建设国际化的工程建设标准体系是工程建设标准体制深化改革的需要。工程建设标准体制始终与我国经济体制相适应，并不断地随着我国经济体制的改革而改革。三十多年来，工程建设标准体制改革经历了以推荐性标准试点为代表的向"两头延伸"的改革阶段，由单一的强制性标准向强制性标准与推荐性标准相结合的标准体制过渡的改革阶段，以《强制性条文》为代表的强制性标准深化改革阶段，以及以全文强制性规范为代表的工程建设标准体制深化改革阶段。每一个改革阶段，都极大地促进了工程建设标准化工作的深刻变革，更好地发挥了工程建设标准的技术支撑作用。目前，我国经济社会发展已进入了新时代，十九大报告明确了把我国建成富强民主文明和谐美丽的社会主义现代化强国作为战略发展目标，工程建设标准体制必须围绕我国经济社会全面深化改革而进一步深化改革，改革的目标当然是为了实现中华民族伟大复兴的强国梦。建设国际化的工程建设标准体系为改革明确了目标、方向、原则和路径，高屋建瓴，可复制、可操作、易实施，既可以达到与国际惯例接轨的目的，又能够保持中国工程建设标准的优势和水平，实现标准强国。

其四，建设国际化的工程建设标准体系是全面提升工程建设标准化发展水平的需要。中国工程建设标准化经历几十年的发展，取得了巨大的成就。但总体上看，中国的工程建设标准化仍然只是内向型的，整个发展过程，都是在围绕国内建设市场，根据质量安全监督管理、新技术推广应用、科技进步和工艺设备发展需要等开展的标准化活动。借鉴国外标准和经验、积极采用国际标准、满足世界贸易组织 WTO 协定要求等，目的也都是为了解决国内建设活动中遇到的问题而采取的标准化政策。十八大以来，面对新时期国内外发展环境的新变化，习近平同志指出：要坚持对外开放的基本国策不动摇，不封闭、不僵化，既不妄自菲薄，也不妄自尊大，打开大门搞建设、办事业。要统筹考虑国内国际两个大局、两个市场、两种资源，坚持互利共赢的开放战略。要提高我国参与全球治理的能力，着力增强规则制定能力、议程设置能力、舆论宣传能力、统筹协调能力等。这些重要思想，为新时代工程建设标准化发展提出了新要求，指明了发展的方向，建设国际化的工程建设标准体系是全面提升工程建设标准化发展水平，补足外向型发展短板的必然选择。

（二）建设国际化工程建设标准体系的重要性

建设国际化的工程建设标准体系有利于打破传统的思维模式，全面提高我国工程建设标准水平；有利于与国际惯例接轨，成体系地制定工程建设标准，在语言、术语、逻辑和表达形式等方面与国际通行做法相协调，使国内国外同行看得懂、可沟通、好交流；有利于解决我国现行标准体系的"碎片化"等体制性问题，实现工程建设标准对活动结果的有效控制；有利于统筹国内国外双重需求和共同要求，引导我国工程建设企业和建设技术、设备、产品、服务等走出国门，为世界贡献中国力量和中国智慧。

一是建设国际化的工程建设标准体系拓展了工程建设标准工作的新领域，可以放开眼界，不拘泥于国内建设市场的需求，不局限于产品、工程、服务等某一个方面，更不需要顾忌某些管理上的界限，一切以有利于国际建设市场需要、体现中国特色、优化工程建设服务为基础，可以在更广的范围、更大的领域以及更高的视野上，统筹组织和推动开展工程建设标准工作，制定适用的标准，提供标准的技术咨询服务，以及开展双边多边标准互认、转化、第三方认证以及宣传、培训等活动，构筑新的工程建设标准技术和管理体制机制，并为世界推荐中国经验，为建立国际规则提供中国方案。

二是建设国际化的工程建设标准体系创新了中国工程建设标准发展的新境界，可以突破传统观念束缚，全面提高中国工程建设标准水平。标准是协调的产物，在我国长期的标准化实践中，充分考虑经济社会发展水平、满足现阶段实际需要以及"平均先进"等原则，一直是制定标准和确定标准水平的重要依据。这些原则和依据，在以政府投资为主和主要由政府供给标准的体制机制下，无疑是合理和正确的。但逐步积累起来的负面效果也非常突出，主要表现在：传统领域，中国标准的整体水平低于发达国家的标准水平；国内一般企业经过努力就可以达到的标准，对领先企业成为一种负担和拖累；标准的规范、约束作用得到了比较好的发挥，而标准的引领、激励作用越来越显得被弱化。建设国际化的工程建设标准体系为解决这些难题和创新发展思路提供了机会和途径，中国的工程建设标准可以紧跟或超越发达国家的标准水平，可以紧盯世界的前沿领域和领先技术，也可以紧紧围绕中国的国际领先领域和技术等，成体系地制定最先进的"领跑者"工程建设标准，大幅度全面提升中国工程建设标准的水平。

三是建设国际化的工程建设标准体系提供了解决工程建设标准体制性问题的新途径，可以站在一个全新的高度，进一步完善中国工程建设标准发展的顶层设计。我国的工程建设标准是随着新中国经济建设的发展而逐步发展起来的，借鉴苏联模式，政府主导、自上而下，遵循"急需先编，成熟一条定一条，宁缺毋滥"的原则，形成了具有鲜明中国特色的工程建设标准体系和相应的标准化管理制度，很好地满足了我国经济社会建设和快速发展的需要。但同时，现行工程建设标准体制下形成的矛盾和问题也越来越突出，比如：标准内容上的"碎片化"，标准供给上的"两个不满意"，以及标准发展上的"三个不平衡不充分"问题等更加突出，这些矛盾和问题已严重影响到工程建设标准化的进一步发展，而且这些由于现行体制造成的矛盾和问题是在现行体制下难以得到解决的。建设国际化的工程建设标准体系为解决工程建设标准体制性问题的提供了机遇和可能,可以在形成新体系顶层设计和构建工程建设标准新体系的过程中,避免现行体制下的矛盾和问题继续存在或发生。

四是建设国际化的工程建设标准体系体现了工程建设标准化对外开放的新思路,可以以博大的胸怀,适应国际通行规则,并为构建新型国际规则体系提供中国方案。进入21世纪以来,完善工程建设标准体系,建立技术法规与技术标准相结合的标准新体制,一直是工程建设标准化与国际惯例接轨和进一步推进标准体制改革发展的目标任务。然而,在建立标准新体制过程中,举步维艰,经历了两个改革阶段,向前迈出了一大步,又向前迈出了一大步,仍然没有下定最后的决心。目前看来,这似乎是历史发展的必然。因为离开中国特色、不能体现改革发展的成就、不能推动现行标准体系全面转型升级,就很难成为人们的共识和共同意志。建设国际化的工程建设标准体系从一个全新的角度,为工程建设标准体制改革提供了新的思路,即:以国际化为目标,建设适应国际通行规则的新型工程标准体系,促进国内工程建设标准化管理体制机制改革。这一新的思路,提高了工程建设标准化改革发展的历史定位,可以不拘泥于提法上的国际化,而是站在更高的时代高度,以标准体系的全面转型升级带动标准体制的深化改革。可以以更加开放、更大包容的姿态,整合现行标准,制定适应国际通行规则的工程建设标准,用国际上听得懂的语言、逻辑和形式,讲述中国故事。

(三)对建设国际化工程建设标准体系的几点建议

建设国际化的工程建设标准体系是新时代工程建设标准化深化发展的最佳战略选择,应当摆上重要的议事日程,成为我国工程建设标准化工作者的共同认知和统一行动,响应号召,全面推动,持之以恒,久久为功。但建设国际化的工程建设标准体系不是"从头开始",更不是"推倒重来",应当站在我国工程建设标准化近七十年发展的基础上,突出重点领域、引领时代发展、体现中国特色、完善顶层设计,"多管齐下",进一步提升工程建设标准化发展的质量和水平,为新时代建筑业强国提供坚强的基础保障。

一是完善有关法规制度。法规制度是建设国际化工程建设标准体系的基本前提和制度保障。无论是开展国际化工程建设标准体系建设,还是推行并发挥国际化工程建设标准体系的积极作用,都需要有相应的法规制度作依据、作保障。目前来看,由于现行工程建设标准化的相关法规制度,包括专门的、相关的,也包括国家的、地方的,都是与现行工程建设标准体系相适应、相协调的,因此,在推进工程建设标准体系的转型升级,建设国际化工程建设标准体系的过程中,必然要触及到现行相关法规制度的调整。如果相关的法规制度不能及时跟进和修改、补充、完善,建设国际化工程建设标准体系必然举步维艰,而且很难持续进行。另外,大量基于现行工程建设标准体系的法规制度,在新体系建设和推行过程中,必然面临个别规定缺失、执法困难等具体问题,需要提早做出调整和安排。为此,建议各级工程建设标准化管理部门高度重视,组织力量对现行有关工程建设标准化法规制度进行梳理和研究,包括法律、行政法规、部门规章、地方法规规章以及国家相关政策规定和要求等,对新体系需要的法规制度提早研究、尽快制定,对影响新体系建设和推行的法规制度及时进行修改和调整。同时,对基于现行工程建设标准体系而制定的法规制度,开展全面分析研究,对可能受影响的法规制度进行修改,或在新体系建设过程中,采取措施，保持有关法规制度的连续性和严肃性。

二是加强国际化研究。开展国外工程建设标准化情况研究是建设国际化工程建设标准体系的基础依据和理论支撑。只有摸清国外情况，找出国内国外的区别与差别，才能做到知己知彼百战百胜。对国外工程建设标准化情况的了解和研究，应当说各级工程建设标准化管理机构始终是非常重视的。过去主要是为了借鉴国外经验，积极采用国际标准和国外先进标准，进而提高我国有关标准的质量和技术水平，为我国开放建设市场，提供更符合国际惯例和要求的技术规则和管理制度。近十多年来，虽然进一步加大了对国外工程建设标准化情况的研究目标也开始向了解国际国外建设市场规则和要求，为企业开拓海外市场和"走出去"方向转化。但就整体而言，这些研究还是很初步的，或者说还只处于起步阶段。具体表现为：各取所需、各自为政，重复翻译、反复论证，既缺乏全面性、系统性，也缺乏协调性、权威性，很多研究工作在低水平上重复劳动。这种状况，显然不能满足建设国际化工程建设标准体系的需要。为此，建议国家有关部门或工程建设标准化机构，尽快构建一个国际化问题的合作研究平台，整合有关方面的力量和资源，统一步调、协作配合，发挥有关方面的比较优势，实现在研究内容上相互协调、分工合作，在研究成果上共同拥有、共同分享，为建设国际化工程建设标准体系提供权威的、可借鉴的依据和理论支持。

三是制定发展战略规划。发展战略规划是建设国际化工程建设标准体系的基本要求和总体安排，是推进工程建设标准体系全面、协调、可持续改革发展的系统规划和顶层设计。在过去的近 70 年间，我国工程建设标准化得到了不断发展，标准化的管理体制、工作机制，工程建设标准的覆盖范围、数量质量，以及工程建设标准化人才队伍的能力、水平等，都发生了重大变化，取得了丰硕成果和长足进步。充分利用好这些既有的发展成果，对于高起点、高速度、高质量地实现工程建设标准体系的转型升级十分重要。这既是新时代推进工程建设标准体系改革发展的优势之所在，也是建设国际化工程建设标准体系的必然要求。另外，建设国际化工程建设标准体系是一项系统工程，需要统筹谋划、协调推进。因此，建议在推进国际化工程建设标准体系发展的过程中，高度重视顶层设计，及时组织力量研究制定发展战略规划。总结既有的工程建设标准化发展成果和实践经验，围绕推进我国工程建设技术、产品、服务国际化和提高水平的需要，结合国际建设市场和国际通行规则，明确建设国际化工程建设标准体系的指导思想、基本原则、目标任务、发展要求、推进方法以及有关的对策措施等，做好顶端决策、要素协调、整体把控，为建设国际化工程建设标准体系奠定了坚实的发展基础。

四是推动重点领域突破。重点领域突破是建设国际化工程建设标准体系的必然选择，也是推进国际化工程建设标准体系建设的基本工作方法。其主要原因在于建设国际化工程建设标准体系必须适应国际通行规则，只能站在国际的角度实现我国工程建设标准体系的转型升级。做到这一点，需要有两个起码的前提条件：一是熟悉和掌握相应的国际通行规则，二是了解和掌握相应的国际现状和需求。由于建设工程的类型比较多，从房屋建筑、城市基础设施到工业建筑、水利、电力、水运、公路、铁道、石油、石化、矿山等建设工程，相互间的差异也比较大，而且其相应的国际通行规则也不尽相同，因此，不同的工程领域，需要区别对待。从目前对国外研究的情况看，不同领域的研究深度和对国际现状、需求等的掌握情况是不完全一样的，有的已研究很清楚了，而有的只是研究了局部，也有尚未开展研究的，因此，不可能做到齐头并进。另外，建设国际化工程建设标准体系需要国际社会对中国方案的关注和认同，比较容易实现这一目标的是在我国的"国际领跑领域"，比如：高铁、桥梁、信息工程等，能够实现这一目标的是在人们最为熟悉而且量大面广的"传统建设领域"和"专业工程领域"，比如：房屋建筑、住宅建筑、电力工程、石化工程等，因此，必须突出重点，只有突出重点，才能做到事半功倍。根据目前工作进展情况，建议以"传统建设领域"为试点重点突破，按照国际通用模式，以我国现行标准为基础，先由"一箱标准"向"一项标准"过渡，形成"1＋N＋X"标准体系构架。"1"是指一个领域或一类工程制定的"一项标准"，其特点是政府批准的、综合性的或具有权威和约束作用的；"N"是指被"1"引用的基础标准或涉及质量安全的通用标准，其特点是政府批准的、具有权威性和基础作用的；"X"是指被"1"或"N"引用的其他标准，其特点可以是国内团体的、企业的，也可以国际组织或国外团体、企业的。同时，选择一批"国际领跑领域"，按照"1＋N＋X"模式，成体系、成系列地制定或整合一批国际"领跑者"标准，引领世界技术标准发展进步。

五是做好政策协调配套。政策协调、政策配套是建设国际化工程建设标准体系的重要工作内容，直接关系到构建工程建设标准新体系的广度、深度和力度。建设国际化工程建设标准体系不仅仅是制定适应国际通行规则要求的工程建设标准，形成工程建设标准体系，同时还应当包括与其相适应的技术支持体系、推广应用体系以及技术服务体系等，这些不同的体系，共同构成了国际化的工程建设标准新体系。从技术支持体系上看，包括了标准化的基础理论和科技研究、团体标准和企业标准制定、新技术和新产品工程应用研发等方面。从推广应用体系上看，包括了工程建设标准的外文版翻译并形成外文版体系、多边或双边标准互认、交流或合作以及与工程建设标准推行有关的认证、检验检测、工程保险和再保险等的互认、交流或合作等内容。从技术服务体系上看，包括了工程建设标准的对外宣传、人员培训以及技术咨询、信息服务等范畴。建议在建设国际化工程建设标准体系的过程中，做好这些方面的政策协调和政策配套，为在新时代全面发挥工程建设标准的约束和引导作用，提供坚强而有力的政策保障。

二、加快工程建设标准国际化步伐是历史必然、时代课题 ❶

标准作为新技术产业化、市场化的关键环节，世界"通用语言"，已成为国际经济和科技竞争制高点，在促进全球经贸、技术、环境、社会等可持续发展方面越来越发挥重要作用。今天，国际不仅通过标准建立合作关系、统一市场规则、促进公平竞争，而且更多表现为"标准竞争"。所谓"得标准者得天下"，就揭示了标准的全球影响力。谁掌握了标准的主动权，谁就占领了先机，谁就掌握了市场竞争的主动权，发达国家就纷纷把推进本国标准成为国际标准或事实上的国际标准作为标准化战略的重中之重。对此，党中央、国务院《关于构建开放型经济新体制的若干意见》已经明确提出，要增强我国在国际标准制定中的话语权，加大与主要贸易伙伴开展技术标准等方面交流合作与互认的工作力度。国务院《深化标准化工作改革方案》、《国家标准化体系建设发展规划（2016～2020 年)》，

❶ 本节执笔人：李铮，住房和城乡建设部标准定额研究所

也明确要求"提高标准国际化水平"、"标准国际化水平大幅提升"。为此，我们必须清楚认识标准国际化的重要作用与历史必然，回答加快工程建设标准国际化步伐、提升标准国际化水平的时代命题。

（一）标准从"引进来"到"走出去"是必然的历史演进

1. 我国改革开放历程就是从"引进来"到"走出去"的过程

党的十一届三中全会吹响了改革开放的号角，会议明确提出："在自力更生基础上，积极发展同世界各国平等互利的经济合作"。回顾改革开放40年发展历程，在不断探索和实践过程中，我们历经了"引进来"为主、"引进来"和"走出去"相结合、互利共赢对外开放战略阶段。

改革开放初期，我国经济百废待兴，资金、技术匮乏，为改变这种面貌，我们必须借助国外资金、技术，重要的方式就是要积极地"引进来"。"引进来"为主的开放战略一直延续到20世纪90年代中期。通过"引进来"，使国内市场与国际市场逐渐接轨，形成了一定的比较或竞争优势。从发展中国家的发展来看，也都是先"引进来"，"引进来"和"走出去"存在着先后发展的顺序规律，我国在国际化的实践过程中也体现出这个规律性特征。初期的"引进来"为后期的"走出去"提供了物质基础、产业基础，也为"走出去"带来示范效应。

为适应经济全球化趋势的新发展，满足可持续发展的内在要求，对外开放不仅要"引进来"，还要"走出去"。"走出去"是我国企业走向国际舞台、更高层次地融入到全球经济中的客观要求。1996年，中央领导明确提出"走出去"战略，党的十六大报告指出"实施'走出去'战略是对外开放新阶段的重大举措"，"坚持'引进来'和'走出去'相结合，全面提高对外开放水平。""引进来"和"走出去"相结合，可以更好地利用国内外两种资源、两个市场，在更大范围、更广领域和更高层次上参与国际经济合作和竞争，形成参与国际经济合作和竞争的新优势，进一步提高我国开放型经济水平。

在经济全球化深入发展和我国全面开放的背景下，我国发展与世界经济联系日益密切，单方面发展，零和博弈思维已不适应世界大势。为了应对世界经济全球化的新趋势、新挑战，使我国外向型经济发展又好又快，2007年，党的十七大明确提出互利共赢的开放战略。十九大报告也指出，"要以'一带一路'建设为重点，坚持'引进来'和'走出去'并重，遵循共商共建共享原则。必须统筹国内国际两个大局，奉行互利共赢的开放战略"。改革开放从单向到双向，再到强调共同发展、共赢发展、共享发展成果，这是我国经济、社会发展的客观需要，融入世界、引领世界的历史必然。

2. 标准化发展与国家对外开放战略同步，服务于"引进来"和"走出去"

（1）标准化走过注重采标、正在步入并将走上实质参与、主动引领的发展之路。

我国标准化事业的发展历程并不是孤立存在的，它是和国家的经济、政治和社会发展紧密相连。回顾历史，可以清楚地看到，适应不同经济、技术基础的标准化发展脉络。概括讲，经历了"学习采标、积累经验"时期和"重点突破、主动引领"时期，而且每个时期又有不同发展侧重点的不同发展阶段。

新中国成立后的相当一段时间，主要是学习、引进苏联标准，改变了旧中国遗留下来的技术标准因地而异的"万国牌"状况，重点领域制定了我国标准。改革开放后，国家实施"引进来"为主的开放战略，眼光进一步面向世界，标准化战略实施"双采方针"，重点是学习采用国际标准和国外先进标准，跟踪了解国际标准化发展动态，积累国际标准化工作经验。2001年我国加入世贸组织后，对外开放水平全面提高，标准化工作积极适应"走出去"战略，更强调实质性参与国际标准化活动，全面提升我国在国际标准化组织中的影响力和地位，积极组织和推进我国优势和关键技术标准成为国际标准。2013年，习近平总书记提出共建"丝绸之路经济带"和"21世纪海上丝绸之路"的"一带一路"战略构想。这一战略构想不仅意味着互联互通，更体现互利共赢，顺应了世界多极化、经济全球化、文化多样化、社会信息化的潮流，也为标准化发展指明了重点，要求不断深化与"一带一路"沿线国家标准化双边多边合作和互联互通，加快提高标准国际化水平，全面服务"一带一路"建设。自此，中国标准"走出去"的呼声更加高涨，大力推动中国标准"走出去"成为主基调。未来，随着我国经济、社会、生态、文化等领域的新发展，必将更多主导制定国际标准，引领新兴产业、社会民生等关键领域国际标准化发展，标准国际化定会取得新的突破。

（2）国家标准化政策也清楚刻画了标准"引进来"与"走出去"的演变。

1962年，国务院颁布的《工农业产品和工程建设技术标准管理办法》规定："对适合我国需要的国际性技术标准，应当参考采用。"1979年实施的《中华人民共和国标准化管理条例》规定："对国际上通用的标准和国外的先进标准，要认真研究，积极采用。"1988年颁布的《中华人民共和国标准化法》规定："国家鼓励积极采用国际标准。"2002年印发的《关于推进采用国际标准的若干意见》明确，"采用国际标准和国外先进标准是我国的一项重大技术经济政策。"2015年国办印发的《国家标准化体系建设发展规划（2016～2020年）》规定："坚持与国际接轨，统筹引进来与走出去，提高我国标准与国际标准一致性程度。""标准国际化水平大幅提升。"2017年，新修订的《中华人民共和国标准化法》规定："国家积极推动参与国际标准化活动，开展标准化对外合作与交流，参与制定国际标准，结合国情采用国际标准，推进中国标准与国外标准之间的转化运用。"由此可见，国家标准化政策清楚刻画了从"参考采用"到提倡"双采"再到"提高标准国际化水平"这一发展路径，这与我国改革开放的路径契合，是经济、技术发展的客观需要。

（二）工程建设标准国际化的现实意义

标准国际化是以服务我国标准化战略、创建中国标准品牌为主要任务，以实质性参与国际标准化活动，跟踪、评估和转化国际标准、国外先进标准，实施双边或多边标准化策略，构筑良好的标准化国际合作关系为主要内容，从而实现相互转化、优势互补、互联互通、互利共赢的目的。

1. 标准国际化是建设现代化经济体系的现实需要

党的十九大报告指出："建设现代化经济体系是跨越关口的迫切要求和我国发展的战略目标"。建设现代化经济体系就要求牢牢把握提高供给体系质量这个主攻方向，牢牢擎住以创新引领发展这个战略支撑。

标准国际化就是质量提升、技术创新的重要原动力。通过跟踪、评估和转化国际标准、国外先进标准，参与国际标准的制定，可以促进包括工程标准在内的我国标准水平的跃升，实现产品、工程和服务质量提高，也必将提高供给体系质量，增强我国经济质量优势。提升标准国际化水平，客观要求必须主动适应和把握世界科技革命和产业变革新趋势，通过吸收先进技术与经验，自主研发少走了弯路，关键技术领域实现了突破。新技术又催生高质量标准，使我国标准形成国际标准成为可能。通过优势技术包括专利的标准化，进而标准的国际化，掌握了竞争的主动权，又进一步激励了企业创新，不断形成创新—标准—高质量的螺旋式上升，不断促进建设现代化经济体系战略目标的实现。

2. 标准国际化是提高标准话语权、掌握竞争主动权的关键手段

进入 21 世纪，经济全球化和市场国际化趋势加快，国际标准在世界贸易中的作用愈加重要。发达国家历来都把标准竞争作为科技竞争、产业竞争的制高点，世界各国借助技术法规、标准和合格评定构筑了"三位一体"的"市场准入门槛"，技术专利化、专利标准化、标准国际化这一特征更加明显，特别在战略性新兴产业领域更是如此。

在我国企业大踏步进入国际市场的今天，我国工程和产品在工程承包、国际贸易中时时面临着国外标准的制约，"中国投资、国外标准"的现象也十分突出。2015 年，李克强总理在审议推进标准化工作改革时指出，要提高标准国际化水平，努力使我国标准在国际上立得住、有权威、有信誉，为中国制造走出去提供"通行证"。标准国际化的过程就是吸收世界各国先进成果为我所用、发挥我国标准影响力的过程，就是努力成为市场规则的参与者、制定者的过程。若不能掌握工程建设标准的话语权，就意味着企业自有技术和所熟悉的物资、装备供应资源将难以发挥其应有的价值，海外投资和工程建设的价值难以最大化，就难以在技术、贸易领域占据竞争主动权。

3. 标准国际化是"一带一路"建设的助力器

"一带一路"建设，是党中央、国务院根据全球形势深刻变化、统筹国内国际两个大局做出的重大战略决策。与沿线国家和地区开展标准化交流合作是推进"一带一路"建设的重要内容，"一带一路"战略给我国标准国际化带来了机遇，标准的双边多边合作必将促进政策沟通、设施联通、贸易畅通。

政策沟通是"一带一路"建设的重要保障。技术法规、标准与合格评定的制度安排，标准互认对接的顶层设计等是标准国际化在宏观层面的首要问题，也是政策沟通的重要内容。这就要求参与国进行反复协商，最终达成共识，并将不同国家的不同需求转化为发展的战略、规划、规则，服务"一带一路"建设。

基础设施互联互通是"一带一路"建设的优先领域，也是标准走出去的重要方面。设施联通是要在共商的前提下加强基础设施建设规划、技术标准体系对接，共同推进基础设施网络建设。互联互通、标准先行，加强沿线各国标准对接，推动标准互通，将为"一带一路"沿线国家基础设施互联互通、安全运行提供强有力的保障。我国在铁路、电网、水坝、桥梁等基础设施领域的建设能力居世界首位，形成了完整的标准体系和质量体系。我国标准的"走出去"、与沿线国家标准的互认对接可以为"一带一路"国家提供优质基础设施建设服务，为"一带一路"建设注入强大的动力。

贸易畅通是"一带一路"建设的基点，是衡量合作成效的主要尺度。无论是推进基础设施互联互通还是促进产能合作，最终均转化为贸易转移与贸易创造效应。我国对沿线区域贸易出口主要集中在机械、冶金、电气工程、车辆工程和服装工业五大行业，其中，电气工程和机械行业类贸易量最多。我国与沿线国家之间战略契合度高，经济互补性强，作为制造业第一大国，拥有资本与技术比较优势。研究表明，在贸易往来越紧密的领域，我国标准体系越完善，沿线国家认可度较高，具有标准"走出去"的基础。因此，标准国际化将会促进检验检疫标准的一致性以及贸易制度的对接，减少贸易技术壁垒，充分发挥标准、计量、认证认可、检验检测在贸易畅通的桥梁纽带作用，起到对产能合作的良好基础支撑作用，助力"一带一路"建设。

（三）努力回答工程建设标准国际化的当代之问

1. 标准国际化取得进展，同时面临诸多挑战

通过标准的"引进来"和"走出去"，我国标准国际化取得重大进展。2008 年 10 月正式成为 ISO 常任理事国，2010 年 10 月正式成为 IEC 常任理事国，2013 年，我国再次实现 ISO 技术管理局的"入常"，国际标准话语权逐步增强。我国提出制定的国际标准数量不断增加，中国提交并立项的 ISO/IEC 标准接近 600 项，已发布 500 多项，国际标准化贡献率跃居第五。中国主导制定的特高压、新能源接入等国际标准成为全球相关工程建设的重要规范。开展了 770 多项国外技术法规和技术标准系统研究，以及国际工程技术标准与国内标准差异化的比对分析、国外工程应用设计标准案例研究等。加强与国外标准的互认工作，目前，我国已与英国、法国、俄罗斯等 21 个"一带一路"沿线国家签署了标准化互认合作协议。重视标准的翻译、推广工作，如翻译工程建设国家标准、行业标准，截至 2018 年 6 月，计划下达 225 项，完成 136 项。通过资金带技术、技术带标准的模式，我国承建的许多铁路、轻轨、电站、水坝等工程全部采用中国标准，标准国际影响力日益增强。

同时，必须看到提高标准国际化水平挑战仍多。主要问题是：由于历史、文化、技术等原因，中国标准在国际上认可度不高；体系框架存在差异，造成理解障碍；缺乏先进技术的支撑，新技术、新领域标准更新较慢；缺乏综合的，且被国际市场认可的标准权威外文版本；已翻译出版的工程标准缺乏系统性；具有国际咨询工作经验，对中外标准都比较熟悉的人才稀缺；中国标准推广力度不足等。

2. 写好"标准国际化"这篇文章的宏观思考

（1）推动工程建设标准国际化需要制定并坚定实施战略

战略是着眼全局、谋划实现全局目标的规划，是中长期标准国际化工作的顶层设计。制定战略的过程就是基于中外的全局观察、现状与未来的思考进行的综合分析与系统规划的过程，是厘清主攻方向、突破重点的过程，是明确原则、目标、时间表、路线图的过程。制定标准国际化战略有利于明确未来工作的方向和战略重点，有利于对内与对外协调机制的建立，有利于保持发展的稳定性、持续性，有利于"一带一路"沿线国家及地区标准国际化的分类施策。战略的制定是基础，实施才是关键。要使工程建设标准国际化有所突破，必须深入调研、广纳才智形成可实施的战略，并持之以恒，分步加以实施。

（2）工程建设标准国际化是系统工程、长期工程

标准国际化受诸多因素影响，特别是我国标准"走出去"首当其冲的就是面对历史、文化因素。非洲、拉美等多数原殖民地国家在历史、文化、语言方面受宗主国影响较大，对欧美标准更熟悉，存在对欧美工程标准的路径依赖，欧美标准形成了自然垄断地位。在技术、标准层面，首先面临着工程设计与监理的选择问题，它是决定采用什么标准的重要影响因素。非洲、拉美等国就多聘用欧美国家的公司提供设计、监理等咨询服务，对我国

标准"走出去"增加了初始难度。同时，技术竞争力的差异、标准体系框架的差异、标准本身的差异也是影响标准走出去的关键因素。此外，我国工程标准翻译版的系统性、完整性，翻译水平的高低，翻译语种的选择，标准的推广力度以及熟悉中外标准化人才的养成等都是标准国际化这个"系统"的组成。影响因素的多样性决定了这项工程的复杂性、长期性、渐进性，标准国际化绝不是标准化自身的孤立问题，是与历史、文化、政治、经济、技术多领域相关。因此，要推动工程建设标准国际化，必须多策并举、协同推进、持续推动，毕其功于一役的想法是不现实的。

（3）工程建设标准"走出去"是形式多样的

工程建设标准"走出去"有多种表现形式，不应简单拘泥于国际工程采用国内使用的标准。我国国内使用的标准全部在国际工程中应用、编制符合国际工程标准惯例且方便国际工程使用的标准、我国标准转化为国际标准等是标准"走出去"的直接形式。以我国技术为主、与当地标准融合形成"新标准"，我国标准转化为国外标准等也应属标准国际化，是标准走出去的间接形式。特别对工程建设而言，由于地理、气候的不同，采用我国技术，结合当地情况形成当地标准，避免了政治障碍，促进了设备、产品、服务的输出，实现双赢，也不失为好的做法。

3. 推动工程建设标准国际化向纵深发展

如何提高标准国际化水平，国家相关文件明确了政策、措施，国内专家、学者根据不同领域的实践，也提出了诸多对策、建议。新时期，标准"引进来"与"走出去"面临着新的形势、新的问题，客观要求我们要有新的探索。

（1）标准国际化的有效途径

提高标准国际化水平不仅要有宏观战略，更要通过战术方法实现战略目标。改革开放40年来，经过不断探索，特别面对标准"走出去"的呼声愈加高涨的情况，广大工程技术人员、标准化工作者已逐步探索出标准国际化的有效途径：始终坚持国际标准、国外先进标准为我所用，结合国情采用国际标准；支持和鼓励实质性参与国际标准化工作，积极参与国际标准制定；加强标准化的交流与合作，建立标准对接、标准共建与互认机制；开展中国标准"走出去"需求分析；加强标准的基础研究及标准翻译、对比工作；制定优惠政策，以资本带工程、以工程带技术、以技术带标准、又以标准促工程，形成相互促进；加大标准宣传、推广力度，提高标准国际化意识；大力培养熟悉中外标准的技术与商务人才；建设基础设施精品工程、示范工程，扩大中国标准国际影响力等。

（2）标准"引进来"要有新发展

标准国际化是"引进来"与"走出去"的辩证统一。为了更快走出去，就需高质量引进来，我国标准制定的国际参与就是高质量引进来的重要措施之一。过去包括工程建设标准在内的我国标准化工作主要是研究、采用国际标准和国外先进标准，对引入国外人才智力缺少具体政策，对国外公司参与编制工程建设标准政策不明。2015年，国务院办公厅印发的"《深化标准化工作改革方案》行动计划（2015～2016年）的通知"指出，鼓励外资企业参与我国标准化活动，营造更加公开、透明、开放的标准化工作环境。因此，为提高标准质量，扩大标准国际影响力，引入国际人才参与国内标准编制是有益的，这项工作可以从工程建设团体标准开始试点，取得经验并逐步形成可操作的政策。事实上，国外标准制定组织就重视智力的引进，如美国ASTM，鼓励国外技术专家直接参加ASTM标准制定活动，该组织中国会员总数已经达到 800 余人。这些专家不仅参与标准制修订，还将先进技术写入 ASTM 标准中，扩大了标准的影响。

（3）标准"走出去"更有针对性

我国在工程标准的外文翻译方面虽已做了大量工作，但总体影响小，作用发挥不充分，究其原因主要是国内标准体系与国外标准体系不同。国内标准分部门、分专业、分阶段制定，这是国情所定，是我国标准化的历史发展使然，并已为国内工程界所接受。但对习惯欧美综合性标准的很多国家来说，一项工程要使用建设、环保、机电等不同部门、不同专业、不同工程阶段的众多工程标准、产品标准，造成理解难、操作难，大大影响了我国标准在国际工程的应用。因此，针对国际工程，应采取内外有别的方针，参考国际通行做法，以量大面广的房屋建筑为突破口，整合、再造国内标准，编写制定不区分工程标准与产品标准、多专业融合、突出绿色安全与人本理念等内容的技术先进、综合配套、符合国际惯用的中国标准国际版，同时辅以中外标准对照使用指南，使工程标准"走出去"更有针对性。

三、工程建设标准国际化现状及发展建议 ❶

（一）中国标准在海外工程应用情况

近年来，我国工程建设标准在海外建设工程中应用不断增多。但总体上，欧美国家的标准在国际上影响较大，很多国家首先主导采用本国标准，但对欧美国家先进标准的应用持积极的态度。相比较而言，中国标准在国际上影响力较弱，而且在不同地区、不同项目中应用有很大的差异。具体情况如下：

1. 房屋建筑和基础设施领域中国标准应用区域小

通过中国建筑股份有限公司和中国交通建设集团公司调研了解到，房屋建筑和基础设施领域的工程建设项目，在不同地区对标准应用呈现不同的要求。

中亚地区主要采用俄罗斯标准；南亚地区主要应用欧美标准体系，其当地标准很多也借鉴了欧美标准；东亚地区大部分国家有较为完善的本国标准体系，以应用本国标准为主；西亚地区、中东欧、加勒比海及南美地区，标准体系较为完善，因此绝大多数采用当地标准，或与欧美标准混合采用，特别是加勒比海地区基本采用美国标准；非洲仅有南非和埃及等少数国家有本国标准，大部分国家选用欧洲的标准。

中国标准在南亚、东南亚和非洲的部分工程项目中有所应用，一般是应用在援外项目中，非经援类项目使用比例很低。但近年来，对于经援项目，一些国家也要求应用欧美标准。表 4-1 所列项目选用的标准基本反映了目前的情况。

部分海外工程建设项目选用标准情况　　　　　　　　　　表 4-1

项目名称	所在国家	选用标准
雅加达印尼一号项目	印度尼西亚	英标、美标、新加坡绿建体系
吉隆坡标志塔项目	马来西亚	英标、美标、马来西亚标准、CONQUAS 体系（新加坡标准）

❶ 本节执笔人：曾宪新，李大伟，住房和城乡建设部标准定额研究所

项目名称	所在国家	选用标准
PKM 高速公路项目	巴基斯坦	巴基斯坦标准＋美国标准＋中国标准
瓜达尔自由区项目（援建）	巴基斯坦	中国标准
喀喇昆仑公路项目（援建）	巴基斯坦	中国标准
瓜达尔东湾快速路项目（援建）	巴基斯坦	英国标准
隧道项目（援建）	孟加拉	中国标准
孟中友谊中心项目（援建）	孟加拉	中国标准
孟买塔那住宅项目	印度	印度标准＋中国标准
柬埔寨国家体育场项目	柬埔寨	中国标准
南北高速公路项目	阿尔及利亚	欧洲标准
国家一号公路项目	刚果（布）	法国标准
南苏丹码头（援建）	南苏丹	中国标准
乌干达高速公路（援建）	乌干达	中国标准
蒙内铁路项目（援建）	肯尼亚	中国标准
赤道几内亚斜拉桥（援建）	赤道几内亚	中国标准
新首都 CBD 项目（中国融资）	埃及	埃及标准＋美国标准＋英国标准
俄罗斯联邦大厦项目	俄罗斯	俄罗斯标准
华铭园项目	俄罗斯	俄罗斯标准

2. 工业领域中国标准应用较好

通过中国有色工程有限公司调研了解到，工业领域建设项目在安全、质量、环保、职业健康等方面，一般情况下优先采用项目属地国技术法规；对于其他技术标准，主要是由业主方按照对不同国别和区域标准的认知、认可程度以及文化理念选用。由于我国在部分领域具有工艺和装备上的优势，中国标准在工业领域的海外工程项目应用较好，在中国技术具备绝对竞争优势的项目一般都采用中国标准，做到了技术、标准、工程一体化。如中国有色工程有限公司承建的巴布亚新几内亚瑞木镍钴项目、埃及硫磺制酸项目、纳米比亚硫磺制酸项目、老挝东泰钾盐矿项目以及印度德里巴铅项目，土建工程基本采用中国标准，在安全、环保、消防、电讯等方面采用当地标准或国际标准，设备和装置主要采用制造国标准或国际标准。特别是在巴布亚新几内亚承建的瑞木镍钴项目，所应用的 600 余项标准中，中国标准占到 80％以上。

3. 能源领域应用中国标准与欧美标准大体相当

通过中国电力建设集团公司和中国石油化工集团有限公司调研了解到，在能源领域，根据中国电建国际公司对近十年所承建的 362 项国际工程使用技术标准情况的统计，使用中国技术标准占到 40％，包括中国国家标准（GB）、中国电力行业标准（DL）、中国水利行业标准（SL）和其他中国标准（见图 4-1）。但也呈现出资金来源和地区的差异，在中国提供工程贷款或投资的项目中应用比例相对较高。从地区看，中国技术标准应用情况最好的是东南亚地区，美洲地区则较少采用中国技术标准。石化工程项目也呈现出类似的情况。

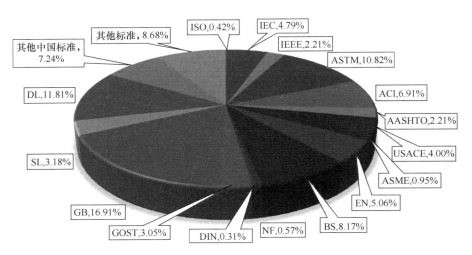

图 4-1　国际电建工程应用标准情况

但在新能源风电项目方面，据中国水利水电规划总院统计，目前，欧美等发达国家已经形成了完整的风电机组整机和零部件技术标准，以及涵盖设计评估、质量管理体系评估、制造监督和样机试验等环节的风机型式认证体系，其中丹麦、德国和荷兰在此领域处于世界前列。根据对中国承建的 36 个国际风电工程中使用技术标准情况的统计，所有工程项目中使用的各类技术标准共计 2413 项，使用到的中国技术标准有 615 项、占 19%，主要还是采用国外技术标准。

另据对中国承担的 23 项太阳能发电开发项目应用标准情况统计，全部采用中国标准的项目 1 项，采用国际标准的项目 19 项，同时采用外国标准和中国标准的项目 3 项。由此可见，目前中国所参与太阳能发电工程主要还是采用国际标准或国外技术标准。

（二）中国工程建设标准国际化的情况

近年来，中国建筑股份有限公司、中国交通建设集团有限公司、中国电力建设集团有限公司、中国石油化工集团有限公司等单位，为避免应用国外标准对承建海外项目产生的不利影响，均加大投入开展了中外工程标准的对比研究，从他们的研究结果看，目前我国工程建设标准与欧美标准有较大的差异，主要表现在以下几个方面：

1. 难以适应海外工程建设管理模式

我国工程建设标准体系是按照我国的工程建设管理模式构建的，即针对勘察、设计、施工、验收等环节的技术要求制定标准，规定了各专业的工作内容、成果要求及技术方法，目标是对技术人员的行为进行指导和规范，通过过程控制，来保证最终的工程实体质量。但国外工程管理普遍采用 EPC（工程总承包）模式，成果要求、专业划分与我国均有很大的差异，导致我国现行的工程建设标准与之的匹配性较差。比如，国外在 EPC 模式下，图纸表达深度要比我国深，同时要求设计单位不仅完成施工图，还要编制技术规格文件，文件中要包括设计说明、计算书、施工工艺、验收标准，对于设备、材料和建筑产品等要完成选型和确定规格，甚至要选择品牌，施工过程中很少调整。而我国在设计阶段仅完成设计说明和计算书，施工工艺和验收标准执行国家的标准，设备、材料和建筑产品的选用在施工过程中由建设单位和施工单位确定。专业划分上，国外的消防和岩土工程均为独立的专业，我国消防由建筑专业承担，岩土工程主要由建筑结构专业承担。

2. 标准体系分类方式不同

欧美工程建设标准的系统性比较强，通常将地质勘察、材料选择、工程设计、施工与监测等内容都集中在同一标准中，形成了一个较完整体系，比较好地解决了标准的内在联系，妥善处理了标准间可能存在的重复或矛盾问题。比如，欧洲结构规范是目前土建设计领域较为完善的一套区域性国际标准，基本覆盖所有的土建工程领域，包括工民建、公路、铁路、水利水电、港口码头等工程，各项规定较为全面，地域和环境适应性强。ISO和IEC等国际标准，本身具有较为科学的分类方法，加上在管理体制机制上能够充分协调，使其标准体系内部一致性较好，标准之间不存在矛盾和冲突。而我国工程建设标准是由不同主编单位组织起草，且相关标准制修订不同步，部分专业的通用标准由于领域分块管理，在不同类型的工程中通用性较差，比如水利、铁路等行业都有混凝土结构设计规范。因此标准间协调性有待进一步提高，标准体系框架有待完善。

3. 标准编写思路存在差异

工程建设标准作为工程建设的"方法"标准，欧美标准体现出"功能性能化"特征，将理论、原理、概念、方法、措施和技术要求全部在标准中予以体现。比如，欧洲岩土工程标准由基本原理、应用规则和工程数据构成，强调对基本原理的把握，应用规则是对基本原理的实施性说明，很少向标准使用者提供具体的工程参数取值。而我国标准体现了很多"药方式"技术要求，灵活性不够，使我国的工程建设标准"包容性"、"适应性"不足，技术人员的自主权受到一定限制，国外的技术人员也不容易理解。我国企业在承担海外工程项目时，经常出现用我国的工程建设标准进行设计，需要用欧美标准进行核算后，再编制技术文件。

4. 工程设计基础差异大

中外工程建设的目标和原则基本一致，但在实现建设目标的路径和方法、工程设计基础方面差异较大。中、美、欧建筑结构规范理论上基本一致，在设计方法和基础技术参数上还存在一定差异，包括受力构件验算、抗震设计、荷载取值、荷载分项系数、地震作用、混凝土等级划分等方面。另外在建筑设备选用与配置方面也有一定的差异，包括排水系统的要求、卫生洁具的要求、消火栓的配置与用水量等方面。还有，在建筑材料和产品、钢材强度等级和规格方面，中外有很大的差异，空调系统所涉及设备众多，海外项目如果按照中国标准设计经常面临设备采购的困难。再有，我国的产品认证制度不够完善，建筑材料和产品没有经过认证，在国外工程中则很难采用。

（三）存在的问题与原因

从调研的结果看，欧美标准在国际上影响力较大，应用较为广泛。虽然，我们依托大规模工程建设取得的成就，构建了较为完善的标准体系，工程建设标准水平与发达国家的标准水平大体相当。但是，中国标准在海外建设工程中的推广应用，更多是要靠国家对外经济援助项目建设和中国企业对外投资项目建设的带动，近些年来，我们组织开展了大量工程建设标准外文版翻译工作，中国建筑股份有限公司、中国交通建设集团有限公司、中国电力建设集团有限公司等企业为在海外工程中应用中国标准，也翻译了大量的中国标准，积极向国外技术人员和管理人员推荐，并邀请国外技术人员到中国实地考察。即使这样，仍然难以被接受，需要通过应用中国标准的成功案例不断积累，才能够逐步得到认可，过程非常艰辛。所以，与欧美标准相比，目前存在的主要问题是中国标准国际接受程度低。主要原因有以下几个方面：

1. 受文化和教育背景的影响

非洲和东南亚很多国家原为欧洲的殖民地，宗主国已经将其文化渗透入殖民国家的文化中，其标准已经融入到当地的文化中，目前依然有较深的影响。美国在二次世界大战后，依托其影响输出文化，影响着世界很多地区，特别是南美、中东地区，再加上目前很多发展中国家的高层管理人员和技术人员均有在欧美国家受教育的背景，对欧美国家的标准普遍接受，使得欧美国家的标准成为世界性或地区性的主流标准；有些国家的行业协会、管理部门虽制定了自己的标准，但内容大多摘录英标、美标，如印度尼西亚基本使用美国标准，马来西亚标准中 80％使用英标、10％使用美标、本国标准仅为 10％，泰国 90％使用英标，以色列及中东地区基本上使用美国标准。

2. 中国工程咨询业较弱

海外工程项目管理体制、管理方式与我国有较大差异，海外的工程项目普遍采用"工程咨询"的方式。对招标类项目，一般在招标文件中确定采用的标准，即由业主确定采用的标准，但实际上由于业主专业能力的局限性，普遍会聘请专业的咨询公司编写招标（合同）文件，文件中确定选用的标准，因此工程咨询公司对采用什么标准具有很大的发言权。欧美等发达国家的工程咨询企业实力强，在国际工程咨询领域占有相当大的份额，在国际工程产业链上游有很大优势，有些国家在招标文件中直接规定了必须采用欧美标准。

3. 欧美国家在标准推广方面具有优势

欧美国家在国际标准化组织中占有绝对的话语权，制定了大量的国际标准，包括国际标准化组织（ISO）和国际电工委员会（IEC）标准。欧洲标准化委员会（CEN）与 ISO 正式签订了技术合作协议，目前约 40％CEN 的标准已转化为 ISO 标准，75％的欧洲电工标准化委员会（CENELEC）制定的标准已转化为 IEC 标准，在国际标准推广应用过程中也使得欧美国家标准得到认可，最起码国际标准、欧洲标准以及欧洲各国的标准保持相同或相近的编写模式及体例，容易被接受。再有，美国的标准化工作主要依托行业协会，而且其行业协会全球影响力很大，协会大多采用会员制，其会员来自于全世界的工程界。在标准制定过程中，各国会员都能够参与其中，标准立项及修改征求意见具有广泛性，其标准被许多国家和企业借鉴和应用，诸多国际检测认证机构及各国标准化组织都采用或参照相关标准进行产品认证。同时，美国标准信息化水平较高，可以较为方便地从专业网站上检索到权威信息，有力助推了其标准的推广应用。

（四）工程建设标准国际化工作建议

目前，中国建设企业在国际建筑市场已经占有一定的份额。2018 年《财富》世界 500 强排名中，多家以工程承包为主业的中国企业榜上有名，其中中国建筑股份有限公司位居第 21 位，中国交通建设集团有限公司位居第 91 位，中国电力建设集团有限公司位居第 182 位。美国《工程新闻记录》（ENR）以 2017 年企业的全球工程承包营业收入为排名依据，发布 2018 年度 250 家全球最大承包商榜单中，54 家中国内地企业上榜，中国建筑股份有限公司、中国中铁股份有限公司、中国铁建股份有限公司、中国交通建设集团有限公司依次包揽了前4名，中国电力建设集团有限公司位居第6位，中国在前10强企业中占据7席。中国上榜企业的国际营业收入总额为1082.5亿美元，较上一年度增长17.4%，占全球承包商250强国际营业收入的23.5%；新增合同额为15195.7亿美元，比上一年度增长20.7%，占全球承包商250强新增合同额的65.5%。主营业务集中在房屋建筑、交通运输和电力行业，分别占上榜中国企业营业收入的40.5%、39.9%和7.8%，三者占比之和接近中国企业总营业收入的90%。这些数据也表明中国企业的国际化程度在不断提升。但由于在承建海外工程过程中大量应用国外标准，使得我国企业因为技术标准问题而遭遇重重困难，不确定因素增加，投标风险加大，履约举步维艰，技术标准问题成为严重制约中国工程承包商国际业务发展的重要因素之一。

下一步，建议我国的工程建设标准化工作聚焦提升中国标准的国际接受程度，加快构建国际化的工程建设标准体系，针对我国标准与欧美标准的差异，在推动工程建设标准化发展中学习借鉴国际国外标准化经验，不断完善"自我"，促进中国与各国标准化策略、机制、体系的相互兼容，使我国标准与国外先进标准在工程项目的安全、健康、环境等目标保障上协调一致，并能够适应国内外工程管理体制的要求，使得中外工程建设标准在项目建设中能够融合应用，不断提升我国企业的国际竞争能力，推动"一带一路"建设，加快建筑业"走出去"步伐，带动我国工程技术和产品"走出去"。具体工作措施建议如下：

1. 加强构建国际化中国工程建设标准体系顶层设计

当前，我国进入高质量发展和绿色发展的时代，面临错综复杂的国际局面，工程建设标准化工作面临更高的要求、更繁重的任务，既有发展的机遇，也面临严峻的挑战。针对构建国际化工程建设标准体系，注重加强顶层设计。深入分析所面临的形势，按照国际化需求，全面梳理现行的工程建设标准体系，总结我国工程建设标准化工作发展的成功经验，找准问题、明确思路，借鉴国际惯例，对标准体系改革和完善做出总体规划，提出改革目标、路径，明确工作任务、工作重点、保障措施，促进我国工程建设标准化工作健康、可持续发展。

2. 制定工程安全质量、人身健康、环保技术准则

保障安全、环保和人身健康是各国对工程项目管理的基本要求，也是工程项目建设过程中选用标准的基本衡量尺度。通过开展对不同地区、重点国家的建设项目管理法律法规制度的深入研究，突出安全、健康、环保的基本要求，结合我国的实际情况，制定工程项目在安全、环保和保障人身健康等方面的技术准则，并针对各类型工程项目细化为具体标准，作为工程建设标准体系建设和标准项目制修订的基本依据，也可作为中国工程建设标准在海外工程应用的"接口"。

3. 编制中外标准协调技术导则

深入开展中外工程建设标准对比研究，重点对比欧美标准，针对中外工程标准在编制思路、技术要求、设计基础、材料等方面的差异，组织编制"中外工程标准协调技术导则"，用于指导承担海外工程项目的我国技术人员应用欧美标准，也可作为向国外技术人员宣传中国标准的工具，同时作为"预备"标准，经过一段时间的实践应用检验后，完善我国的工程建设标准，促进提升中国标准国际化程度。

4. 构建国际化工作平台

借鉴国际标准化组织和发达国家标准化组织的工作经验，构建我国工程建设标准国际化工作平台，创新工作机制，加强工程建设标准制修订全过程信息公开，广泛吸引国内外专家、学者、工程技术人员、工程管理人员等各方相关人员参与我国的标准化工作，依托我国丰富的工程实践经验，提升我国标准制修订质量，提高标准的适应性，扩大标准的影响力。借鉴 ISO 和 IEC 标准分类方法，以及发达国家标准分类方式，构建以应用和需求为导向，以安全、健康、环保要求为统领，以专业技术为基础的标准分类构架，将设计、施工、验收、产品、试验方法等各类标准全部纳入，建立完备的标准数据中心。积极应用信息化手段，面向全社会提供标准查阅、咨询解释等服务，为工程技术人员提供支撑。并依托工作平台广泛开展国际交流合作，面向国际大力宣传，加快中国工程建设标准的国际推广应用。

四、工程建设团体标准发展探讨❶

（一）团体标准发展政策

随着国家政策的落地（图 4-2），团体标准在近几年发展势头强劲。

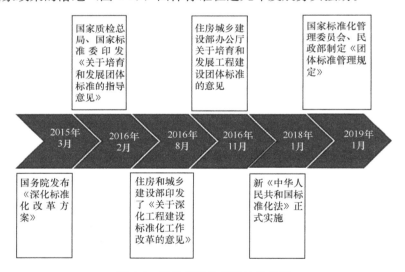

图 4-2　团体标准化相关法律政策

2015 年 3 月，国务院发布《深化标准化改革方案》，《方案》中提出"培育发展团体标准"，"在标准制定主体上，鼓励具备相应能力的学会、协会、商会、联合会等社会组织和产业技术联盟协调相关市场主体共同制定满足市场和创新需要的标准，供市场资源选择，增加标准的有效供给"，团体标准第一次被正式纳入国家标准体系。

2016 年 2 月，国家质检总局、国家标准委印发《关于培育和发展团体标准的指导意

---

❶ 本节执笔人：李铮，姚涛，住房和城乡建设部标准定额研究所

见》，明确了培育和发展团体标准工作的主要目标，并要求加强评价和监督。即"到2020年，市场自主制定的团体标准发展较为成熟，更好满足市场竞争和创新发展的需求"。具体表现有："团体标准数量和竞争力稳步提升。社会团体在市场化程度高、技术创新活跃的领域制定一大批具有竞争力的团体标准"；"团体标准制定机构影响力明显增强。团体标准化工作得到社会广泛认可，形成一批具有国际知名度和影响力的团体标准制定机构"；"团体标准化工作机制基本完善。社会团体自主制定标准的运行机制更加规范，第三方评估、社会公众监督和政府事中事后监管的机制更加健全"。并要求"建立第三方评估、社会公众监督和政府事中事后监管相结合的评价监督机制。通过第三方专业机构对团体标准内容的合法性、先进性和适用性开展评估。鼓励社会公众特别是团体标准使用者对不符合法律法规和强制性标准要求的团体标准进行投诉和举报，建立有关投诉和举报的处理机制，畅通社会公众监督反馈的渠道。"

2018年1月1日开始正式实施的《中华人民共和国标准化法》指出，"国家鼓励学会、协会、商会、联合会、产业技术联盟等社会团体协调相关市场主体共同制定满足市场和创新需要的团体标准，由本团体成员约定采用或者按照本团体的规定供社会自愿采用"。新《标准化法》确立了团体标准的法律地位。

2019年1月，国家标准化管理委员会、民政部制定了《团体标准管理规定》，规范、引导和监督团体标准化工作。

在工程建设团体标准方面，2016年8月9日，我部印发了《关于深化工程建设标准化工作改革的意见》，指出改变标准由政府单一供给模式，培育发展团体标准，团体标准要与政府标准配套和衔接，要符合法律法规和强制性标准要求。2016年11月，我部办公厅关于培育和发展工程建设团体标准的意见，营造良好环境，增加团体标准有效供给，完善实施机制，促进团体标准推广应用，规范编制管理，提高团体标准质量和水平，加强监督管理，严格团体标准责任追究。

（二）团体标准发展现状

近几年来，在国家政策的支持下，团体标准化工作发展迅速，首先体现在参与标准化工作的社会团体数量上。

2015年，根据《国家标准委办公室关于下达团体标准试点工作任务的通知》，国家标准化管理委员会批准第一批39家社会团体开展团体标准试点。截至2018年1月，通过全国团体标准信息平台上参与标准化工作社会团体有1177家，公开团体标准2251项。截至2019年5月，通过全国团体标准信息平台上参与标准化工作社会团体有2326家，公开团体标准7906项。

美国目前一共有六百多家协会学会制定标准，德国有两百个左右的社会团体编制标准，日本有近百个，我国在短短两三年就有超过2000家社会团体编制团体标准。参与标准化工作的社会团体数量增长迅速。

根据全国团体标准信息平台的相关数据（图4-3），截至2018年5月，其收录的团体

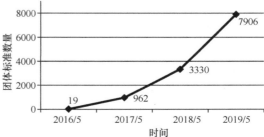

图4-3 全国团体标准信息平台收录团体标准数量

标准数量为 3330 项，到 2019 年 5 月，该项数据变为 7906 项。仅一年时间，团体标准数量增加 4000 多项，增长速度惊人。

通过走访中国土木工程学会、中国建筑学会、中国工程建设标准化协会等社团组织和标准化具体承担单位，并填写了调研问卷，根据反馈的情况，在国家大力发展团体标准的背景之下，相关学会协会都在积极开展团体标准化工作，2015 年之前，参与工程建设团体标准工作的社团较少，主要由中国工程建设标准化协会从事工程建设团体标准化工作，比较来看，中国工程建设标准化协会编制了大量的团体标准。但是近几年，各社团都高度重视，投入了大量精力组织开展团体标准化工作，团体标准数量增长速度异常迅猛。

据表 4-2 统计的数据，近三年新立项编制的团体标准数量超过过去近 30 年编制的团体标准数量的总和，工程建设团体标准数量呈井喷式发展。

近年来部分协/学会团体标准数量情况　　　　　　　　　　　　　表 4-2

序号	协会名称	2015 年	2016 年	2017 年	2018 年	2019 年
1	中国土木工程学会	16	16	79	90	96
2	中国建筑学会	0	0	18	40	54
3	中国建筑业协会	0	0	31	57	78
4	中国工程建设标准化协会	422	635	1138	1663	1992
5	中国建筑金属结构协会	0	2	8	11	38
6	中国城市燃气协会	1	3	6	8	14
7	中国勘察设计协会	0	0	0	4	43
8	中国建筑节能协会	0	0	0	31	53
9	中国动物园协会	3	7	12	35	35

（三）团体标准发展存在的主要问题和困难

1. 团体标准缺少自身制度保证

高质量团体标准的制定既需要一定的组织机构和相应的制度保证，如标准制定程序、知识产权管理制度等，还需要按照相应的编写要求，将技术内容转变成标准化的语言。但部分社会团体既没有固定的组织机构，也没有相应的制度保证，针对某一项具体标准只是召集领域内相关专家撰写标准文本，没有经过征求意见阶段，有些也没有经过团体成员的协商一致。且部分不符合标准的编写要求，表述随意、结构混乱，缺乏严谨性，造成了团体标准制定过程的不公开、不透明、缺乏协商一致，违背了团体标准化工作的一般原则，标准制修订程序不科学，执行不严肃。

2. 团体标准化工作能力不足

社会团体标准化工作人员和编制人员是控制团体标准质量的重要参与者，部分社团并不具备相应的标准化能力。团体标准制修订主体，特别是主编单位和主编人，能力和资格不够，时常存在不懂标准编写规定、不懂标准编写目的、不懂标准作用、不懂标准化工作原理的人和单位在主要参与标准制修订工作的现象出现，无法从根本上保证标准质量。

3. 缺乏统一高效的监督管理措施

社会团体缺少团体标准化工作能力的同时，国家和社会缺乏统一高效的监督管理措施来提升工程建设团体标准化能力。团体标准的定位的"不设行政许可"、"通过市场竞争优胜劣汰",在鼓励团体标准发展的同时,如果相关监督和管理措施不及时,势必造成资源浪费等现象,因此统一高效的监管措施和管理非常必要。

4. 团体标准重复立项编制现象比较普遍

团体标准由市场主导制定,不同社会团体间存在自由竞争关系,特别是同行业的协会学会之间。由于团体标准化工作界限不清,不同团体可以编制同样标准化对象的团体标准,造成标准化资源浪费,同时可能带来团体标准知识产权纠纷问题。目前团体标准在各社会团体中存在重复立项的问题,团体标准目前缺乏行业统筹立项协调机制。工程建设团体标准数量井喷态势越发不可收拾的情况下,本来就薄弱的团体标准实施环节,更加缺乏监督措施和机制。

5. 团体标准以市场需求主导未根本形成

市场是标准好坏的最终裁判。在发展团体标准的同时,没有结合发展团体标准所需市场经济水平和现状的分析和研究,工程建设团体标准的发展存在着脱离市场经济发展实际情况现象,为了社会团体的形象和话语权而编制的实际需求不大或是技术并不成熟的标准,造成了流于表面的繁荣和因一时的"宣传"目的而参与团体标准化活动。

我国团体标准化工作方兴未艾,还处在积累经验和探索阶段。对于工程建设领域,除了借鉴国外一些先进标准化团体工作经验外,更多的还是要探寻一条适宜中国工程建设领域发展要求的工程建设团体标准发展路径。

(四)团体标准发展建议

相对政府主导的标准,团体标准有其不可替代的作用。在团体标准化工作中,应认识到团体标准的积极作用,并做到扬长避短。基于上述对团体标准的了解和认识,对我国工程建设团体标准的发展主要提出以下建议:

1. 政府完善对工程建设团体标准发展的顶层设计

第一,在各类标准化工作规划、方案、计划中都涉及团体标准在标准体系中所处的位置,但实践层面缺少营造团体标准的社会氛围,特别是激发社会团体开展团体标准制定工作的活力的政策和举措。在现阶段,引导性的政策和举措对团体标准的快速发展起到积极的作用。

第二,设计促进团体标准积极实践的政策环境。培育、扶持、发展社会组织已成为我国经济建设和社会发展的重要内容。以此为契机,将引导团体标准建设作为社会团体培育的内容之一,并在制度构建上予以保障和体现,将有助于团体标准的广泛发展,以及由此带来的社会团体自身能力的提升。

第三,完善团体标准的转化机制。团体标准可以通过政府采购上升为地方标准、行业标准,或国家标准,也可以通过政府在国际上的影响力成为国际标准。因此,通过完善团体标准的转化机制,有助于实现团体标准的转化功能,增强团体标准的生命力。同时,推荐性政府标准向团体标准转化的工作已经开始,但目前社会团体没有明确标准转化程序和方式,导致目前政府标准转化工作处于停滞状态,建议制定完整的政府标准转化程序或工作指南,推动该项工作的开展。

第四,通过政策引导提升团体标准价值。标准主管部门应建立团体标准相应的激励机制：在产业政策、政府采购、合格评定或认证认可及检验检测中引用团体标准的机制；将相对成熟的团体标准同国家标准、行业标准、地方标准一样纳入标准化试点示范项目，通过试点体现团体标准价值，增加企业认同度。

另外，政府可对团体标准业务领域划分、团体标准评估、团体标准著作权、团体标准应用等明确和加强管理，从团体标准监督管理、社会团体内部制度建设、管理模式及运行机制，团体标准与政府标准衔接配套，团体标准实施推广机制，团体标准与企业标准互动支撑，行业自律，团体标准国际化引导等方面加强团体标准化工作力度，进而规范工程建设团体标准在这些问题突出的方面实现科学、健康发展。

2. 社团加强自身团体标准化工作能力

目前我国团体标准质量参差不齐。团体标准在我国远未得到普及和认可，公众真正认可的仅为政府主导的标准。部分社会团体并不具备团体标准管理能力，难以保证标准质量。

（1）对社会团体标准化工作人员开展团体标准基础知识培训，掌握标准政策、增强标准意识、理解标准工作，传播标准化理念，强调团体标准对公众利益的重要程度。

（2）支持社会团体制定团体标准化工作制度，包括团体标准制定的程序、团体标准的知识产权政策、标准化工作的章程等，改进和完善政策制度，促使标准化工作的基本要求、组织特征、价值观取向等符合开放、公平、透明、协商一致的原则。

（3）落实社会团体对团体标准的定期检查与抽查，对于团体标准的局限性，通过多种形式建立质量保障新模式，增强团体标准对市场波动的适应性。在标准化平台上公开检查结果，通报检查结果不良的单位及工程，总结团体标准执行要点和局限性，为更新团体标准、提高团体标准的适用性提供便利。

（4）推进团体标准制定人员能力审核机制，审查成员专业经历、提高准入门槛，筛查成员专业背景、工作能力，坚持团体标准制定透明原则。在标准化平台上公开团体标准制定成员的非敏感信息接受政府和社会监督。

（5）鼓励团体标准实行自我声明公开和监督制度，支持公开团体标准的名称、编号信息、专利信息等，并对公开信息的合法性、真实性负责，对其公开信息的内容接受政府和社会监督。

3. 建立工程建设团体标准评估与监管机制

支持建立对团体标准的制定主体、管理运行机制、制定程序、编制质量、实施效果等要素的评估，增强团体标准在规范行业发展、促进良性竞争中的积极作用。

监管主要有以下方面：审查社会团体资格与标准化活动合法期限，从源头出发，确认社会团体的合法性与有效性；规范团体标准编号，规定团体标准编号依次由团体标准代号、社会团体代号、团体标准顺序号和年代号组成；强调团体标准制定过程的科学性，在科学技术研究成果和社会实践经验的基础上，深入调查分析、实验和论证，广泛征求意见；强调团体标准内容的科学性，保证其科学性、规范性、时效性，确保团体标准的技术要求不得低于强制性国家标准的相关技术要求。

以有利于科学合理利用资源，推广科学技术成果，增强产品的安全性、通用性、可替换性，提高经济效益、社会效益、生态效益为导向，提高团体标准的实施效果；禁止利用标准实施妨碍商品、服务自由流通等排除、限制市场竞争的行为，严格审查设计相关专利的社会团体成员，排除具有市场支配地位的专利权人在标准制定过程中故意隐瞒标准中可能设计的专利的可能，秉持公平、合理和无歧视原则，对标准实施过程中对标准必要专利进行许可审查。

4. 提高全社会团体标准质量监督意识

鼓励社会公众特别是团体标准使用者对不符合法律法规和强制性标准要求的团体标准进行投诉和举报，建立有关投诉和举报的处理机制，畅通社会公众监督反馈的渠道。

提高全社会团体标准质量监督意识，针对社会团体负责人、专职工作人员培训质量监督与管理知识，传播标准化质量监督理念，推广标准化质量监督经验，提高社会公众对团体标准质量监管的参与程度。

接受社会监督，畅通监督渠道。支持建设团体标准试点工程，公开团体标准质量认证细则及评价标准，鼓励公众监督团体标准执行细节。鼓励开发开放社会监督方式与程序，提高公众监督的效率与方便性，设立专门小组回复公众疑问、总结公众意见与建议，向社会公开受理对团体标准举报、投诉的电话、信箱或者电子邮件地址，并安排人员受理举报、投诉，促进团体标准质量改进，重视行业专业人员的意见和建议，组织专家对相关意见进行评议，确定其合理性及适用性。

5. 促进团体标准的应用与实施

充分发挥市场配置资源的决定性作用，以市场需求为导向，强调市场对团体标准自主制定、自由选择、自愿采用的主动权，鼓励社会团体在公开、公平、公正的基础上制定团体标准，明确团体标准使用规则及要点，营造公平竞争市场环境。结合市场调研、实地考察多种方式确定团体标准的重点，规划团体标准的主线。

积极探索团体标准化工作的新模式、新机制和新路径，发展一批具有辐射作用和推广价值的团体标准化示范项目，将团体标准化工作开展较好的社会团体列入示范项目名单。引导总结团体标准制定与执行经验，建立完善市场驱动、质量先行、经验反馈、优化提升的团体标准制定路径。

激发市场活力，将激发市场活力和创造力作为市场配置的重要方向，破除各种体制障碍，营造有利于社会团体发展、团体标准创新的市场环境，服务市场主体。创立团体标准交流直通渠道，鼓励各类社会人士，包括团体标准的使用者、执行方等为团体标准的制定提供意见与建议。

6. 搭建社会团体标准信息公共服务平台

团体标准公共服务平台可以具备标准立项管理、编制管理、标准查询、在线阅读、在线提供、标准有效性动态跟踪、标准体系建设、标准全文检索等功能，成为获取团体标准信息资源的有效渠道，不同的团体之间可以实现共享统一平台，避免团体标准重复立项的同时，实现团体标准信息的互联互通，对于技术内容相近或是相同的标准实现合作编制、联合发布、合作推广等形成同业协会之间或同一领域内的社会团体之间的良性竞争。

信息平台的运行和管理以服务团体标准化工作为目的，发布团体标准化工作相关的政策和资讯，为团体标准化工作的开展提供技术支撑，提供对团体标准获取、评价和监督的渠道，实现对社会团体和团体标准的信息管理，为社会团体和公众搭建沟通交流的平台。公共服务平台的建设将为团体标准的有序和可持续发展提供重要基础性技术载体。

专题研究篇

第五章

工程建设标准化专题研究

一、法国工程建设标准体系及管理体系研究●

(一）法国工程建设（建筑）标准管理体系

1. 法国标准化发展历程

法国最初的标准化工作是从十八世纪中叶开始的，当时由瓦里尔和格波瓦在大炮生产方面使用了互换性部件的标准。法国大革命以后，又采用了十进制米制。1918 年至 1926 年，第一次世界大战后，法国标准化工作有了重大发展。

1）1918 年 6 月，组建了政府标准化常设委员会（CPS）。

2）1926 年，设立了民间组织—法国标准化协会（AFNOR）。

3）1930 年，法国在工商部内成立了标准化最高委员会，同时取消了原标准化常设委员会。

4）1941 年 5 月 24 日，法国颁布了《法国标准化法》。

5）1984 年 1 月 26 日，法国发布了《法国标准化条例》。该条例是依据《法国标准化法》，由法国经济、财政和预算部部长、工业部部长报经政府总理后批准的法规（法令）。

6）1996 年法国标准化协会（AFNOR）与法国政府签订了一份协议，明确确定了到2000 年法国标准化预期达到的标准制定目标，这是法国标准化战略制定的先声。

7）2002 年，法国发布《法国标准化战略 2002-2005》。

8）2006 年，法国发布《法国标准化战略 2006-2010》。

9）2009 年 6 月 16 日，法国相关部门对《法国标准化条例》进行了多次修订，发布了《关于法国标准化的 2009-697 号法令》。目前《关于法国标准化的 2009-697 号法令》是法国标准化领域的重要法律文件，它对法国标准化的管理体制做出了新的规定，推动了法国标准化的改革与发展。

10）2011 年，法国发布了《法国标准化战略 2011-2015》，法国政府根据法律要求不断推动标准化的发展。

11）2015 年 1 月发布最新修订版本《法国标准化法》，目前这部法律中只包括两个条款，内容只涉及标准化的管理问题。

12）2018 年 1 月标准化协调与指导委员会发布了《法国标准化战略 2016-2018》。

2. AFNOR——法国关于标准化的 2009-697 号法令

2009 年 6 月 16 日法国关于标准化的 2009-697 号法令负责指导和协调法国的标准化工

● 节选自南京工业大学《编制发达国家（法国）工程建设标准体系及管理体系调研报告》，项目负责人：付光辉

作。从这个意义上说，AFNOR 是法国标准化的中央组织者，确定标准化需求并动员利益相关者，在欧洲和国际层面代表法国政府标准化机构（第 5 条）。

第 1 章第 2 条至第 4 条对政府在标准化管理中的职能作出规定：

1）经负责工业的部长批准，由法国标准化协会及行业标准化局负责标准化工作的实施及宣传。

2）行业标准化局代表各行业的意见参与法国标准、欧洲标准或国际标准的编制工作。

3）指定一名跨部委的标准化代表，该标准化代表归属管理工业的部长管辖，负责确定法国标准的方针和实施。

4）在工业部部长领导下，成立一个跨部委标准化工作组，由各个部委标准化负责人组成。经相关部长同意之后，由工业部部长任命。工作组由标准化工作跨部委标准化代表主持。跨部委标准化工作组向部长推荐法国标准化政策的方向，按工业部部长的命令，对标准和标准化相关问题给出建议。

5）各部委标准化工作负责人在其部委范围内协调标准化工程的跟踪、标准化工作的推广，以满足标准化法律法规确定的要求。并核实编制过程的标准项目是否与法律法规的目标一致。

第 2 章第 5 条至第 10 条对法国标准化协会的职能作出规定：

1）AFNOR 领导并协调国家标准的编制工作，并参与欧盟及国际标准的编制，负责批准和发布法国国家标准。

2）AFNOR 内设一个工作委员会，各个部委标准化负责人或其代表参加。参与相关工作，并发表立场观点。

3）根据各部委标准化局提出的需求，在完成经济影响研究的基础上，负责编制标准化工作的计划。

4）AFNOR 内设评估和审计委员会，负责组织各部委标准化局有关标准及认证的工作评估，检验 AFNOR 工作的一致性和有效性，审核各部委标准化局参与各方组织（消费者协会、职工工会、中小企业代表工会）的工作。

5）各个部委标准化工作负责人在法国标准化协会履行政府专员的职责，并可对 AFNOR 董事会的决议提出异议。如果各个部委标准化工作负责人因不便不能履行其职责，可委派代表参加标准化协会董事会会议。

第 3 章第 11 条至第 16 条对法国标准的编制和认证作出规定。

1）由工业部部长、各个部委标准工作负责人授权，可对行业标准化局进行认证，经评估后，一次认证期限最长可达 3 年。

2）如果某行业标准化局没有履行其义务，部委标准化工作负责人通知其认证可能被停止或吊销。

3）在履行行业标准化管理办公室职责的过程中，法国标准化协会与行业标准化局处于相同的义务。

4）关于国家、欧洲和国际标准方案的编制工作，法国标准化协会可以将其工作授权委托给通过工业部部长认证的机构，这些机构以法国标准化协会名义为其履行编制工作。

5）具有资质的行业标准化局，在标准化委员会协助下，进行国家标准的编制工作。

6）在批准标准之前，法国标准化协会应征求部委标准化工作负责人的意见。

3. 法国工程建设 （建筑） 法律法规体系

法国工程建设（建筑）管理体系可以分为两种：政府规制下的建筑物和建筑规则，以及市场约束下的建筑质量保险体系，两者有机结合，共同发挥作用。法国工程建设（建筑）行政管理机构为法国团结与生态转型部（Ministère de la Transition écologique et solidaire），该部门管辖范围广泛。法国建筑法律体系及技术标准体系详见图 5-1。法国有关建筑的法律主要包括：《建筑和住宅总法典》（Code de la construction et de l'habitation）、《建筑师的专业组织》、《建筑师职业道德条例》以及《建筑职责与保险》、《城市规划法》、《房地产法》等，涉及建筑方方面面，总体来说包括建筑、结构、电气、暖通、给排水、装饰装修、建筑设施及部品、验收管理、无障碍设施等。法国建筑方面的法律法规约 38 部，涉及 64 类条款，主要是抗震、建筑质量、能源性能等内容，目的是强化安全措施，保障质量，提倡节能。法国法律一般法典编纂委员会编写，国会通过后，政府负责实施。

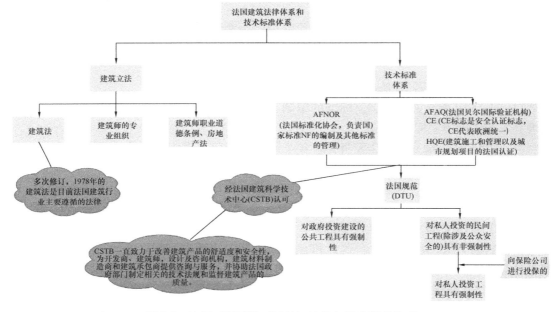

图 5-1 法国工程建设（建筑）法律与标准管理体系

法国建筑物和建筑规则包括建筑和自然灾害、建筑物的舒适性和使用质量，房地产技术诊断，零利率生态贷款，建筑物中的能源，建筑施工的法规要求，建筑创新，石棉处理、防治白蚁、木糖虫、霉菌和其他木质真菌，建筑从业人员，防火要求，保护游泳池和车库门，海外建筑的技术规范，铅和其他健康风险，居住者和建筑使用者的健康，电梯安全，可持续城市，住房的无障碍环境等 18 个方面。

4. 法国标准化管理特点

1）法国标准以推荐执行为主，投保变为强制执行

法国标准化涵盖国民经济各个领域，任何团体和个人都可申请编制标准。标准在相关法律法规中起着技术准则或管理准则的重要作用。法国标准绝大部分是推荐性标准，只有安全、卫生、环保方面的标准，经官方发布公告，具有法律效力后才要求强制执行。但向保险公司进行投保时，保险公司要求参与建设活动的所有单位对其投保工程必须遵守 NF

和 DTU 的规定，实际上 NF 和 DTU 对私人投资工程也具有了强制性。所以，概括起来，法国工程建设标准化管理最大特点是"统一管理、自愿采用、因保强制"。

2）法国广泛采用欧洲标准和国际标准

为加快欧洲大市场一体化进程，消除贸易壁垒，欧盟制定了许多指令。欧洲标准化组织根据这些指令制定了几千项欧洲标准，同时把欧洲标准积极推荐为国际标准。法国和欧洲其他国家一样，把欧洲标准作为或转化为国家标准，若以前制定的国家标准与欧洲标准有分歧，欧洲标准就替代国家标准。

3）法国标准的制定、修订工作，以市场需求为导向、以企业为主体

法国标准制定立项，是依据用户反映和市场需求来决定的。由于标准直接牵涉到其产品被社会的广泛认同、关系到其产品知名度、市场占有率和最终的商业利益，企业竞相投入人力和财力参与标准的制定工作。而政府的职能是向标准化机构下达工作指示，批准标准化工作大纲，监督标准草案的产生程序和监督标准化机构的工作等。

（二）法国工程建设（建筑）标准体系

1. 法国国家标准　（NF）

法国的技术法规有法国标准 NF 和法国规范 DTU。这两个技术法规对政府投资建设的公共工程是强制性的，对私人投资的民间工程（涉及公众安全的除外）则是非强制性的。但向保险公司进行投保时，保险公司要求参与建设活动的所有单位对其投保工程必须遵守 NF 和 DTU 的规定，实际上 NF 和 DTU 对私人投资工程也具有了强制性。随着新结构、新材料、新技术的不断涌现，NF 和 DTU 每隔 1～2 年，进行一次修订完善。综上所述，法国国家标准由 AFNOR 制定。国家标准中包括 4 个部分，如图 5-2 所示。这些标准都由 AFNOR 发布。

图 5-2　法国标准构成

① "NF ISO"（适用于法国的国际标准）；
② "NF EN ISO"（适用于法国和欧洲的来源于国际的法国标准）；
③ "NF EN"（来源于欧洲的法国标准）；
④ "NF"（纯粹的法国标准）。

在法国国家标准中，由 AFNOR 直接制定的标准很少，约 90% 的国家标准由国际标准和欧洲标准转化而来。

在法国，通常情况下，标准都是自愿的，但工业部部长或相关部长可通过签署命令的方式颁布强制性实施的标准。强制性标准一般都以命令（AR）的形式发布。如 NF C 14-100 "低压接线设施"，成为强制性执行法规后，代号改为 "AR 19691022B" 但强制性实施的标准数量很少，"仅有法国标准的 2%"。

2. 规范（DTU）

法国有完备的建筑工程质量技术标准体系，对各种材料及制品都有指定的标准和要求，如 AFNOR、NF、AFAQ、CE、HQE 等，这些技术标准通过法国建筑科学技术中心（CSTB）认可，形成多达上千页的统一技术文件（DTU），作为法律政策的配套文件加以规范。这些标准和规范对政府投资建设的公共工程是强制性的，对私人投资的民间工程（涉及公众安全的除外）则是非强制性的。但是当向保险公司进行投保时，保险公司就会要求参与建设活动的所有单位必须遵守 DTU 的各项规定，方能投保工程，此种情况下，DTU 对私人投资工程也具有了强制性。不仅如此，随着新结构、新材料、新技术的不断涌现，各种标准及 DTU 每隔一到两年，就会进行一次修订和完善。

3. 法国工程通用技术条款 CCTG

通用技术条款（Cahiers des clauses techniques générales，CCTG）是适用于法国公共工程合同的通用技术条款，但涉及政府采购的技术规格。它们允许对涉及这一问题的政府采购规定最低技术标准。

4. 法国主要工程建设 NF 标准

与法国工程建设（建筑）法律法规健全，法国 NF 标准也是涉及建筑方方面面（图 5-3），总体来说包括建筑、结构、外围护、电气、暖通、给水排水、装饰装修、建筑设施及部品、验收管理等。

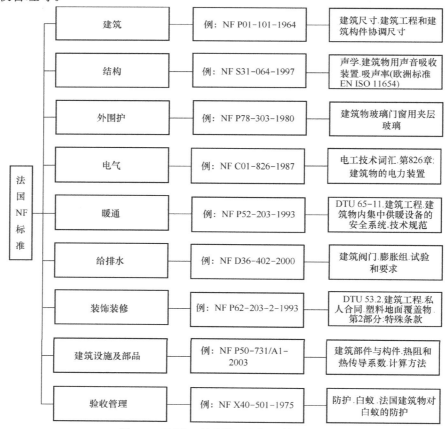

图 5-3 法国工程建设国家标准体系举例

（三）对中国工程建设标准管理与标准化改革的启示

1. 落实法律与标准相结合标准新体制

标准的活力在于使用。法国工程建设标准虽然表面上是推荐性标准，但通过强制保险制度成为了事实上的"强制性标准"。我国新《标准化法》实施后，工程建设标准大部分改为推荐性标准，因此，在法规、规章和重要文件等制定中积极引用推荐性国家标准、行业标准、地方标准、工程团标，使标准逐步成为制度供给的重要来源，既是工程项目管理的需要，也是凸显标准作用的重要途径。

2. 建立和完善工程团体标准体系

团体标准的制定和采用是市场主体在市场经济下自主选择的结果。为避免标准制定过程中存在的市场失灵和同一行业内团体标准不当竞争造成资源浪费等问题，需要市场和政府协同作用，共同治理。激发市场主体活力，建立和完善团体标准第三方评价机制，对同一领域同一适用范围的团体标准进行质量评价和等级分类，以规范行业竞争，形成科学、动态、开放的"工程团标"体系，确保标准制定工作秩序，减少标准之间的重复与矛盾，有效提高标准化管理水平，为企业采用团体标准提供信息参考。

3. 加大对推荐性标准的引用

标准的活力在于使用。法国工程建设标准的强制使用在于其强制建筑质量保险制度。在新《标准化法》实施后，工程建设标准大部分改为推荐性标准，而强制性国家标准仅仅是"保安全，兜底线"的条款。法国是以非政府标准化组织制定的自愿性标准为主。法国NF标准虽然是国家标准，但以企业自愿性为主的标准体系，完全是以市场运作的方式逐步建立起来的。与美国推行的相互竞争式多元化标准体系不同，法国仍是集中统一的管理运作模式。政府广泛地依赖和使用AFNOR制定的自愿性标准，自愿性标准一旦为政府部门的法律、法规采用，就具有强制性，必须严格遵守。因此，在地方性法规、规章和重要文件等制定中积极引用推荐性标准——行业标准、工程团体标准，使标准逐步成为制度供给的重要来源，既是工程项目管理的需要，也是凸显标准作用的重要途径。

4. 强化工程建设标准统一管理机制

参照法国的集中统一管理标准运作模式，可以利用法律手段，加强对工程建设领域标准化统一监督管理，通过激励政策和标准化服务措施调控建设市场的技术行为，维护公众利益，推动标准的实施，同时，充分发挥市场的主导作用，通过利益原则和诚信原则来推动企业自觉有效地执行标准，实现工程建设领域的标准化监管机制的顺利实施。

5. 建立标准第三方评估机制

AFNOR在标准制定过程中会对标准草案进行"适当性"评估，为标准可接受性及适用性提供可行性研究。当前工程团体标准"混战"的背景下，建立标准立项评估机制，就是从源头上确保地方标准质量的关键，严把入口关将大大提升标准的权威性和科学性。对于工程建设行业标准、工程团体标准立项取决于标准是否必要，是否能解决问题，是否能产生相应经济效益和社会效益。具体操作上，工程建设行业标准立项评估，可以由管理部门统一委托，工程团体标准的立项评估应由团标所在团体或委托第三方开展。

6. 逐步建立工程质量担保与保险制度

法国工程质量担保与工程保险的强制性，是由《法国民法典》的相关条文来保证的。

经过长期的实践，可以说法国已经建立了一套独特、有效的建设管理体制，尤其是其独创的工程质量担保和工程保险制度双重保护制度，有效地保证了工程质量。这套制度实现了对缺陷修复的"快速补偿"以及最终的责任追究，在制度设计上，具备了理论上的合理性，并且这也是一套经过长期实践的制度。作者认为，在建设我国相关制度时，可以借鉴这套制度。

工程质量担保以及保险制度的引入，意味着建筑工程质量管理体系的巨大变革。当然，要不断探索解决以下问题：工程质量保险与现行的建设工程质量管理体系的交叉；险种的确定；保险费率的确定以及保费的收取方式；建设工程质量缺陷的检查标准等，摸索出符合我国国情的工程质量担保与保险体系。政府以及有关行业协会还可以采取其他措施来加大推广力度。具体有：

（1）规定政府投资项目以及国有企业投资项目必须实行工程质量担保与保险制度。在我国，政府投资项目以及国有企业投资项目占建设工程总投资的比重较大，采取这样的规定，一是可以大幅度提高投保率，二是对其他类型的建设项目可以起到示范作用。

（2）在《建设工程施工合同（示范文本）》中，加入相关的保险条款。

（3）在工程发包时，将工程质量担保与保险方案作为评审指标之一。采取这样的规定，一方面有利于工程质量担保与保险制度的推广，另一方面也可使得发包方以较低的成本实现工程的投保。

（4）银行对于未参加工程担保与保险的项目不予发放贷款。

二、"一带一路"电力工程建设标准国际化应用情况研究❶

（一）电力工程建设标准在国外应用存在的困难和问题

（1）业主或业主工程师不太认可中国标准，更倾向于欧美、日本等标准。例如：菲律宾较为认可 IEC、IEEE 等国际标准以及美国 ANCI 标准；肯尼亚的电气设备需要有 IEC 认证的第三方独立试验室的型式试验报告，中国的国家标准虽然有等同或修改采用 IEC 标准的标注，但是国外业主不认可；泰国电力行业中的部分低压配电领域、住宅楼宇电气产品、电线电缆等产品，以及光伏行业中的各种组件，由泰国国家标准委员会 TISI 进行认证，且实施强制认证，而泰国地区普遍采用 IEC 标准。

（2）在施工及实际应用中，国外业主及相关方很难理解中国国家标准或中国电力行业标准。电力工程建设国家标准、行业标准的英文翻译版本不全，且中国电力标准体系较为庞杂，各专业区分明显，不同电压等级、直流交流等分别成册，导致在推广中国标准的过程中难以准确描述其体系，造成推广困难。

（3）部分中国标准高于当地的发展水平以及当地的标准要求，造成工程造价成本增加。例如在老挝等欠发达国家，由于当地的法律保护，施工人员全部由技术水平不高、工资较低的本地劳工构成，施工技术水平无法精确掌控；兼有业主、监理方本地化管理方式上对本地施工技术水平的容忍，导致标准在实际施工中"打折"执行，因此在人员管理、

---

❶ 节选自中国电力企业联合会《"一带一路"电力工程建设标准国际化应用情况研究报告》

检测评估等方面很难落实相对严格的中国标准。

（4）中国的标准设计深度不够，业主在实际工作中对设计的图纸找不到相应的详细图。中国的设计图不规范，主要是和厂家接口部分，有的专业不详细，如热控专业问题很多，出现过现场设备与设计图不符合的现象。

（5）国际输变电工程的投标中，业主要求提供产品的国际第三方权威认证机构提供的IEC标准或所在国标准的国际认证证书或试验报告，而中国检测机构的报告通常不被接受。

（二）造成困难和问题的原因剖析

（1）工程标准体系模式及内容方面

一是中国工程建设标准的外文版数量较少，且标准翻译和推广缺乏统一的管理。各技术标准主管部门强调各自负责其所辖范围的标准翻译，步调不一，致使行业急需的英文版标准不成体系，对外发挥不出群体效益和整体效益。

二是中国强制性标准和推荐性标准的范围界定与WTO不同。WTO/TBT规定，技术标准的内容应主要限定在保护人身安全和人体健康、保护动植物生命和健康、保护环境、防治欺诈行为、保护消费者利益和保护国家安全五个方面。按此规定，中国有17.9%工程建设标准不符合要求。

三是中国标准存在编制周期长、审查周期长、出版周期长的问题，国家标准平均标龄10.2年，与发达国家3-5年的标龄有很大差距。此外，由于政府制定过程建设标准是按照年度计划进行，对于新技术、新领域的反应较慢。

四是标准体系构建不合理，缺乏系统性、一致性，同一类别的项目也都是很多标准，设计、施工、验收、运维单位各有各的标准，不同实施阶段，却造成多个标准同时出现，存在前后不一致的问题，失去了组织统筹各项标准的作用，造成整个体系的预见性和前瞻性不理想的问题。

（2）语言、教育、文化和观念方面

一是中国工程建设标准的国际认知度不高，非洲、拉丁美洲的很多国家曾是西方发达国家的殖民地，通常会优先考虑采用原宗主国的工程建设标准。同时中国工程建设标准多为中文版，而一些国家官方语言为英语，这样欧美国家的建设标准规范先天占有优势。

二是国内外技术标准在设计、施工、运营和维护的差异很大，国际工程项目参与人员存在不熟悉国外标准、对国内外技术标准差异认识不足的情况，这会对国际工程投标报价和项目实施过程中的成本、质量、进度管理造成重大影响。

三是由于中国工程建设标准的外文版少、国际化程度低，在国际上未被广泛接受，中国企业勘察设计、工程咨询、项目管理等方面的国际竞争力明显薄弱。

四是经济水平、文化及教育水平的差异，直接影响对方的管理制度和管理水平，导致中方给提供的部分高标准的设施完全闲置，浪费人力物力。

（3）管理制度与建设模式方面

一是标准化工作缺乏统一协调：从事海外业务承包项目的各单位各自为政，同一标准多家单位重复投入翻译成本，却没有一家翻译成果具有相对的权威性，造成标准化工作在低水平上的投入浪费。

二是缺乏对外宣传推广和使用中国工程技术标准的政策支持。目前，中国工程技术标准走出去还只是依靠企业在境外承包工程项目自发推广，缺乏政府强有力的政策支持和引导，难以实现中国标准国际化。而且中国企业、组织与发达国家及国际标准化组织交流较少，同样制约了中国工程建设标准国际化的步伐。

三是国家治理文化或习惯会影响标准化管理机制，多数欧美国家标准化工作以行业或私营领域为主导，政府扮演相对次要的地位，而我国标准化工作由政府主导；俄罗斯和印度标准化工作也由政府主导，但存在一个中心化的标准管理机构，能够统筹和协调行业间或专业间标准；而我国标准管理权限分散在各个行业部门，缺乏高效的沟通协调机制。

四是欧美国家标准体系构建了统一有效的标准制修订和合格评定机制，推动标准制定的同时，也保证了标准得到有效的执行，而我国标准制修订与合格评定机制还存在一定的割裂，这在一定程度上也影响了我国工程从业人员标准执行习惯。

五是在国际工程应用中，我国承包商受制于有限的时间，往往只针对性地学习某些具体用到的标准和相关条款，而对国内外标准体系的差异缺乏系统性的了解。在具体标准应用过程中，承包商也往往囿于国内工作习惯，不能很好地理解国外的行业习惯和思维方式，从而带来各种履约问题。

（4）工程产品、技术和人才方面

一是在海外项目中，部分技术骨干的外语水平不够，不能准确翻译外文版技术标准。而项目部的外语翻译人员又不熟悉技术标准，亦不能准确翻译标准；即使委托专门的商业性翻译机构，也存在类似的问题。复合型人才的缺失导致承包商与业主或咨询工程师对技术标准的理解和使用上常常存在差异，并且沟通不畅。

二是随着经济全球化和国际贸易竞争的日趋激烈，技术标准越来越私有化，一方面鼓励了企业和社会投入更多资源到技术标准领域中，但同时也限制了技术标准的传播和利用。许多国家通过自身技术标准方面的领先，对国际贸易设置技术壁垒。技术壁垒的存在成为国家为了保护本国企业和行业常用的一种手段。

三是中国大部分产品的设计、制作质量与欧美国家和日本有差距。如产品资料过于简单、图纸过于简单（无组装图、拆分图等）、安装说明或使用说明不详细或不齐全、资料未提供中英文对照版本等，在一定程度上降低了与西方及其他国家产品品牌、口碑的竞争力。

四是国内电网工程建设管理模式与国外不同，国外普遍在 EPC 招标前采用咨询模式初步确定了方案，投标方只是在咨询方案上稍做细化，在咨询阶段基本确定了标准和方向。中国基建工程咨询行业在国外发展相对较为滞后，因此没有将中国标准带出去。

（5）中国企业在对外承包工程中的角色等方面

欧美发达国家成熟的标准体系，在世界范围内使用时间长、应用范围广、接受程度高，我国工程技术标准在国际市场中的推广程度还无法跟上我国企业国际业务增长的速度。中国企业在对外承包工程中主要为工程总承包或者施工总承包的角色，即便采用同样的工程建设标准，在执行过程中，也往往受业主本土化管理、当地劳工施工技术水平的影响，因此产品质量、工程质量、工艺水平很难做到像国内那样的水准。如在同样的标准下，国内鲁班奖工程，国家优质工程，省优部优等质量均有所不同，因此关键在于业主从上而下的管理理念和建设预期。

国际工程项目中，工程建设周期长，人力、物力、资金投入较大，涉及众多合作企业和组织，给承包商商务、合同、技术等工作带来非常大的挑战。加上紧张的投标准备时间和繁重的工程任务，承包商在学习和应用国际工程技术标准中存在较大困难。对国际主要工程技术标准（ISO、美标、欧标等）理解和应用不到位，往往会制约我国企业国际工程项目履约能力，同时国际标准收集困难：缺乏系统了解和收集国外标准的渠道，常常需要从业主或工程师处获得部分标准，导致对投标和履约所需的技术标准收集不全面、更新不及时。

（6）其他原因

一是中国的设计咨询尤其是电力工程建设的设计咨询能力较强，但是受语言能力的制约，与外方交流不畅，互相不能理解，造成了中外技术人员与工程师的沟通困难。另外，中方设计咨询团队对于国外设计及标准的理解以及接收不同的设计理念的能力亟待加强。

二是"工程师"在建设工程中具有重要作用，尤其是对于质量、进度、成本的控制以及工程协调均起着重要的促进作用。在工程执行阶段，部分国外项目业主往往倾向于聘请欧美工程咨询公司作为业主工程师，欧美咨询公司对于中国标准不熟悉，语言沟通困难、文化差异等，从而间接影响了业主对于中国标准的接受程度。

三是中国技术人员及劳务人员从事国外工程，许多重要的岗位及作业是需要满足当地对于职业资格的要求的，如业主认可的职业证书、资格证书，必要时需要按照合同规范中的要求考取相应的上岗资格证书等。

四是中国的试验室或认证机构通常都是国内认证或部分国外认证，往往不是权威性认证机构。部分国内试验报告，国外并不认可。相反，技术并不发达的国家，比如印度的试验报告却被认可。我国亟需在试验检测机构建设方面向国际化发展。

（三）电力工程建设标准国际化对策及建议

1. 对电力工程建设标准国际化的需求分析

通过不同地区和国家在工程建设中主要采用的技术标准的统计分析，可以发现，世界不同地区和国家受到历史背景、经济依赖性、地缘政治等因素影响，使用的标准体系各不相同。例如，原英联邦地区，现今大都使用英国标准或者以其为模板的当地标准；原法属殖民地，基本仍把法国标准作为主要标准；苏联国家继续沿用苏联/俄罗斯标准或以其为模板制定的当地标准；东南亚地区的部分国家受中国影响较大，使用中国标准较多；拉丁美洲地区受美国影响较大，主要使用美国标准或以其为模板制定的当地标准；大洋洲地区主要以澳新标准为主导。总体来看，目前在国际工程市场上，美国标准和欧洲标准占据着主导地位，得到世界各国的普遍认可和信赖，中国标准的国际认可度亟待提高。

虽然我国电工技术及装备的整体水平已达到世界领先，并且遵循的中国标准多数高于国际标准，但因中国企业大规模开拓海外市场、推广和应用中国标准的时间较短，国外市场对中国标准仍然缺乏了解和信任。在海外项目中，除中国承包商带资或承包商协助业主融资的项目之外，业主一般要求以国际标准执行项目，导致图纸转换工作量大，审批周期长，工程施工成本高，对于提高中国企业的竞争力和话语权非常不利，即使业主在招标阶段同意采用中国标准，在实施阶段仍然可能不断对中国标准提出质疑。因此中国标准如果能得到世界认可和全球应用，会逐渐给走出去的中国企业带来高效益。

"一带一路"沿线国家经济发展相对落后，电网建设相对应较为滞后，工程建设标准建设相对不完善，部分国家基本不存在建设标准，是推广我国电力工程建设标准国际化的重要机遇，只有标准本身高质足量，才能推动我国标准的国际化应用，因此建设标准本身，就是国际化市场开拓的重要方向。

2. 对电力工程建设标准内容、 管理模式、 编制方法、 语言、 技术指标、 表述方式的有关建议

一是建议加大中国电力标准的英文版翻译工作，对于新编制的标准应及时出版相对应的英文版，并在国外积极推广。英文版翻译工作中，特别应注意在专业术语上应采用国际通用的表述，避免出现晦涩难懂的词句或导致误解。专业化的翻译水平会使国外的业主产生对中国标准的信任感，大大降低标准国际化推广的阻力。

二是扩大标准的地域适用范围，中国以往制定的标准主要考虑到在国内使用，如气象条件、地理环境、法律法规等都只考虑国内的情况。标准要走向世界必须要有意识的主动考虑国外的具体情况，进而扩大标准的地域适用范围。

三是加快国际标准的转化，在国内标准的制修订过程中积极采标，并在工程建设标准编制过程中充分体现国际标准元素，展现我国工程建设标准与国际标准和国外先进标准的内在联系。建议将国际上认可程度较高的标准（如 IEC、IEEE、ICC、ACI、AISC、ASCE 等）翻译为中文版，加深国内电力设计人员对国际标准的学习与理解，使其掌握必要的国际标准和国外先进标准资源。

四是建议进一步深入开展对标工作，加强对标工作的深度和广度，取得更多的成果为以后的工程积累经验。目前中国标准与国际标准的对标工作已经取得一定的成果，但是成果有限，在进一步加强中英文对照版本的翻译出版工作的同时，应增加中国标准与国际标准的差异描述等。

五是国内部分标准条款相对于此类发展中国家要求太高，工程造价相对较高，建议针对当地实际情况，对中国标准用的国产材料与非中国标准材料对比（注明材质性能、厚度、优缺点等），根据对比结果有条件的缩减部分条款，有益于缩短工期进度，节省工程造价。

3. 对政府推动电力工程建设标准国际化工作的有关建议

一是加强标准顶层设计，以推进"一带一路"建设为契机，加快制定国家标准化战略，建立高效工作体系，建立中国标准"走出去"总体发展目标和阶段计划，政府部门发挥组织协调作用，企业发挥主体作用，科研机构、高校发挥技术支撑作用，统筹开展标准化工作的战略规划、技术路线、政策研究，系统梳理国内、国际以及重点国家标准情况，组织空白标准攻关，建立科学标准体系。重点对现有的标准进行梳理、整合、精简，存在重复交叉的进行整合修订，存在互相矛盾的进行协调修订，不再适用的予以废止清理。加强国家标准化统一管理，打破各行业在标准化工作上的条块分割，整理归并中国电力标准，形成层级分明、索引清晰、分类明确的标准规范体系。

二是鼓励学会、协会、联合会等非营利机构发挥行业平台作用，积极组织制订团体标准，并参照其他国际标准化组织的经验，将团体标准积极推向国际。在国际工程项目中采用哪个国家的标准，不仅是技术问题，某种程度上还是一种主权的象征。我国应向国际标准化工作方式有效靠拢，在推进中国标准国际化的过程中，可降低政府直接参与的色彩，由非政府或民间组织先行，减小中国标准国际化进程的阻力。

三是围绕"一带一路"，以规划、咨询先行，带动中国标准走出去。从国家层面，资助"一带一路"沿线国家开展电力规划、流域规划工作，发挥国内规划设计企业的作用，先期开展规划工作，锁定中国标准，为后续中资企业的介入奠定基础。鼓励国内电力企业长期对相对落后国家电力企业提供技术咨询及指导，推广中国标准。例如：可以参考韩国电力企业委派电力专家常年对老挝 EDL 无偿提供技术咨询及指导工作，或成立由中国专家组成标准当地化应用落地研究机构，提供标准咨询管理服务。

四是以设备及配套服务为支撑，推行中国标准。鼓励中国总承包企业及设计咨询企业在前期使用中国标准，并在工程交付用户后运行维护阶段使用中国标准，对后期运营维护阶段使用中国标准的加以奖励。推进"中国技术＋中国标准＋中国装备＋中国建设"的全链条"走出去"，建设基础设施精品工程、示范工程，扩大中国标准国际影响力，带动中国标准"走出去"，推动中国标准走向国际化。

五是建议政府出台相关政策，制定鼓励承包工程企业使用中国工程技术标准的制度办法，鼓励、引导境外电力建设工程源头企业使用中国标准，尤其在"一带一路"沿线国家投资、并购和工程承包活动中使用中国标准，逐步巩固中国工程建设标准的国际影响和地位，全面提升境外承包工程的规模、质量和效益。例如，为参与项目的中国企业提供我国金融机构优惠贷款、优惠出口卖方信贷等形式的融资支持，可促进中国标准在更多的国家、更多的项目上得到广泛的应用，调动企业最大限度争取使用中国标准的积极性。

4. 对重点企业推动电力工程建设标准国际化工作的有关建议

一是鼓励企业积极参与国际电工电气标准化组织 IEC、IEEE、CIGRE 的标准起草工作，将最新的技术研究成果和经验直接通过国际标准实现中国标准的国际化。通过参与国际标准或区域标准制定提升话语权。

二是提升电力设备的质量和可靠性，加大企业对产品研发的投入，提升其技术含量，解决电力设备在运行中存在各种隐患和缺陷。在国际电力工程承包和设备供货市场中，改变为中标不计成本压低价格的做法，更加注重和依靠产品质量来赢得市场，通过高质量的产品输出带动技术标准的走出去。

三是建立与国际标准化组织常态交流合作机制。在国家政策的支持下鼓励公司定期与周边国家举行深层次电力建设管理及技术交流，对电力建设全产业链进行对口支援，从规划、建设、后期运行维护、运营等各方面深层培训，逐渐扩大中国标准的应用和影响力。

四是企业应主动与周边国家电力企业交流沟通，例如通过无偿或低成本的对周边国家电网运行维护提供有效解决方案，积极推广中国电力建设的运行管理标准。

5. 对行业协会推动中国电力工程建设标准国际化工作的有关建议

一是行业协会应充分发挥在电力行业的影响力，深化我国电力企业在国际标准化活动中的参与度，提高我国在国际标准上的话语权；加强国内标准化技术组织与 ISO（国际标准化组织）、IEC（国际电工委员会）、ITU（国际电信联盟）等国际标准化组织合作，大量承担 ISO、IEC 的工作，成立企业联盟、建立与国际标准化组织常态交流合作机制。

二是行业协会应发动会员单位，做好顶层设计工作，分工协作，组织国内经验丰富的制造、设计、施工单位对电力工程建设标准进行研究，分析与国际标准的差异，做好全行业的对标工作。

三是建议行业协会组织召集电力工程建设方面的国际权威专家，结合"一带一路"沿线国家的实际情况，借鉴西方发达国家的先进理念，制定或出台整套电力工程建设标准国际版，对境外项目从设计、审批、施工、运营、管理等全过程进行有针对性的规范和定义，从而帮助中国企业在境外投资、建设、运营，助推"一带一路"建设的大发展。

四是建立行业海外市场开发公共服务平台，针对海外项目、本土化生产投资可行性进行分析和评估，为企业提供政策咨询服务以及标准、检测、认证方面的指导，为装备、技术、标准走出去提供有力支撑。

6. 对人才培养和能力建设的建议

一是加强人才培养和能力建设，对专业技术人才开展"标准化英语"培训，逐步培养形成符合国际标准化的语言思维和习惯；加强专业能力培养，对标准起草人和潜在的标准参与者加强规范引导，形成标准规范化概念；建立中外标准化人才联合培养机制，开展更为广泛的国际联合培训；建议高校之中增设电力工程标准英语词汇培训课程；重视培养综合素质的人才，培养大批外语熟练（尤其是口头交流表达能力）、精通专业并具备丰富的工程应用经验、对领域内国际标准及国内标准均较为熟悉的人才。

二是鼓励企业、科研机构、高等院校选派优秀人才进入国际标准组织，深度参与战略、政策和规则制定，充分利用国际平台，推动中国标准成为国际标准。通过激励等具体措施加强企业参与国际化标准组织的工作力度，鼓励选拔和推荐技术骨干参与国际电工电气标准化组织的标准起草和制定，对国际化标准制定做出重大贡献的单位和个人给予一定奖励，提高他们参与国际标准制定的积极性。通过中外联合机构组织参加国际相关技术标准的交流活动，推广应用标准研究成果。

三是加大海外项目公司对外方人员的培训力度，使其熟悉中国的管理模式、中国的标准体系。例如国家电网公司菲律宾办事处每年组织 3 批菲律宾国家电网公司管理和技术人员到国网高培中心、国网技术学院参加培训，交流学习国网公司在电网建设、管理上取得的成就，让外方人员通过实地考察见识，意识到国网公司的优势和实力，自觉认可和接收包括技术标准在内的一些电网管理经验和成果。

四是系统接受沿线国家学生和政府工作人员到中国留学、培训，熟悉、了解中国文化、建设管理程序和建设标准，培养国外电力行业技术骨干对中国标准的认同度，为中国标准的推广做铺垫。

7. 对电力工程建设标准宣传的建议

一是建议对国外政府电力管理部门以及电力公司系统的介绍目前中国电力工程建设的水平，如采用宣讲会、邀请访问等形式来加强国外同行对中国目前电力工程建设能力的了解，并进一步推动中国电力工程建设标准的走出去。

二是选取一个或数个项目，以设定预期值的方式同业主谈判，降低业主对于施工过程的干涉程度（工期管理、过程管理等），全部按照国内电力工程建设标准以及国内管理水平进行规范化管理（施工、资料、质量、检验、试验、验收、试运行、移交等），按照国家优质及以上水准进行设计、供货、施工建设、运行维护、生产优化等，树立标杆。以此类标杆为原型，推广中国电力工程建设标准以及中国电力建设企业。

三是加强宣传引导，通过新媒体扩大国际标准化的知识普及，提升电力行业系统内各单位、员工对国际标准化工作重要性的认识。由行业协会组织开展定期的电力标准培训，使广大技术人员了解最新的国际标准制定动态。

8. 对于推动中国电力工程建设标准国际化的建议

一是围绕"一带一路",以境外项目带动和推动电力建设标准重点领域标准"走出去"。由于中外标准的体系不同,中国标准不一定都有相对应的外国标准,所以系统性的对比和参考不现实,即使找到基本对应的中外标准,由于中外标准编制的思维模式不同,也很难判定孰优孰劣。因此强推中国标准,不如以中国标准实施的境内外成功典型项目为基础推广中国标准,以境外电力项目为依托,带动和推动电力建设标准重点领域标准"走出去"。

二是建议建设具有一流的独立第三方的试验机构。"一带一路"沿线国家要接受中国标准,首先要先认可中国的电气产品,只有中国的电气产品过硬,才能提供中国电力标准的接受度,而现有的电气产品均要求在独立的试验室进行试验。目前我国缺乏国际认可的权威试验检测机构,因此在产品生产阶段都必须接受国际标准。所以建议我国尽快在独立第三方试验机构建设方面取得突破。

三是以建设"一带一路"为契机,建立跨国的电力行业标准平台或者跨国的电力行业组织、专门委员会等,通过有效的工作机制推广中国标准。从国家层面统筹考虑电力行业"走出去"的战略,而非某几个企业和某几个环节"走出去"。向世界推广中国标准的同时,要将好的中国标准国际化。

四是继续推动中国标准的翻译工作并努力提高翻译水平。可能的情况下,技术标准出版中、英文对照版,这样可以使懂技术的工程师在编制过程中就能与翻译人员密切合作,避免出版中文版后再进行翻译而需要另找专家(外文和技术都懂的专家)进行评审的局面。

三、建筑门窗节能性能标识实施情况分析❶

(一)我国建筑门窗节能性能标识实施总体情况

根据《建筑门窗节能性能标识试点工作管理办法》(建科〔2006〕319 号)和《关于进一步加强建筑门窗节能性能标识工作的通知》(建科〔2010〕93 号)的要求,住房和城乡建设部标准定额研究所承担了我国建筑门窗节能性能标识组织实施工作。从 2001 年着手研究开始至今约 20 年的时间,通过实施细则制定、测评队伍建设、软硬件技术研发、宣传服务并举、信息化平台构建等一系列工作,逐步推动了我国建筑门窗节能性能标识试点工作的开展。

截至 2019 年 3 月底,全国已有 25 个省、市、自治区的 396 家门窗生产企业生产的3258 个产品取得了建筑门窗节能性能标识;全国 19 个省、市、自治区的 31 家检测单位通过了建筑门窗节能性能标识实验室评审,具备了评审能力。

(1)制定细则,完善工作实施程序

为保障建筑门窗节能性能标识制度的顺利建立与实施,住房和城乡建设部标准定额研

---

❶ 节选自住房和城乡建设部标准定额研究所《建筑门窗节能性能标识实施情况分析研究报告》,执笔人:刘彬、李铮。

究所组织起草了《建筑门窗节能性能标识试点工作实施细则》和《建筑门窗节能性能标识实验室管理细则》，并于 2007 年 2 月 14 日发布了《关于印发〈建筑门窗节能性能标识试点工作实施细则〉等三个文件的通知》（建标工〔2007〕13 号）。2012 年 5 月 15 日，结合三年来建筑门窗节能标识试点工作中的经验和亟需解决的问题，对两个细则进行了修订，并发布了《关于印发〈建筑门窗节能性能标识工作实施细则〉等两个文件的通知》（建标工〔2012〕87 号）。

与原细则相比，《建筑门窗节能性能标识实施细则》明确限定了建筑门窗节能性能标识测评各个环节的完成时间，将原测评流程缩短了 15 个工作日；细化了建筑门窗节能性能标识证书信息内容，为今后对于标识产品的监管奠定了基础；进一步明确了地方建设主管部门的监督管理职责，为加强对本地标识企业、标识产品和标识实验室的有效监管提供了依据。《建筑门窗节能性能标识实验室管理细则》中，完善了实验室退出机制，明确提出连续两年未开展实际测评工作将不得继续承担建筑门窗节能性能标识的相关工作。

（2）建设队伍，保证工作有效开展

截至 2018 年底，住房和城乡建设部标准定额研究所已组织开展了四批建筑门窗节能性能标识实验室申报工作，目前，北京、天津、上海、吉林、山东、江苏、安徽、浙江、福建、河南、湖北、湖南、广东、广西、贵州、四川、甘肃、宁夏、新疆等 19 个省、市、自治区的 31 家检测单位已具备了承担建筑门窗节能性能标识测评工作的能力。

根据《建筑门窗节能性能标识专家委员会章程》，目前已组织开展了三届专家委员会工作，建筑门窗节能性能标识专家委员会由来自行政管理部门、科研机构、大学院校、生产企业的 40 位专家构成，主要参与管理文件和规范性文件/表格的研究与起草、有关测评技术的研究与确定、标识实验室能力建设、承担测评报告的审核和有关政策措施研究等基础性工作。

（3）技术研发，奠定工作技术基础

工程建设行业标准《建筑门窗玻璃幕墙热工计算规程》于 2008 年 11 月批准发布，2009 年 5 月 1 日正式实施。《建筑门窗玻璃幕墙热工计算规程》是建筑门窗热工性能参数计算的重要技术依据。《建筑门窗玻璃幕墙热工计算规程》的主要技术内容包括：整樘窗热工性能计算、玻璃幕墙热工计算、结露性能评价、玻璃光学热工性能计算、框的传热计算、遮阳系统计算、通风空气间层的传热计算、计算边界条件的设定等。

由住房和城乡建设部标准定额研究所和广东省建筑科学研究院联合开发的《住房和城乡建设部建筑门窗节能性能标识专用软件》（MOC-1）已正式采用，目前该软件已完成全面升级，具备的主要功能有：（1）标识信息管理，并可自动生成标识模拟计算报告、标识测评报告、标识公示信息等内容。（2）实现了与中国建筑门窗节能性能标识网站的无缝链接，可向中国建筑门窗节能性能标识网站上传测评数据及标识项目文件等。（3）可进行玻璃光学热工性能计算、窗框二维传热有限元分析计算、整樘窗热工性能计算，且可根据计算结果自动生成模拟计算报告。（4）具有高效智能建模功能，实现了自动建模。（5）具有框节点搭配多种玻璃系统时批量计算功能，提高了标识中采用多种玻璃系统的框节点二维传热计算的工作效率。（6）收录了中国玻璃数据库，并实现中国玻璃数据库在线自动更新。

（4）加强宣传，无偿提供申请服务

建筑门窗节能性能标识工作的实施，涉及到管理制度、实施机构、实施程序和检测与模拟计算等方面的要求。为了统一技术和管理文件，更好地服务门窗标识工作的开展，2010 年下半年，住房和城乡建设部标准定额研究所组织编写《建筑门窗节能性能标识测评导则》。2012 年 6 月，《建筑门窗节能性能标识测评导则》正式由中国建筑工业出版社正式出版发行。

《建筑门窗节能性能标识测评导则》是在总结标识前期研究成果、试点工作经验的基础上，对标识测评涉及的各环节各步骤进行全面的规定和说明，有助于全面详细地指导标识工作。《建筑门窗节能性能标识测评导则》可供标识实验室、门窗生产企业、建筑节能管理人员以及社会公众了解门窗标识的基本常识、门窗标识的相关工作及标识测评软件的使用，将进一步促进建筑门窗节能性能标识制度的实施，扩大门窗标识的影响范围，保证建筑节能门窗行业的规范发展。

同时，住房和城乡建设部标准定额研究所在建筑门窗节能性能标识的日常管理过程中，继续为门窗企业的产品申请标识提供无偿服务，申请过程中除按要求提交相关申报材料外，不收取任何费用。对于获得建筑门窗节能性能标识的产品，将为门窗企业免费印制寄送《建筑门窗节能性能标识证书》。

（5）信息管理，提高测评工作效率

由住房和城乡建设部标准定额研究所组织开发的"中国建筑门窗节能性能标识网"（www.windowlabel.cn）于 2011 年 7 月 1 日正式投入运行。网站主要栏目包括：标识制度、标识申请及程序、标识实验室、标识产品检索与查询、地方动态、政策法规、标准规范、下载专区、服务园地等。该网站提供了一个通畅的信息平台，可以方便门窗生产企业了解和申请标识，方便设计师、开发商、节能监管部门和公众快速获取标识产品的信息和国家对于建筑节能与门窗的政策法规和标准要求。

建筑门窗节能性能标识管理平台于 2013 年初完成调试并投入使用。建筑门窗节能性能标识管理平台有助于我所在日常管理中转变工作手段、提高工作效率，维护电子数据档案。同时，也为门窗生产企业提供了一个通畅的产品申请和维护平台；为标识试验室提供了一个高效的测评工作平台；为审查专家提供了一个便捷的报告审核平台。

（二）我国门窗标识实施过程中存在的主要问题

2018 年 5 月～11 月，住房和城乡建设部标准定额研究所牵头组织开展建筑门窗节能性能标识实施情况调研，分别在河北省、福建省、新疆维吾尔自治区、云南省及天津市开展了现场座谈和实地调研，住房和城乡建设部建筑门窗节能性能标识专家委员会部分专家委员参与了调研。

本次调研所选取的调研省市覆盖了我国严寒和寒冷地区、夏热冬冷地区、夏热冬暖地区及温和地区等五大气候区。调研工作围绕我国建筑门窗节能性能标识实施 10 年来存在的主要问题，并有针对性地结合了雄安新区绿色建筑及绿色建材的使用、地方节能标准的实施及地方建筑门窗节能性能标识管理办法等相关主题开展。调研过程中，调研组与地方建筑门窗节能性能标识管理单位、实施单位、使用单位及门窗协会进行了深入的座谈，并实地走访了建设单位、门窗企业及工程现场，了解了门窗标识制度在实际实施过程中存在的主要问题。

1. 实施依据模糊， 与认证界限不清

目前，我国建筑门窗节能性能标识的实施主要是依据原建设部《建筑门窗节能性能标识试点工作管理办法》（建科［2006］319号）和住房和城乡建设部《关于进一步加强建筑门窗节能性能标识工作的通知》（建科［2010］93号），缺少上位文件的支撑。同时，上述两个文件分别于2006年和2010年发布，至今已将近15年，实施年代相对久远，部分地方随着主要工作人员的交替，此项工作已经逐渐淡化；部分地方建设主管部门碍于此项工作没有上位法律法规授权，存在涉及行政许可之嫌，导致重视力度不足。

此外，根据《中华人民共和国认证认可条例》（国务院令第390号），认证是指由认证机构证明产品、服务、管理体系符合相关技术规范、相关技术规范的强制性要求或者标准的合格评定活动。按照上述规定，建筑门窗节能性能标识开展的相关工作与认证工作定义的范畴相近，造成工作中地方主管部门职责界限不清，地方政策执行模糊。

2. 动力机制不健全， 相关政策缺少衔接

为推动建筑门窗节能性能标识工作的深入开展，我所针对建筑门窗节能性能标识的试点工作、标识实验室的管理和标识专家委员会的管理制定了相关细则。工作中，部分地方发布实施了相关配套措施，例如，《天津市建筑门窗节能性能标识管理办法》（津建科［2013］746号）规定，天津市建筑工程使用的门窗应当符合本市强制性标准，并取得住房和城乡建设部颁发的建筑门窗节能性能标识；施工总承包单位在采购建筑门窗时，应当按照有关规定采购取得门窗标识的门窗产品；监理单位应当加强对施工现场节能门窗标识的管理，对取得标识的门窗登录中国建筑门窗节能性能标识网站进行查询，与施工现场门窗标识进行比对，并对门窗型材、隔热材料、玻璃间隔条等部位标注的材质、型号、尺寸和厂家等信息进行检查，标识信息完全一致方可使用。北京市《关于进一步推广使用获得节能标识的门窗的通知》（京建发［2010］615号）要求，从2011年1月1日起，在本市建设工程材料供应备案的建筑门窗应获得节能标识。获得备案资格的企业及其产品信息将在北京建设网上予以公示，凡未获得节能标识的门窗产品申请备案将不再予以受理；北京市财政投资建设的办公建筑和大型公共建筑、保障性住房等项目，应优先采用获得节能标识的门窗产品。但实际执行过程中，这些政策规定谁来落实、如何落实、如何切实保证取得建筑门窗节能性能标识的门窗企业的权益，既没有上位政策，又没有地方实施细则，致使门窗企业逐渐失去积极性。

此外，建筑门窗节能性能标识实施过程中，缺少与我部开展的其他节能工作的相互衔接，特别是与绿色建筑评价、与建筑能效标识等工作缺乏相互支撑，缺少主动迎合建筑节能门窗行业发展的改革创新精神，造成房地产开发企业、建筑设计院认知度不高，建筑门窗生产企业接受和认可度逐步下降。

3. 测评程序过于繁琐， 地方适用性不足

我国现行的建筑门窗节能性能标识测评过程主要参照美国国家门窗评级委员会的工作程序，包括企业申报、试样检测、软件模拟、专家审核、公示并颁发证书等。其中，根据《建筑门窗节能性能标识工作实施细则》的规定，公示期为30天，照此计算一个门窗企业从申请到取得建筑门窗节能性能标识的周期通常为3个月，同时，为保证门窗标识产品的质量和节能性能，建筑门窗节能性能标识证书的有效期为3年，取得建筑门窗节能性能标识的产品不得更换配件供应商。部分门窗企业认为，实际工程中，门窗产品及其配件多数由甲方指定，上述规定过于严格，缺少灵活性，证书有效期时间过短，不利于建筑门窗节能性能标识在门窗生产企业中的推广。

目前，建筑门窗节能性能标识主要是依据国家现行标准《公共建筑节能设计标准》GB 50189、《严寒及寒冷地区居住建筑节能设计标准》JGJ 26、《夏热冬暖地区居住建筑节能设计标准》JGJ 75 和《夏热冬冷地区居住建筑节能设计标准》JGJ 134 中有关门窗节能性能的强制性条文划分推荐适宜使用的地区。但部分地方标准中有关门窗节能性能的指标考虑了地方实际情况，不能满足强制性标准的要求，造成地方的适用性不强。例如，我国南方部分沿海地区，由于常年温度相对稳定，对于门窗保温性能要求不高，但由于地理位置和气候条件，需要门窗具备良好的抗台风性能，此项性能又不是节能要求所要考虑的，造成这些地区门窗生产企业在取得建筑门窗节能性能标识后实际工程应用并不被认可。

4. 监督检查缺失， 管理手段滞后

现阶段，建筑门窗节能性能标识更多集中在前期的测评管理，对于取得标识的门窗产品和门窗企业的管理尚处于真空地带。工程应用中，取得了建筑门窗节能性能标识的门窗产品和未取得建筑门窗节能性能标识的产品，在房地产企业和设计师选用过程中没有本质区别，对于取得了建筑门窗节能性能标识的门窗产品后期管理过程中缺乏产品节能性能的复检程序，从某种程度上来说，也并未真正保证门窗产品的节能品质。

由于受条件限制，尽管目前建筑门窗节能性能标识测评软件已经与我国的建筑玻璃数据库进行了联通，但建筑门窗节能性能标识测评软件缺少定期的系统升级，同时，目前软件中的窗型主要源于现行国家标准中规定的标准样窗，对于工程中采用的异型窗以及新型节能玻璃产品缺乏数据更新，也导致了建筑门窗节能性能标识的管理相对滞后。

（三）国外实施门窗标识的共性

从 2001 年我国建筑门窗节能性能标识开展前期研究开始，到目前我国建筑门窗节能性能标识工作已经开展了 18 年，相较于国外门窗标识工作的发展现状，还有很长的路要走。纵观英国、美国、澳大利亚和新西兰建筑门窗节能性能标识工作的开展情况，不难发现存在如下共同特征：

1. 政府或上位法律支持

英国、美国、澳大利亚和新西兰实施的建筑门窗节能性能标识都得到了本国相关法律法规或政府机构的授权或支持，其中，英国门窗标识根据英国建筑法规中对于门窗的节能性能要求开展实施，美国门窗标识依据《全国能源政策法》授权实施，澳大利亚门窗标识则得到了澳大利亚联邦政府温室事务办公室的支持，新西兰门窗标识则得到了新西兰能源部下属的节能中心和科技研究基金会的支持。正是由于具备了依法依规的实施条件，上述四个国家的门窗标识在本国才有了实施推广的"土壤"。

2. 实施机构属性相同

目前，英国、美国、澳大利亚门窗标识的实施均由国内专门的门窗能效测评委员会负责实施，新西兰门窗标识则由本国的门窗协会负责实施。从实施机构的属性来看，上述四个国家的门窗标识均由客观、公正的第三方机构承担。这些机构组织制定门窗标识测评程序和门窗标识产品、门窗标识企业的管理，并对门窗标识的测评结果向政府部门负责。

3. 技术保障实时到位

英国、美国、澳大利亚和新西兰的门窗标识实施机构均由专职管理人员和技术人员承担相关工作，以保证门窗标识日常事务性工作和技术性工作的正常开展。根据这些国家国内有关门窗性能的政策和标准要求的调整，标识管理机构可随时对标识测评软件的技术适用性进行升级和更新，同时，标识测评软件也与本国国内的玻璃数据库、型材数据库及配件数据库开放软件接口，以保证这些技术参数的同步更新。

4. 行业协会支撑保障

英国、美国、澳大利亚和新西兰的门窗标识实施机构均由本国的门窗协会、玻璃协会及其他专业协会组成，标识实施过程中既可以通过这些行业协会的平台和行业影响力对门窗标识进行广泛推广，同时，又可以借助行业协会的专项技术优势不断完善门窗标识的相关制度和技术措施。行业协会的参与有效带动了门窗标识在本国的影响力，美国 NFRC 目前已发放门窗标识产品标签超过 2 亿个，约占美国销售门窗的 65％，澳大利亚国内 300 家门窗生产企业中已有 260 家获得门窗标识，市场上销售的门窗产品超过 90％已取得门窗标识。

5. 配套措施衔接得力

英国、美国、澳大利亚和新西兰的门窗标识推广制度并不只靠标识自身"单打独斗"，而是和本国国内的其他制度相互衔接、相互支撑。英国、美国、澳大利亚取得门窗标识是进行建筑能效评估的前提；美国广泛实施的"能源之星"节能产品认证更是将 NFRC 门窗标识作为入门门槛，只有取得了 NFRC 门窗标识的产品，才能参与节能性能要求更加严格的"能源之星"产品认证。

（四）我国建筑门窗节能性能标识实施建议

为进一步落实中共中央关于绿色发展理念和《住房城乡建设事业"十三五"规划纲要》、《建筑节能与绿色建筑发展"十三五"规划》的要求，依据此次我国建筑门窗节能性能标识实施情况调研中各地方反馈的意见建议，结合我国门窗标识的实施情况和国外门窗标识的推广经验，提出相关工作建议：

1. 完善政策依据，加强政策引导

建筑门窗节能性能标识是我国建筑节能工作的基础，为我国建筑节能标准中有关门窗节能性能的指标修订提供了数据支撑。但目前，我国建筑门窗节能性能标识的相关工作依据缺少上位文件的支撑，同时，现行政策发布年代相对较长，很多内容已不再适合当前工作的开展。建议尽快修订完善《民用建筑节能管理规定》（原建设部令第 143 号），增加有关建筑门窗节能性能标识工作内容的表述，为此项工作的进一步开展明确上位政策。

推广工作中，我所将积极配合相关业务司局，做好技术支撑工作，建议结合住房和城乡建设部当前建筑节能工作，制定推广采信门窗标识的相关政策，同时，配合住房和城乡建设部建筑能效标识、绿色建筑评价、绿色建材评价、建筑行业开展认证认可和被动房、超低能耗建筑等专项工作，将建筑门窗节能性能标识作为基础条件予以纳入。

2. 明确实施标准，闭合工作环节

国家现行标准《公共建筑节能设计标准》GB 50189、《严寒及寒冷地区居住建筑节能设计标准》JGJ 26、《夏热冬暖地区居住建筑节能设计标准》JGJ 75 和《夏热冬冷地区居住建筑节能设计标准》JGJ 134 中对于建筑门窗的节能性能指标均制定了强制性条文。目前，国家标准《建筑节能工程施工质量验收标准》GB 50411 和行业标准《温和地区居住建筑节能设计标准》已经报批，建议标准中明确对工程中采用建筑门窗节能性能标识产品的进场检验和工程复验的强制性条文，保证建筑门窗节能性能在设计和验收阶段有据可依。

3. 利用各方平台，适应地方需求

行业协会是我国产业发展的行业带头人和政策推动者，借助行业协会和地方协会的平台，积极利用协会技术资源，进一步推动建筑门窗节能性能标识工作是一种有效的手段。建议在开展建筑门窗节能性能标识工作中，积极与国家和地方的行业协会联系，寻求合作契合点，在现有体制机制下，谋求相互合作发展。

同时，积极与地方有关主管部门加强沟通，在国家相关政策背景下，倡导和支撑地方出台相关的扶持政策，条件成熟可将建筑门窗节能性能标识列入工程招标的必要条件或地方建筑节能备案的必要条件。

4. 完善制度建设，加强监督管理

结合门窗生产企业的意见建议，组织行业专家研究对现行建筑门窗节能性能标识管理办法的修订，在保证测评数据真实可靠的前提下，尽可能减少测评流程中重复程序。同时，配套专职技术人员和专项经费，保证建筑门窗节能性能标识测评软件的升级和更新，同步实现相关产品数据库的实时更新。

参考认证认可的制度设计，制定建筑门窗节能性能标识监督管理办法，加强对已获得标识的企业、产品的监督检查，严格执行建筑门窗节能性能标识实验室和标识企业的监督管理，切实保证门窗标识实验室测评数据的可靠性、建筑门窗产品信息的真实性，切实保证合规门窗标识实验室和标识企业的权益。

5. 扩大舆论宣传，积极宣贯培训

继续通过报纸、杂志和网络，全面的宣传建筑门窗节能性能标识，包括：门窗标识的基本知识、门窗标识的作用、中国门窗标识的实施成果、中国门窗标识的有关政策等。进一步加强建筑门窗节能标识培训工作，针对《建筑门窗节能性能标识测评导则》、中国建筑门窗节能性能标识网站、建筑门窗节能性能标识专用软件，通过不同形式的培训，提高标识实验室承担标识测评任务的能力。

重要标准篇

第六章

重要工程建设标准介绍

一、国家标准《建筑结构可靠性设计统一标准》GB 50068－2018

（一）任务来源及编制背景

根据《住房城乡建设部〈关于印发 2015 年工程建设标准规范制订修订计划〉的通知》（建标［2014］189 号）的要求，由中国建筑科学研究院有限公司会同有关单位共同修订国家标准《建筑结构可靠性设计统一标准》（以下简称《标准》）。

随着我国科技水平提高，大量高新材料在工程建设中得到广泛采用，原有的建筑结构安全度设置水平已显得不相适应。我国经济建设快速发展，综合国力显著提升，已具备全面调整建筑结构安全度设置水平的经济实力。国家标准《工程结构可靠性设计统一标准》GB 50153－2008 经过修订已发布 6 年多，原《标准》GB 50068－2001 与其存在不少需要协调之处。一些主要国际标准《结构可靠性总原则》ISO 2394 和欧洲规范《结构设计基础》等最新版本相继面世，为本标准修订提供了重要参考依据。

（二）编制目的和意义

本标准是我国建筑结构设计领域最重要的基础性国家标准，是关于我国建筑结构设计的基本原则、基本要求、基本方法及可靠度设置水平标准。原标准实施 14 年以来，我国建筑结构设计领域有了较快发展，特别是高强材料的广泛采用，使我国现行建筑结构可靠度设置水平已不能适应；在设计方法方面，也与国家 2008 年颁发的上位标准《工程结构可靠性设计统一标准》GB 50153－2008 有不少不相协调之处，因此对原标准及时进行修订是十分必要的。

（三）修订原则

以国家标准《工程结构可靠性设计统一标准》GB 50153－2008 作为主要修订依据，与其相协调。

（四）修订的主要技术内容

《标准》在正文中列入了对各种材料建筑结构设计的共性要求，增加了第 3 章"基本规定"；在原《标准》"结构上的作用"一章中增加了"环境影响"的内容；扩展了原《标准》"结构分析"一章，增加了"试验辅助设计"的内容。将原《标准》"质量控制要求"列入了附录 A"质量控制"，并增加了附录 B"作用举例及可变作用代表值的确定原则"、附录 C "试验辅助设计"、附录 D "结构可靠度分析基础和可靠度设计方法"、附录 E "既有结构的可靠性评定",并与《工程结构可靠性设计统一标准》GB 50153－2008 的内容相协调。新增附录 F "可靠性风险管理"、附录 G "耐久性极限状态设计"、附录 H "结构整体稳固性"。

修订组提出了对我国建筑结构安全度设置水平的调整方案:将永久作用和可变作用的分项系数分别由现行《标准》规定的 1.2 和 1.4 提高到 1.3 和 1.5(上述系数,美国分别为 1.2 和 1.6,欧洲分别为 1.35 和 1.5),从而使结构安全度设置水平的关键指标——作用分项系数,在取值上与美国和欧洲规范相当。

(五) 与相关标准的关系/强制性条文内容介绍

本标准在修订中,与国家标准《工程结构可靠性设计统一标准》GB 50153－2008 进行了全面协调,并积极借鉴最新版相关国际标准 *General Principles On Reliability For Structures* ISO 2394:2105 关于"条件极限状态"的规定,在原有的承载能力极限状态和正常使用极限状态设计的基础上,新增了耐久性极限状态设计的要求。

本标准是我国建筑结构设计领域最高层次的基础性国家标准,建筑结构荷载规范、各种材料的结构设计标准和其他相关标准,都将根据本标准规定的原则和要求进行修订。

本标准强制性条文共两条:

3.2.1　建筑结构设计时,应根据结构破坏可能产生的后果,即危及人的生命、造成经济损失、对社会或环境产生影响等的严重性,采用不同的安全等级。建筑结构安全等级的划分应符合表 3.2.1 的规定。

建筑结构的安全等级　　　　　　　　　　　　　　　表 3.2.1

安全等级	破坏后果
一级	很严重:对人的生命、经济、社会或环境影响很大
二级	严重:对人的生命、经济、社会或环境影响较大
三级	不严重:对人的生命、经济、社会或环境影响较小

注:建筑结构抗震设计中的甲类建筑和乙类建筑,其安全等级宜规定为一级;丙类建筑,其安全等级宜规定为二级;丁类建筑,其安全等级宜规定为三级。

3.3.2　建筑结构设计时,应规定结构的设计使用年限。

(六) 标准实施后的预期效益

我国具有世界最大规模的工程建设体量,住房商品化也使得住房成为老百姓最重要的财富来源,适度提高建筑结构安全度设置水平将有利于降低工程风险,有利于高新建筑材料的采用;同时国家"一带一路"发展战略也使我国标准规范面临"走出去"的现实需要,所有这些客观需求都要求我国在建筑结构安全度设置水平上与国际先进标准接轨。完全有理由预期,随着本《标准》的发布实施,将会取得明显的经济效益,而且这种效益是全面的而不是局部的,是长远的而不是暂时的。

本标准是我国建筑结构设计领域最高层次的基础性国家标准,本标准修订对我国建筑结构安全度设置水平的调整,具有"风向标"意义,释放出明确的信号,建筑结构荷载规范、各种材料的结构设计标准和其他相关标准,将依据本标准进行修订,可以预期,修订后的各本标准规范，将更好地体现国务院国办发〔2015〕67号文要求贯彻实施的"《深化标准化改革方案》行动计划（2015-2016）"中明确提出了"不断提高国内标准与国际标准水平一致性程度"，这一国家政策导向，符合国家发展的战略目标，社会效益巨大。

二、国家标准《洪泛区和蓄滞洪区建筑工程技术标准》GB/T 50181－2018

（一）任务来源及编制背景

根据住房和城乡建设部建标〔2014〕189号文"关于印发《2015年工程建设标准规范制订、修订计划》的通知"要求，由中国建筑科学研究院会同有关单位共同修订国家标准《蓄滞洪区建筑工程技术规范》GB 50181－93（以下简称93《规范》）。

随着我国城乡经济的发展，居民生活水平提高，对房屋安全性、宜居性也有了更高的要求。93《规范》自发布二十余年以来，我国又发生了多次严重洪灾，建筑工程的抗洪问题也愈发受到政府重视，随着调研的深入和相关研究的开展，科研人员对蓄滞洪区建筑工程抗洪有了进一步的认识，取得了新的研究成果，为开展《规范》的修订提供了技术依据。

（二）编制目的和意义

为了给洪泛区和蓄滞洪区建筑工程规划和避洪房屋及其他建（构）筑物的抗洪设计提供方法和依据，统一蓄滞洪区和洪泛区建筑工程技术要求，以减轻洪水对建筑工程的破坏并在洪水期间给人民提供必要的避洪场所，避免人员伤亡，减少经济损失，利于蓄滞洪区蓄、滞洪计划的实施，编制本《标准》。

（三）修订原则

《规范》的修订，遵循以下基本原则：贯彻执行国家和行业的有关法律、法规和方针、政策，将建筑工程抗洪的成熟研究成果和实用技术纳入《规范》修订中；遵循标准编制先进性、科学性、协调性和可行性的原则；做好与国内现行相关标准之间的协调，避免重复或矛盾；符合《工程建设标准编写规定》的要求。

除遵循上述基本原则之外，本次修订还充分考虑适用范围和使用对象的要求。针对现有砖、石等结构类型在洪水灾害中表现出的结构整体性差、砌筑砂浆强度低、节点连接不足、构造不合理等问题，除了予以改进和加强外，着重在减轻波浪荷载、水头冲击和水流作用等方面采取对策和措施。本着减轻洪水作用、降低抗洪造价的原则，使建筑抗洪措施所增加的造价控制在可承受的范围内，例如控制在总造价的10%以内。

（四）修订的主要技术内容

1. 扩大了适用范围，将适用范围由蓄滞洪区扩展到洪泛区；

2. 增加了洪泛区房屋抗水流荷载的设计计算与施工；

3. 增加了石砌体承重房屋在墙体厚度、抗洪柱和圈梁设置、抗洪构造措施等规定与要求；

4. 增加了洪泛区在村镇段河流上游村口处设置导流墙以及导流墙结构、材料和构造的规定与要求；

5. 增加了附录 E 洪水水流作用计算方法；

6. 增加了洪泛区有檩屋盖构件连接规定与要求；

7. 为了使用方便，增加了附录 H 部分风级与风速对照表。

（五）标准实施后的预期效益

《标准》修订实施后，将为我国的洪泛区和蓄滞洪区建设、灾后重建、村镇危房改造等国家惠民政策的顺利实施提供技术支撑，提升村镇建筑的抗洪能力，为减轻村镇建筑的洪水灾害、减少灾害损失和人员伤亡、稳定民心、保障社会稳定等方面发挥重要的作用。

洪泛区和蓄滞洪区建筑抗洪能力的提升，将减少洪水人员伤亡，减轻经济损失，同时可大大减轻救灾资源调配和灾后重建的压力，减灾经济效益显著，同时具有重大的社会效益。

三、国家标准《医药工业洁净厂房设计规范》(修订)GB 50457 –2008

（一）任务来源及编制背景

根据住房和城乡建设部"2013 年工程建设标准规范制订、修订计划的通知"（建标〔2013〕6 号）的要求，由中石化上海工程有限公司作为主编单位，于 2013 年启动《医药工业洁净厂房设计规范》GB 50457 – 2008 的修编工作。该规范是我国医药工程设计领域的主要技术标准，适用于新建、改建和扩建的医药工业洁净厂房的设计。原规范颁布于2008 年 11 月 12 日，在我国医药行业全面实施药品 GMP 的过程中发挥了积极作用，促进了我国医药行业的技术进步和产业发展。

近年来，由于国家对人民生命安全的高度重视，药品安全监管工作正在不断加强。随着医药行业新技术，新工艺，新装备的层出不穷，国内外药品 GMP 的理论和实践不断完善，随着我国"药品生产质量管理规范"（2010 年修订）的颁布和实施，原有的规范内容已经不能满足医药行业实施 GMP 的新要求，亟需加以更新。

（二）编制目的和意义

药品是一种特殊的产品，用于预防、诊断和治疗人们的各种疾病。因此药品的质量事关千百万人的生命安全与身体健康，必须完全符合法定标准而不能有任何的偏差。同时药品必须具有安全性和有效性，必须在医生的指导下使用，符合其预定的用途。如果一个病人使用了不合格的药品，或用错了药品，就会对其身体健康产生影响，甚至对其生命安全造成重大威胁。

药品在生产过程中，会面临众多的影响质量的风险因素，典型的如污染、交叉污染、差错和混杂等。因此厂房设施必须具备基本的生产条件，以确保能生产出合格的产品。

中国 2010 年颁布的《药品生产质量管理规范》（以下简称中国药品 GMP）对厂房设施提出了一系列基本的要求，如厂房设施应能满足药品工艺和生产管理的要求，要最大限度的避免污染、交叉污染、混淆和差错的发生；厂房设计应综合考虑工艺流程、设备布置、空调系统的合理设置，生产环境的洁净等级要符合药品质量要求；应根据所生产的药品特性、用途等，综合考虑厂房设施的独立、专用和共用的需求。要有合理的操作空间设计、压差控制、送排风措施等，以保证生产过程中的药品质量安全。

本规范的编制，将指导药品生产设施的设计与建造，确保药品生产环境符合法规要求，确保药品厂房设施能生产出符合人们用药需求的质量合格的药品，从而确保人民的身体健康和生命安全。因此规范的编制具有重要的现实意义。

（三）修订原则

1）符合中国新版药品 GMP 的要求

由于原制定于 2008 年，其参照的药品监管标准是原国家药品监督管理局 1998 年制定的药品 GMP，与目前实施的 2010 年新版药品 GMP 相比，其洁净区域的划分定义、悬浮粒子/微生物限度定级标准、压差控制要求等均与原标准有很大变化，因此设计规范必须进行相应修订。

2）与我国现行规范、标准保持一致

原规范颁布以来，我国的一系列工程建设规范标准均已更新与升级，如《建筑设计防火规范》GB 50016、《洁净厂房设计规范》GB 50073、《洁净室施工及验收规范》GB 50591、《工业企业总平面设计规范》GB 50187、《建筑物防雷设计规范》GB 50057、《工业金属管道设计规范》GB 50316、《压力管道安全技术监察规程-工业管道》TSG R0004 等。因此本规范亟需修编以保持一致。

3）借鉴国际药品生产监管的先进经验

随着我国改革开放步伐的加快，国内生产企业迫切需要进入国际药品市场。因此逐步在国内药品生产设施的建设过程中采用国际标准。因此本规范修订过程中，注意借鉴国际先进的药品监管技术标准，如 FDA 无菌生产指南（2004）、EMEA GMP 欧盟 GMP 及其附录、ISPE 基本指南（原料药指南 V2 版 2007、口服固体生产指南 V2 版 2009、无菌生产设施指南 V2 版 2011、空调系统指南 2008、制药用水与蒸气系统指南）、WHO 技术报告 TRS961（2011）、PIC/S 技术文件（GMP、无菌药品、质量控制实验室）、ISO 14644 洁净室与受控环境等。

4）体现最新医药洁净技术发展成果

随着信息化与自动化技术的进步，以及装备制造行业的技术创新步伐的加快、医药工业领域的新技术新装备不断涌现，提升了药厂的装备制造水平，如隔离器技术、BFS 吹灌封技术、RABS 的应用、冻干自动进出料系统、CIP/SIP 技术、VHP 洁净室灭菌技术等。这些也将在本规范有所体现。

（四）修订的主要技术内容

1）根据中国药品 GMP（2010 年修订），确定洁净区划分等级和控制指标，由原来的 100 级、1 万级和 10 万级，改为 A/B/C/D 四个等级，同时对悬浮粒子和微生物限度指标，按 GMP 要求进行了修正。

2）根据中国药典（2015 版）四部关于微生物实验室的环境控制要求，修订了药品生产企业的微生物实验室的环境设计要求。

3）根据中国药典（2015 版）关于药品储存条件分类，明确了药品储存设施的环境标准。

4）根据中国药品 GMP（2010 年修订），按高致敏性、高活性、激素类、细胞毒性类等类别划分生产区及其设备的独立、专用和共用对建筑物进行了分类和明确。

5）根据中国药品 GMP（2010 年修订）和 ISPE 注射用水指南要求，对于洁净公用工程系统（纯化水、注射用水、纯蒸汽）重新进行定义，并对制备系统、分配系统的材质、流速、质量标准、控制要求等作了修订。

6）根据中国药品 GMP（2010 年修订）中对于无菌药品的要求，对无菌工艺生产设施制定了详细要求。

7）根据中国药品 GMP（2010 年修订）和 ISPE HVAC 指南要求，对洁净空调系统的换气次数、压差控制、气流流型等条款进行了修订，对环境监测提出了要求。

8）根据建筑设计防火规范，结合医药厂房特点，对建筑排烟系统的作了修订，并提交了研究报告。

9）根据中国药品 GMP（2010 年修订）和欧盟 GMP 要求，对于洁净更衣系统的建筑布置、空调系统设置作了修订，简化了原规范中的洁净更衣设置。

10）对于医药洁净室净化空调系统的运行维护与验证制定了标准。

11）对于医药工业洁净厂房的建筑防火安全，消防设施、火灾报警设施等参照现行的国家有关规范标准进行了同步更新。

（五）强制性条文内容介绍

根据住房和城乡建设部《关于深化工程建设标准化工作改革的意见》（建标 2016（166）），现有标准规范中的强条将集中通用规范中，本规范作为行业标准，强制性条款内容将进行简化。根据本规范作为药品生产厂房设施执行的专业性较强的规范标准，其执行对象为生产对人民生命健康有重大影响的药品，因此本规范将保留 25 条具有医药行业特色的条文作为强制性条文，具体确定原则是：

1）对药品生产质量有重要影响的条文，包括 3.2.1、3.2.2 等二条：

3.2.1 医药洁净室的空气洁净度级别划分应符合表 3.2.1 规定。

医药洁净室空气洁净度级别　　　　　　　表 3.2.1

洁净度级别	悬浮粒子最大允许数（个/m³）			
	静 态		动 态	
	≥0.5μm	≥5μm	≥0.5μm	≥5μm
A 级	3520	20	3520	20
B 级	3520	29	352000	2900
C 级	352000	2900	3520000	29000
D 级	3520000	29000	不作规定	不作规定

3.2.2 医药洁净室环境微生物监测的动态标准应满足表 3.2.2 的要求。

医药洁净室环境微生物监测的动态标准   表 3.2.2

洁净度级别	浮游菌 cfu/m³	沉降菌（φ90mm） cfu/4h	表面微生物	
			接触（φ55mm） cfu/碟	5 指手套 cfu/手套
A 级	<1	<1	<1	<1
B 级	10	5	5	5
C 级	100	50	25	—
D 级	200	100	50	—

2）医药生产特有的影响建筑与人员安全的条文，如 6.4.1、6.4.2、6.4.3、6.4.4、6.4.5、6.4.6、8.2.1、9.2.4、9.2.7、9.2.8、9.2.12、9.2.18、11.2.8、11.3.4、11.3.7、11.4.4 等 16 条（以 6.4.4、6.4.5、6.4.6 为例）：

6.4.4 下列部位应设置可燃、易爆介质报警装置和事故排风装置，报警装置应与相应的事故排风装置相连锁：

1 甲、乙类介质的入口室；

2 管廊、技术夹层或技术夹道内有甲、乙类介质的易积聚处；

3 医药工业洁净厂房内使用甲、乙类介质的场所。

6.4.5 医药工业洁净厂房内不得使用压缩空气输送可燃、易爆介质。

6.4.6 各种气瓶应集中设置在医药洁净室外。当日用气量不超过一瓶时，气瓶可设置在医药洁净室内，但应有气体泄漏报警和消防等安全措施。

3）与药品特性有关且影响药品质量或人员健康的条文，如 5.1.6、5.1.7、5.1.8、5.1.11、7.2.12、9.6.1、9.6.3（以 5.1.6、5.1.7、5.1.8 为例）：

5.1.6 高致敏性药品（青霉素类）、生物制品（如卡介苗类和结核菌素类）、血液制品的生产厂房应独立设置，其生产设施和设备应专用。

5.1.7 生产 β-内酰胺结构类药品，性激素类避孕药品、含不同核素的放射性药品生产区必须与其他药品生产区严格分开。

5.1.8 炭疽杆菌、肉毒梭状芽胞杆菌、破伤风梭状芽胞杆菌应使用专用生产设施生产。

4）本标准引用其他规范标准的条文，不作为强条。

（六）标准实施后的预期效益

药品是一种特殊的产品，它与人民群众的身体健康和生命安全息息相关。我国政府历来非常重视药品的安全管理，颁布了一系列的法律法规，用以指导和监管药品生产和使用全过程的质量和安全。药品的质量源于设计。药品生产的全过程都必须按《药品生产质量管理规范》的要求进行控制、才能生产出符合法定要求的产品。

《医药工业洁净厂房设计规范》作为我国医药工程建设领域唯一的专业技术标准，本规范的实施，将有利于医药工程建设项目的标准化、规范化、国际化，同时将推动医药洁净技术进步和医药装备水平的提升。对于医药行业全面贯彻实施《药品生产质量管理规范》，确保药品生产全过程的安全可靠，保证药品质量，保障人民用药安全将起到积极作用。因此《医药工业洁净厂房设计规范》的颁布和实施，将具有良好的经济和社会效益。

四、行业标准《大坝安全监测系统鉴定技术规范》SL 766-2018

(一) 任务来源及编制背景

任务来源：水利部财政预算。

编制背景：我国已制定《土石坝安全监测技术规范》、《混凝土坝安全监测技术规范》等相关规范，规定巡视检查、变形监测、渗流监测、应力（压力）应变温度监测、地震反应监测、环境量监测等设计标准。据统计，全国90％的大型水库和2/3的中型水库设有安全监测设施。由于各种原因，部分安全监测设施建成运行一段时间后出现基础资料缺失、仪器设备损坏、系统运行不稳定、监测数据混乱等现象。随水库大坝服役年限延长，工程地质条件、施工质量存在与设计假定不一致，大坝运行性态可能发生变化，原有的监测系统可能达不到全面有效监控大坝安全的目的，为此国内一些工程已开展大坝安全监测系统鉴定，但国内外无相关标准。

(二) 编制目的与意义

水库大坝安全直接关系到国家饮水安全、公共安全、粮食安全与生态安全。安全监测是监视和掌握水库大坝运行性态的重要非工程措施，是指导水库科学调度、工程安全运行的重要手段。开展大坝安全监测系统鉴定技术规范编制，规定大坝安全监测系统评价内容、要求、方法和标准等，对科学规范评估大坝安全监测系统运行状况，保障已建水库大坝安全监测系统持续可靠有效运行和大坝安全可控具有十分重要的意义。

(三) 制定原则

1. 实用性原则

编制水利标准的目的是在水利行业内就有关工作进行规范化，其首要目标就是要实用，不仅条文内容便于直接指导操作使用，而且还要便于被其他标准或文件引用。

2. 统一性原则

本标准内做到结构的统一、文体的统一、技术要素的统一等。

3. 协调性原则

注重已颁布标准之间的协调，与其他标准之间无交叉重复。理清并衔接好与本标准有关的上位规范和下位规范，遵守基础标准和采取引用的方法。

4. 规范性原则

按现行标准编写规定，注重标准文本的规范性，做到章、节、条、款、项，以及图表、公式等合规。

(四) 主要技术内容

1. 评价体系

大坝安全监测系统评价内容包括监测设施可靠性、完备性、运行维护有效性和自动化系统可靠性，评价框架体系见图6-1。

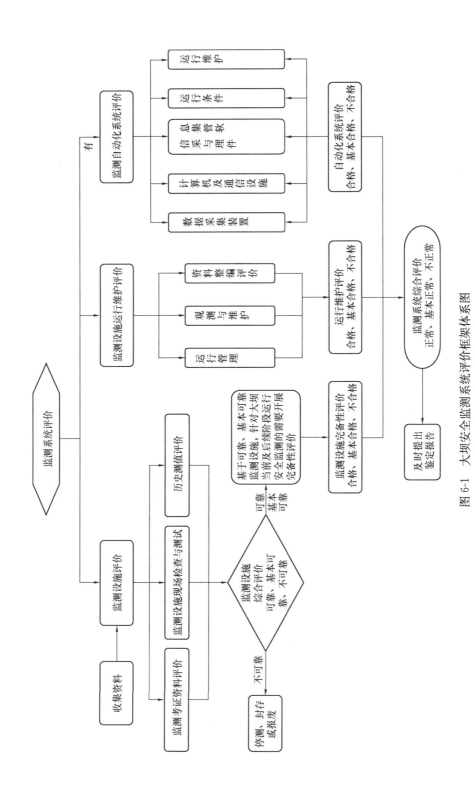

图 6-1 大坝安全监测系统评价框架体系图

2. 监测设施现场检查与测试评价

包括变形、渗流、应力应变及温度、环境量和强震监测设施的现场检查与测试内容、方法与评价标准等。

3. 监测设施可靠性评价

从监测设施考证资料评价、现场检查与测试评价、历史测值评价三个方面，综合评价监测设施可靠性。监测设施考证资料评价和历史测值评价结果为可靠或基本可靠，现场检查与测试评价结果为可靠，综合评价为可靠；监测设施考证资料评价和历史测值评价结果为可靠或基本可靠，现场检查与测试评价结果为基本可靠，综合评价为基本可靠；监测设施考证资料评价、历史测值评价、现场检查与测试评价结果中一项为不可靠，综合评价为不可靠。

4. 监测设施完备性评价

对评价为可靠或基本可靠的现有监测设施，基于大坝安全监测相关规范及工程运行情况，评价监测项目及布设能否满足大坝安全监控需求进行评价。重要监测项目无缺项，重要监测项目和一般监测项目布置均合理，完备性评价为合格；重要监测项目缺项，或重要监测项目不缺项但其布置不合理，完备性评价为不合格；其他情形，评价为基本合格。

5. 监测设施运行维护评价

从运行管理、观测与维护以及资料整编分析3个方面开展评价。

运行管理评价为基本合格以上，观测与维护评价为合格，资料整编评价基本合格以上，运行维护评价为合格；运行管理评价为不合格、或观测与维护评价为不合格、或资料整编评价为不合格，运行维护评价为不合格；其他情形，运行维护评价为基本合格。

6. 监测自动化系统评价

监测自动化系统评价内容包括数据采集装置、计算机及通信设施、信息采集与管理软件、运行条件、运行维护等。

数据采集装置、计算机与通信设施、信息采集与管理软件、运行条件均为正常，运行维护为基本正常以上，评价为合格；数据采集装置、信息采集与管理软件均为基本正常以上，计算机与通信设施为正常，运行条件为基本正常，评价为基本合格；其他情形，评价为不合格。

7. 监测系统综合评价

依据监测设施完备性评价、监测设施运行维护评价、自动化系统评价结果，开展监测系统综合评价。

监测设施完备性评价为合格，监测设施运行维护为合格，有监测自动化系统且评价为合格，监测系统鉴定为正常；监测设施完备性评价为基本合格，自动化系统评价为合格或基本合格，监测系统鉴定为基本正常；监测设施完备性评价为不合格，监测系统鉴定为不正常。

（五）与相关标准的关系/强制性条文内容介绍

国内外暂无类似或相同内容的有关标准。《土石坝安全监测技术规范》SL 551 - 2012、《混凝土坝安全监测技术规范》SL 601 - 2013、《水利水电工程安全监测设计规范》SL 725 - 2016 等 3 部标准为本标准的"上位规范"。《大坝安全监测仪器报废标准》SL 621 - 2013

为本标准的"下位规范"。本标准为推荐性标准，无强制性条文。

（六）标准实施后的预期效益

本规范的发布实施具有重要的预期社会经济效益，主要体现在：

1. 为水库、水电站大坝的运行管理提供技术规范支持，确保安全监测系统可靠运行，为评价大坝安全运行性态及隐患识别与预警奠定基础。

2. 安全监测是检验病险水库除险加固效果及工程安全长效性的重要手段，定期安全监测系统鉴定是安全监控的保障，本规范可在除险加固工程中应用，并创造显著经济效益。

3. 为水库、水电站大坝等水工程安全的监督管理提供辅助决策。

4. 本规范发布后，可在全国 9.8 万余座水库应用。

五、行业标准《严寒和寒冷地区居住建筑节能设计标准》JGJ 26－2018

（一）任务来源及编制背景

根据住房和城乡建设部《关于印发〈2015 年工程建设标准规范制订、修订计划〉的通知》（建标〔2015〕274 号）的要求，由中国建筑科学研究院为主编单位，会同 25 个单位共同修编本标准。

上一个版本颁布实施近 5 年，已经成为严寒和寒冷地区居住建筑开展节能工作的主要依据和技术支撑。通过各地方的贯彻执行，北方地区居住建筑的节能水平较本标准颁布前有了长足的进步和发展。同时，亦带动了相关产业的蓬勃发展和建筑节能技术的快速进步。部分节能工作先进地区更是在对本标准吸收、消化的基础上，制定并颁布实施了更高节能要求的地方标准，进一步提高了居住建筑的节能水平。

（二）编制目的和意义

按照国家能源战略的部署，建筑节能势必迈上更高的台阶。在部分地方已经实施的更高节能要求标准和绿色建筑标准的推动下，外部环境在意识和需求层面上都已经具备了进一步提升行业标准节能水平的条件。适时调整并提高本标准的节能水平将有助于继续推动建筑节能水平和行业的进步与发展，贯彻国家有关节约能源、保护环境的法律、法规和政策，进一步改善严寒和寒冷地区居住建筑热环境，提高供暖的能源利用效率。本标准的修订是"第三步"节能目标的重要支撑。

（三）修订原则

1. 进一步提升严寒和寒冷地区居住建筑的节能水平。

2. 充分调研和总结 2010 版标准执行过程中出现的问题和反馈意见，在修订时均作出调整。

3. 借鉴节能先进地区地方节能标准和国家公共建筑节能设计标准中被实践证明切实有效的设计要求、设计方法和技术措施。

4. 明确本标准边界，对建筑节能相关的设计及性能要求聚焦于居住建筑小区内或建筑内的建筑构件、设备、系统。

5. 充分考虑标准提升后，各因素对住宅节能性能影响的变化，在标准中进行调整和修改。

6. 给出主要城镇新建居住建筑的供暖设计能耗水平参考值。

7. 修改围护结构权衡判断的方法。

8. 纳入给水排水、电气系统节能设计的内容。

（四）修订的主要技术内容

1. 提升了标准的节能目标，严寒和寒冷地区的供暖能耗整体上在 2010 版标准的基础上降低 30%，相应提升了建筑和围护结构规定性指标的要求。

2. 增加了建筑采光的要求，对设置天然采光设施、采光窗的透光折减系数、导光管的效率和室内各表面的加权平均反射比提出要求。

3. 简化了建筑和围护结构规定性指标的限值表，按照≤3 层和≥4 层分别提出要求，外窗限值按照窗墙面积比 0.3 分为两档。

4. 增加了对天窗面积、供暖设计温度温差大于 5K 的隔墙和楼板等提出热工性能要求。

5. 将外窗的太阳得热系数作为寒冷 B 区夏季的限值指标。

6. 补充了地面以下保温材料的深度、非供暖楼梯间外窗和外墙、金属附框的设计要求。

7. 修改了围护结构权衡判断的方法。

8. 修改了选择建筑供热热源时优先顺序的规定。

9. 修改了关于电直接加热作为供暖热源的限制条件。

10. 提升并补充完善了供暖、供冷、生活热水系统冷热源能效限值。

11. 减少了与燃煤锅炉的设计要求相关的条款。

12. 增加了可再生能源建筑应用的条款。

13. 增加了新风系统设置热回收装置的规定。

14. 增加了居住建筑给水排水、电气系统节能的章节。

（五）强制性条文内容介绍

1. 标准对体形系数、窗墙面积比、建筑内外围护结构传热系数的限值进行了强制，当不符合限值要求时须进行围护结构热工性能的权衡判断。

2. 规定了天窗与屋面面积比值。

3. 规定了安装太阳能热利用或太阳能光伏发电系统不得降低相邻建筑的日照标准。

4. 对外窗及阳台门的气密性进行了强制。

5. 规定必须对设置供能的房间进行热负荷和逐项逐时的冷负荷计算。

6. 强制了电供暖作为供暖热源的条件。

7. 规定了集中供暖系统的热量计量。

8. 规定了供暖空调系统应设置自动室温调控装置。

9. 规定了锅炉的设计热效率和空调系统冷源能效和输配系统能效。

10. 强制了水力平衡计算及设立平衡装置的设置条件。

11. 规定了热泵热水机 COP 值。

12. 规定了设计照明功率密度值。

（六）标准实施后的预期效益

本标准考虑住房和建设部工程建设标准化改革的方向，与全文强制规范保持衔接和一致，将有助于完成国家在建筑领域的节能减排目标，实现国家的能源战略目标，呼应国家治理大气污染、倡导清洁取暖的需求。标准总体上达到节能 75％的目标，将进一步降低建筑能耗，具有较高的经济效益和社会效益。

六、江苏省地方标准《住宅智能信报箱建设标准》DGJ32/T J229－2018

（一）任务来源及编制背景

根据江苏省住房和城乡建设厅《关于印发〈2017 年度江苏省工程建设标准和标准设计编制、修订计划〉的通知》（苏建科〔2017〕409 号）要求，开展《住宅智能信报箱建设标准》编制工作。

因传统信报箱空间有限，无法放进包裹、快件等原因，导致使用率极低，为适应江苏省住宅信报箱发展需要，化解传统信报箱用不上、快递柜不够用的尴尬，江苏省邮政管理局开始编制工作，加快推进智能信报箱建设。

（二）编制目的和意义

传统信报箱因空间有限，无法放进包裹、快件等原因，导致使用率极低，为适应江苏省住宅信报箱发展需要，化解传统信报箱用不上、快递柜不够用的尴尬，为保障居民的通信权利，保护通信自由和秘密，满足邮件、快件发展的投递需求，规范江苏省住宅智能信报箱建设，江苏省邮政管理局开始编制工作，加快推进智能信报箱建设。

《住宅智能信报箱建设标准》作为全国第一个智能信报箱建设标准，《标准》的出台填补了智能信报箱建设标准上的空白。智能信报箱整合传统的信报箱和近年新兴的智能快件箱全部功能，既可投取信函、报刊，又可投取包裹，能很好保护用户个人隐私，满足人民群众日益增长的用邮需求。

推广智能信包箱建设是打通邮政服务"最后一百米"瓶颈，提升邮政末端服务水平，有效解决群众用邮难题的重要途径。制定工作对解决邮政业末端问题、服务民生、促进供给侧改革具有重要意义。

（三）制定/修订原则

《标准》制定应以民生为导向，具有前瞻性、适用性。必须坚持方便使用和保证安全的原则，为邮件、快件投递和居民用邮创造良好的条件。满足居民邮政普遍服务，实现邮政企业和快递企业的共同投递。

（四）主要技术内容/修订的主要技术内容

《标准》明确了建筑一体化配套设施建设要求，住宅智能信报箱是居住建筑的重要组成部分，将智能信报箱建设工程纳入建筑工程统一规划、设计、施工和验收，并应与建筑工程同时投入使用，并对智能信报箱的布局设计、设置数量、功能拓展及材料厚度、大小等作了明确规定。主要技术内容包含：界定了智能信报箱的概念及相关术语；明确了智能信报箱的类型、标记、组成、规格、材料、质量、功能、安全等内容；规定了智能信报箱的布局、设计、安装及验收等。

（五）与相关标准的关系/强制性条文内容介绍

1.0.2　本标准适用于江苏省内城市新建、改建、扩建住宅小区及各类住宅楼建设工程智能信报箱的设计、安装和验收；行政区域旧信报箱的更新以及乡镇地区可参照本标准执行。

1.0.4　住宅智能信报箱建设应与建筑工程统一规划、同步设计、同步施工、同步验收，并与建筑工程同时投入使用。

3.1.5　智能信报箱（群）的格口总数，不应少于住宅户数。集中设置的智能信报箱群宜设一个退信格口。

3.2.5　智能信报箱用房使用面积不应小于 $10m^2$/百户，室内净高不应小于 2.4m。

（六）标准实施后的预期效益

《标准》以热点民生为导向，智能信报箱整合传统的信报箱和近年新兴的智能快件箱全部功能，既可投取信函、报刊，又可投取包裹，实现邮政企业和快递企业的共同投递，而且能很好保护用户个人隐私，满足江苏省人民群众日益增长的用邮需求。

七、重庆市地方标准《智慧小区评价标准》DBJ50/T-279-2018

（一）任务来源及编制背景

1. 任务来源

根据重庆市城乡建设委员会《关于下达重庆市工程建设标准制订修订项目计划（第二批）的通知》（渝建〔2013〕442 号）和重庆市《智慧小区建设技术要点》（渝建〔2015〕439 号）有关要求。由重庆市建设技术发展中心负责组织编写，重庆瑞坤科技发展有限公司为主要参编单位进行编写。

2. 编制背景

当前，物联网、大数据、人工智能等新一代信息技术发展迅猛，并逐渐成为中国产业革命的新力量、经济转型升级的新引擎，与此同时，国家智慧城市建设如火如荼，全国智慧城市数量已达 300 余座。重庆市积极响应国家号召，大力推进智慧城市建设，而智慧小区作为智慧城市的基本单元，是构建智慧社会的单元细胞，目前，国内还没有一部关于对智慧小区评价相关的标准，为了指导和规范重庆市智慧小区建设，提高重庆市智慧小区的设计水平和施工质量，迫切需要开展智慧小区关键技术研究，构建重庆市智慧小区评价指标体系，开展重庆市智慧小区评价标准的编制就尤为重要。

（二）编制目的和意义

当前，国家和重庆市大力发展智慧城市建设，智慧小区作为智慧城市的重要终端，对于发展和完善智慧城市功能具有重要的作用。现行国家和行业标准主要包括《智能建筑设计标准》GB 50314－2015、《智能建筑工程质量验收规范》GB 50339－2013、《综合布线系统工程设计规范》GB 50311－2007、《住宅区和住宅建筑内光纤到户通信设施工程设计规范》GB 50846－2012、《视频安防监控系统工程设计规范》GB 50395－2007、《出入口控制系统工程设计规范》GB 50396－2007、《停车库（场）出入口控制设备技术要求》GA/T 992－2012、《安全防范视频监控摄像机通用技术要求》GA/T 1127－2013、《智慧社区建设指南（试行）》等标准；兄弟省市也出台了智慧社区和智慧小区相关标准，例如《内蒙古自治区智慧小区设计标准》DBJ 03－70－2016、《北京市智慧社区指导标准》、《上海市智慧社区建设指南（试行）》、《山东省绿色智慧住区建设指南（试行）》、《湖北省智慧社区、智慧家庭设施设备通用规范》等。

为推进重庆市智能建筑（小区）发展，重庆市城乡建委先后发布了《建筑智能化系统工程施工规范》DBJ 50－124－2011、《重庆市住宅建筑群电信用户驻地网建设规范》DBJ 50－056－2011、《建筑智能化系统工程设计文件编制深度规范》DBJ 50/T－036－2014、《绿色生态住宅（绿色建筑）小区建设技术规程》DBJ 50/T－039－2015、《建筑智能化系统设计规范》DBJ 50/T－175－2014、《绿色生态住宅（绿色建筑）小区评价技术细则》（试行）（2015版）和修订《住宅小区智能化系统工程设计规范》DBJ/T 50－035，有效指导重庆市智能建筑（小区）的建设。

目前国内智慧城市呈现井喷式快速发展势态，智慧小区是智慧城市的基本单元和基本落脚点，对于提高建筑居住品质、社会治理水平和物业管理水平具有重要的意义。为贯彻落实住房城乡建设部《关于开展国家智慧城市试点工作的通知》（建办科［2012］42号）和《重庆市深入推进智慧城市建设总体方案（2015—2020年）》（渝府办发［2015］135号）要求，引导和规范我市智慧小区建设，市城乡建委组织重庆电信研究院、重庆信科设计有限公司和重庆市建设技术发展中心等单位完成了《智慧小区建设技术要点》（渝建［2015］439号），并于2015年12月20日正式施行，技术要点从定性和宏观层面指导重庆市智慧小区建设，需开展标准定量研究，进一步细化和量化各项技术指标，构建相对完善的智慧小区评价指标体系。为切实做好配套实施工作，加强智慧小区建设与评价工作提供了依据。

（三）制定/修订原则

《智慧小区评价标准》制定原则遵循：提升先进性、突出可行性和可量化性的原则。

（四）主要技术内容/修订的主要技术内容

本标准基于《智慧小区建设技术要点》（渝建［2015］439号），结合重庆市住宅小区智能化系统工程设计规范、绿色生态住宅（绿色建筑）小区建设技术规程和建筑智能化系统设计规范等地方标准，参考国家《智能建筑设计标准》、《智能建筑工程质量验收规范》，统一编制《智慧小区评价标准》，是城乡智慧建设标准体系的重要组成部分。

本标准系统构建了智慧小区评价指标体系和评价权限分值，明确了智慧小区的建设重点和具体考评内容，补充和完善了《智慧小区建设技术要点》（渝建［2015］439号），有效指导和规范重庆市智慧小区的建设。

本标准着重加强小区物业管理信息化水平，进一步发挥基础设备设施的作用，实现精细化、高效化的物业管理服务模式，全面提升物业管理水平，用现代化信息化手段满足物业服务的需求，以服务推进管理、以服务带动管理，达到全面快捷物业综合服务的目的。

本标准将促进信息服务、智能化服务、增值性服务等有效整合资源，将小区物业、养老、教育、电商服务等民生服务信息资源高度融合，让业主受惠于智慧城市建设成果。

标准将强化小区信息化建设，拓宽政府相关政策、法律法规的传播渠道和路径，增强小区管理工作信息透明度，进而实现政府对小区管理工作的系统化、智慧化。

（五）标准实施后的预期效益

重庆市《智慧小区评价标准》实施对落实智慧小区的设计要求、统一智慧小区工程质量要求，保证智慧小区的实施效果，建立健全智慧小区管理体系具有重要作用。智慧小区将为业主带来安全、便捷、高效的智慧化生活体验。智慧小区将促进物业服务公司改革，实现小区设备可视化管理，缩短物业服务反应时间，有效提升物业管理水平和质量，降低物业运行成本，并增加增值服务，可以为物业服务公司提供造血功能。智慧小区构建政府、业主、物业服务企业、商业服务企业的纽带桥梁，方便政府部门监管，提高管理效能。智慧小区将促进大力发展物联网、大数据、云计算等新兴产业，促进产业的转型升级，形成经济新增长点。

附　　录

附录一　2018 年工程建设标准化大事记

1 月 1 日，新修订的《中华人民共和国标准化法》开始施行。全法共分 6 个章节，主要内容为总则、标准的制定、标准的实施、监督管理、法律责任及附则。该法明确规定了国家标准、行业标准及团体标准的性质及标准主管、监管部门职责。

1 月 8 日，交通运输部会同住房和城乡建设部、中国残联、全国老龄办等 6 部门联合印发《关于进一步加强和改善老年人残疾人出行服务的实施意见》，明确到 2020 年，我国的火车站、汽车站等客运站将实现老年人、残疾人无障碍设施全覆盖。

3 月 8 日，住房和城乡建设部废止《工程建设项目招标代理机构资格认定办法》、《物业服务企业资质管理办法》，自决定之日起生效。

3 月 8 日，住房和城乡建设部印发《危险性较大的分部分项工程安全管理规定》，适用于房屋建筑和市政基础设施工程中危险性较大的分部分项工程安全管理。自 2018 年 6 月 1 日期施行。

3 月 12 日，国务院批复同意广东等省开展国家标准化综合改革试点工作。

3 月 13 日，九部委联合印发《新材料标准领航行动计划（2018—2020 年）》，九部委包括质检总局、工业和信息化部、发展改革委、科技部、国防科工局、中国科学院、中国工程院、国家认监委、国家标准委。提出构建新材料产业标准体系，研制新材料领航标准，优化新材料标准供给结构，推进新材料标准制定与科技创新、产业发展协同，建立新材料评价标准体系等。

3 月 26 日，住房和城乡建设部印发《可转化成团体标准的现行工程建设推荐性标准目录（2018 年版）》，具备相应条件和能力的学会、协会、商会、联合会等社会团体，在保证开放、透明、公平和不降低国家标准、行业标准水平的前提下，可组织对附件所列标准项目特别是标龄较长的项目进行完善提高、补充细化。

3 月 28 日，住房和城乡建设部、公安部废止《城市公共交通车船乘坐规则》，自决定发布之日起生效。

4 月 11 日，六部门联合印发《智能光伏产业发展行动计划（2018—2020 年）》，六部门包括工业和信息化部、住房和城乡建设部、交通运输部、农业农村部、国家能源局、国务院扶贫办。提出推动互联网、大数据、人工智能与光伏产业深度融合，鼓励特色行业智能光伏应用。到 2020 年智能光伏工厂建设成效显著，智能光伏产品供应能力增强并形成品牌效应，"走出去"步伐加快。

4月16日，国家发展改革委、住房和城乡建设部等5部委日前联合印发的《关于规范主题公园建设发展的指导意见》提出，要防止一哄而起、盲目发展、重复模仿、同质化竞争，防范地方债务、社会、金融等风险；要严控房地产倾向，对拟新增立项的主题公园项目要科学论证评估，严格把关审查，防范"假公园真地产"项目。

4月18日，京津冀工程建设标准协调发展工作座谈会召开，与北京市住房和城乡建设委员会、北京市规划和自然资源委员会、河北省住房和城乡建设厅达成启动京津冀协同标准编制共识，为京津冀工程建设标准协同发展奠定了基础、搭建了平台。

6月22日，住房和城乡建设部废止《城市轨道交通运营管理办法》，自2018年7月1日生效。

6月22日，广东省人民政府印发广东省国家标准化综合改革试点建设方案。

6月26日，国务院印发《打赢蓝天保卫战三年行动计划》，强调实施能源消耗总量和强度双控行动。健全节能标准体系，大力开发、推广节能高效技术和产品，实现重点用能行业、设备节能标准全覆盖。重点区域新建高耗能项目单位产品（产值）能耗要达到国际先进水平。因地制宜提高建筑节能标准，加大绿色建筑推广力度，引导有条件地区和城市新建建筑全面执行绿色建筑标准。

7月1日，浙江省开始施行《建筑工程建筑面积计算和竣工综合测量技术规程》，在全国率先统一建筑工程项目报批全过程的规划容积率核算、房产测量和工程量核算的建筑面积计算规则，以土地出让时间为准，实行"老人老办法，新人新办法"。

7月9日，第五轮中德政府磋商在柏林举行，发布《第五轮中德政府磋商联合声明》，就现有机制基础上继续落实和更新行动纲要并就下一阶段合作达成一系列重要共识。《第五轮中德政府磋商联合声明》明确提出加强标准领域合作，特别是在中德产品安全工作组下加强并深化中德产品安全、市场监管、认证认可与合格评定领域的合作。这体现了两国政府对标准化合作的高度重视。

9月21日，住房和城乡建设部印发《工程质量安全手册（试行）》，鼓励各地住房城乡建设主管部门在此基础上，结合本地实际，细化有关要求，制定简洁明了、要求明确的实施细则。该手册旨在推动建筑业高质量发展，提高人民群众满意度，保证工程质量安全。

9月28日，住房和城乡建设部修改并发布了《建筑工程施工许可管理办法》、《房屋建筑和市政基础设施工程施工招标投标管理办法》，自发布之日起生效。

9月30日，住房和城乡建设部决定废止《关于认真做好〈公共建筑节能设计标准〉宣贯、实施及监督工作的通知》（建标函［2005］121号），自决定发布之日起生效。

10月14日，第49个世界标准日，国际电工委员会（IEC）、国际标准化组织（ISO）、国际电信联盟（ITU）将世界标准日的主题确定为"国际标准与第四次工业革命"。

10月18日，《国家智能制造标准体系建设指南（2018年版）》印发，明确提出到2018年，累计制修订150项以上智能制造标准，基本覆盖基础共性标准和关键技术标准。到2019年，累计制修订300项以上智能制造标准，全面覆盖基础共性标准和关键技术标准，逐步建立起较为完善的智能制造标准体系。建设智能制造标准试验验证平台，提升公共服务能力，提高标准应用水平和国际化水平。

10月31日，住房和城乡建设部、商务部决定废止《外商投资建设工程设计企业管理规定》（建设部、对外贸易经济合作部令第 114 号）、《〈外商投资建设工程设计企业管理规定〉的补充规定》（建设部、商务部令第 122 号）和《外商投资建设工程服务企业管理规定》（建设部、商务部令第 155 号），自决定发布之日起生效。

11 月 9 日至 10 日，第三届中国工程建设标准化高峰论坛在常州召开，论坛主题为"标准引领质量提升　品牌铸就美好生活"，其主旨是契合国家标准和发展战略，落实国家政策要求，着眼于标准化工作最终目的是为不断改善提高人民群众的生活水平和质量作出努力和贡献。同时为工程建设标准化领域各行各业的专家学者及标准化工作者提供科学技术和专业学术相互交流、研讨的大平台。

11 月 9 日，我国首届"标准科技创新奖"颁奖，《高速铁路设计规范》、《江苏省绿色建筑设计标准》等 52 项标准荣获此奖。"标准科技创新奖"是经中华人民共和国科学技术部批准设立的，由中国工程建设标准化协会组织开展推荐评选的奖项，这是我国工程建设标准化领域首个专属奖项。这个奖项的设立和表彰，对于深入推进工程建设标准化改革，推广标准化成果，充分调动标准化工作者和各有关单位的积极性和创造性发挥重要作用。

11 月 9 日，《江苏省绿色建筑设计标准》荣获标准科技创新奖一等奖，是唯一获一等奖的地方标准。适用于全省新建民用建筑绿色设计，通过将绿色建筑管理由事后评价转为事前控制、构建绿色建筑设计监管制度等措施，为全国第一部绿色建筑地方法规——《江苏省绿色建筑发展条例》的实施提供了技术支撑，为全面强制推广一星级绿色建筑奠定了坚实基础。

11 月 15 日，工程建设团体标准信息公开工作正式开展。工程团标信息公开坚持自愿的原则，由发布团体标准的社会团体自愿提出申请，由住房和城乡建设部标准定额研究所按照《住房和城乡建设部标准定额研究所工程建设团体标准信息公开管理办法（试行）》组织开展相关工作。

11 月 23 日，住房和城乡建设部印发《贯彻落实推进城市安全发展意见实施方案》。该方案旨在贯彻落实《中共中央办公厅 国务院办公厅印发〈关于推进城市安全发展的意见〉的通知》，做好住房城乡建设系统推进城市安全发展工作。方案明确四大主要任务：一是加强城市安全源头治理；二是健全城市安全防控机制；三是提升城市安全监管效能；四是强化城市安全保障能力。

11 月 26 日，《工程建设团体标准信息公开管理办法（试行）》正式印发，旨在推动工程建设团体标准化发展，规范工程建设团体标准信息公开管理，提高工程建设团体标准的社会和政府采信程度。

12 月 5 日 住房和城乡建设部工程标准国际化工作推进会在上海召开。

12 月 6 日，住房和城乡建设部发布《海绵城市建设评价标准》、《绿色建筑评价标准》等 10 项推动城市高质量发展标准，旨在适应中国经济由高速增长阶段转向高质量发展阶段的新要求，以高标准支撑和引导我国城市建设、工程建设高质量发展。这 10 项标准涵盖促进城市绿色发展、保障城市安全运行、建设和谐宜居城市 3 个方面。

12 月 20 日，住房和城乡建设部标准定额司印发《国际化工程建设规范标准体系表》（以下简称《体系表》）。《体系表》由工程建设规范、术语标准、方法类和引领性标准项目构成。工程建设规范部分为全文强制的国家工程建设规范项目；有关行业和地方工程建设规范，可在国家工程建设规范基础上补充、细化、提高。术语标准部分为推荐性国家标准项目；有关行业、地方和团体标准，可在推荐性国家标准基础上补充、完善。方法类和引领性标准部分为自愿采用的团体标准项目。

12月22日，贯彻服务京津冀协同发展重大国家战略，会同北京、河北共同组织编制的首部京津冀区域协同工程建设标准《绿色雪上运动场馆评价标准》DB/T 29－257－2018正式发布。

12月24日，全国住房和城乡建设工作会议在京召开。会议全面总结了2018年住房和城乡建设工作，分析了面临的形势和问题，提出了2019年工作总体要求和重点任务。会议部署了2019年十大重点工作：一是促进房地产市场平稳健康发展；二是健全城镇住房保障体系；三是补齐租赁住房短板；四是着力提升城市承载力和系统化水平；五是促进城市高质量建设发展；六是提升城市品质；七是提升乡村宜居水平；八是深入推进建筑业供给侧结构性改革；九是优化营商环境；十是为住房和城乡建设事业高质量发展提供坚强政治保障。

12月29日，住房和城乡建设部决定修改《房屋建筑和市政基础设施工程施工图设计文件审查管理办法》，自决定发布之日起施行。

附录二 2018年住房和城乡建设部批准发布的国家标准

序号	标准编号	标准中文名称	制定或修订	被替标准编号	批准日期	实施日期	主编单位
1	GB/T 50200－2018	有线电视网络工程设计标准	修订	GB 50200－94	2018－1－16	2018－9－1	中广电广播电影电视设计研究院 武汉市广播电视台
2	GB 50385－2018	矿山井架设计标准	修订	GB 50385－2006	2018－1－16	2018－9－1	中煤邯郸设计工程有限责任公司
3	GB 50471－2018	煤矿瓦斯抽采工程设计标准	修订	GB 50471－2008	2018－1－16	2018－9－1	中煤科工集团重庆设计研究院有限公司
4	GB/T 50761－2018	石油化工钢制设备抗震设计标准	修订	GB 50761－2012	2018－1－16	2018－9－1	中国石化工程建设有限公司
5	GB/T 51265－2018	有线电视网络工程施工与验收标准	制定		2018－1－16	2018－9－1	中广电广播电影电视设计研究院 北京歌华有线电视网络股份有限责任公司
6	GB/T 51272－2018	煤炭工业智能化矿井设计标准	制定		2018－1－16	2018－9－1	煤炭工业合肥设计研究院
7	GB/T 51273－2018	石油化工钢制设备抗震鉴定标准	制定		2018－1－16	2018－9－1	中国石化工程建设有限公司
8	GB/T 51277－2018	矿山立井冻结施工及质量验收标准	制定		2018－1－16	2018－9－1	中煤特殊凿井有限责任公司 淮北矿业(集团)工程建设有限责任公司
9	GB/T 51278－2018	数字蜂窝移动通信网LTE工程技术标准	制定		2018－1－16	2018－9－1	中国移动通信集团设计院有限公司 中国通信建设集团设计院有限公司
10	GB/T 51279－2018	公众移动通信高速铁路覆盖工程技术标准	制定		2018－1－16	2018－9－1	华信邮电咨询设计研究院有限公司

续表

序号	标准编号	标准中文名称	制定或修订	被替标准编号	批准日期	实施日期	主编单位
11	GB/T 51280－2018	工程泥沙设计标准	制定		2018－1－16	2018－9－1	水利部水利水电规划设计总院 黄河勘测规划设计有限公司
12	GB/T 51281－2018	同步数字体系（SDH）光纤传输系统工程验收标准	制定		2018－1－16	2018－9－1	中国通信建设集团有限公司
13	GB 50210－2018	建筑装饰装修工程质量验收标准	修订	GB 50210－2001	2018－2－8	2018－9－1	中国建筑科学研究院有限公司
14	GB 50217－2018	电力工程电缆设计标准	修订	GB 50217－2007	2018－2－8	2018－9－1	中国电力企业联合会 中国电力工程顾问集团西南电力设计院有限公司
15	GB/T 50355－2018	住宅建筑室内振动限值及其测量方法标准	修订	GB/T 50355－2005	2018－2－8	2018－9－1	中国建筑科学研究院有限公司 中航天建设工程有限公司
16	GB/T 50466－2018	煤炭工业供暖通风与空气调节设计标准	修订	GB/T 50466－2008	2018－2－8	2018－9－1	中煤科工集团北京华宇工程有限公司
17	GB/T 50488－2018	腈纶工厂设计标准	修订	GB 50488－2009	2018－2－8	2018－9－1	中国纺织工业联合会 上海纺织建筑设计研究院
18	GB/T 50636－2018	城市轨道交通综合监控系统工程技术标准	修订	GB/T 50732－2011 GB 50636－2010	2018－2－8	2018－9－1	工业和信息化部电子工业标准化研究院
19	GB 51284－2018	烟气脱硫工艺设计标准	制定		2018－2－8	2018－9－1	中国恩菲工程技术有限公司
20	GB/T 51285－2018	建筑合同能源管理节能效果评价标准	制定		2018－2－8	2018－9－1	西南交通大学 广西建工集团第三建筑工程有限责任公司
21	GB 51286－2018	城市道路工程技术规范	制定		2018－2－8	2018－9－1	北京市市政工程设计研究总院有限公司
22	GB 50202－2018	建筑地基基础工程施工质量验收标准	修订	GB 50202－2002	2018－3－16	2018－10－1	上海市基础工程集团有限公司 苏州嘉盛建设工程有限公司

续表

序号	标准编号	标准中文名称	制定或修订	被替标准编号	批准日期	实施日期	主编单位
23	GB 50288-2018	灌溉与排水工程设计标准	修订	GB 50288-99	2018-3-16	2018-11-1	水利部水利水电规划设计总院 陕西省水利电力勘测设计研究院
24	GB/T 50363-2018	节水灌溉工程技术标准	修订	GB/T 50363-2006	2018-3-16	2018-11-1	中国灌溉排水发展中心
25	GB/T 50398-2018	无缝钢管工程设计标准	修订	GB 50398-2006	2018-3-16	2018-11-1	中冶东方工程技术有限公司
26	GB/T 50551-2018	球团机械设备工程安装及质量验收标准	修订	GB 50551-2010	2018-3-16	2018-11-1	中国十七冶集团有限公司
27	GB/T 50643-2018	橡胶工厂职业安全卫生设计标准	修订	GB 50643-2010	2018-3-16	2018-11-1	中国化学工业桂林工程有限公司 中国石油和化工勘察设计协会
28	GB 51247-2018	水工建筑物抗震设计标准	制定		2018-3-16	2018-11-1	中国水利水电科学研究院
29	GB 51276-2018	煤炭企业总图运输设计标准	制定		2018-3-16	2018-11-1	中煤西安设计工程有限责任公司
30	GB 51282-2018	煤炭工业露天矿矿山运输工程设计标准	制定		2018-3-16	2018-11-1	中煤西安设计工程有限责任公司
31	GB 51287-2018	煤炭工业露天矿土地复垦工程设计标准	制定		2018-3-16	2018-11-1	中煤科工集团北京华宇工程有限公司
32	GB 51291-2018	共烧陶瓷混合电路基板厂设计标准	制定		2018-3-16	2018-11-1	工业和信息化部电子工业标准化研究院 中国电子科技集团公司第二研究所
33	GB/T 51292-2018	无线通信室内覆盖系统工程技术标准	制定		2018-3-16	2018-11-1	北京电信规划设计院有限公司
34	GB/T 51306-2018	工程振动术语和符号标准	制定		2018-3-16	2018-11-1	中国机械工业集团有限公司
35	GB/T 50578-2018	城市轨道交通信号工程施工质量验收标准	修订	GB 50578-2010	2018-3-16	2018-10-1	中国铁路通信信号上海工程局集团有限公司
36	GB/T 51290-2018	建设工程造价指标指数分类与测算标准	制定		2018-3-7	2018-7-1	住房和城乡建设部标准定额研究所 北京科创软件技术有限公司

续表

序号	标准编号	标准中文名称	制定或修订	被替标准编号	批准日期	实施日期	主编单位
37	GB/T 50381－2018	城市轨道交通自动售售检票系统工程质量验收标准	修订	GB 50381－2010	2018－4－25	2018－12－1	上海地铁咨询监理科技有限公司
38	GB 50496－2018	大体积混凝土施工标准	修订	GB 50496－2009	2018－4－25	2018－12－1	中冶建筑研究总院有限公司　中交武汉港湾工程设计研究院有限公司
39	GB/T 50546－2018	城市轨道交通线网规划标准	修订	GB/T 50546－2009	2018－4－25	2018－12－1	中国城市规划设计研究院
40	GB/T 51295－2018	钢围堰工程技术标准	制定		2018－4－25	2018－12－1	广州市市政集团有限公司　江苏德丰建设集团有限公司
41	GB 50348－2018	安全防范工程技术标准	修订	GB 50348－2004	2018－5－14	2018－12－1	公安部第一研究所　公安部科技信息化局
42	GB 50421－2018	有色金属矿山排土场设计标准	修订	GB 50421－2007	2018－5－14	2018－12－1	中国有色工程有限公司　长沙有色冶金设计研究院有限公司
43	GB/T 51288－2018	矿山斜井冻结法施工及质量验收标准	制定		2018－5－14	2018－12－1	中煤第五建设有限公司　兖矿新陆建设发展有限公司
44	GB 51289－2018	煤炭工业露天矿边坡工程设计标准	制定		2018－5－14	2018－12－1	中煤科工集团沈阳设计研究院有限公司
45	GB 51298－2018	地铁设计防火标准	制定		2018－5－14	2018－12－1	上海市隧道工程轨道交通设计研究院　公安部天津消防研究所
46	GB 51299－2018	铍冶炼厂工艺设计标准	制定		2018－5－14	2018－12－1	中国有色工程有限公司　长沙有色冶金设计研究院有限公司

续表

序号	标准编号	标准中文名称	制定或修订	被替标准编号	批准日期	实施日期	主编单位
47	GB/T 51300-2018	非煤矿山井巷工程施工组织设计标准	制定		2018-5-14	2018-12-1	中国有色工程有限公司　金诚信矿业管理股份有限公司
48	GB 50089-2018	民用爆炸物品工程设计安全标准	修订	GB 50089-2007	2018-7-10	2019-3-1	中国五洲工程设计集团有限公司　兵器工业安全技术研究所
49	GB/T 50130-2018	混凝土升板结构技术标准	修订	GBJ 130-90	2018-7-10	2018-12-1	中国建筑科学研究院有限公司　镇江四建设建设有限公司
50	GB 50180-2018	城市居住区规划设计标准	修订	GB 50180-93	2018-7-10	2018-12-1	中国城市规划设计研究院
51	GB/T 50299-2018	地下铁道工程施工质量验收标准	修订	GB 50299-1999 (2003)	2018-7-10	2018-12-1	北京城建集团有限责任公司
52	GB 50336-2018	建筑中水设计标准	修订	GB 50336-2002	2018-7-10	2018-12-1	中国人民解放军军事科学院国防工程研究院
53	GB/T 50361-2018	木骨架组合墙体技术标准	修订	GB/T 50361-2005	2018-7-10	2018-12-1	国家建筑材料工业标准定额总站　中国建筑西南设计研究院有限公司
54	GB 50364-2018	民用建筑太阳能热水系统应用技术标准	修订	GB 50364-2005	2018-7-10	2018-12-1	中国建筑标准设计研究院有限公司
55	GB/T 50379-2018	工程建设勘察企业质量管理标准	修订	GB/T 50379-2006	2018-7-10	2018-12-1	北京市勘察设计研究院有限公司
56	GB/T 51294-2018	风景名胜区详细规划标准	制定		2018-7-10	2018-12-1	中国城市规划设计研究院
57	GB/T 51305-2018	码头船舶岸电设施工程技术标准	制定		2018-7-10	2018-12-1	交通运输部水运科学研究所
58	GB/T 51307-2018	塔式太阳能光热发电站设计标准	制定		2018-7-10	2018-12-1	中国电力企业联合会，中国能源建设集团有限公司工程研究院

续表

序号	标准编号	标准中文名称	制定或修订	被替标准编号	批准日期	实施日期	主编单位
59	GB 51309－2018	消防应急照明和疏散指示系统技术标准	制定		2018－7－10	2019－3－1	公安部沈阳消防研究所
60	GB/T 51310－2018	地下铁道工程施工标准	修订		2018－7－10	2018－12－1	北京城建集团有限责任公司
61	GB/T 51312－2018	船舶液化天然气加注站设计标准	制定		2018－7－10	2018－12－1	陕西省燃气设计院有限公司　中交第四航务工程勘察设计院有限公司
62	GB/T 50046－2018	工业建筑防腐蚀设计标准	修订	GB 50046－2008	2018－9－11	2019－3－1	中国石油和化工勘察设计协会、中国冀球工程公司
63	GB 50143－2018	架空电力线路、变电站（所）对电视差转台、转播台无线电干扰防护间距标准	修订	GBJ 143－90	2018－9－11	2019－3－1	国家广电总局广播电视规划院
64	GB/T 50181－2018	洪泛区和蓄滞洪区建筑工程技术标准	修订	GB 50181－93	2018－9－11	2018－3－1	中国建筑科学研究院
65	GB/T 50252－2018	工业安装工程施工质量验收统一标准	修订	GB 50252－2010	2018－9－11	2019－3－1	中国石油和化工勘察设计协会、中国化学工程第四建设有限公司
66	GB/T 50298－2018	风景名胜区总体规划标准	修订	GB 50298－1999	2018－9－11	2019－3－1	中国城市规划设计研究院
67	GB/T 50374－2018	通信管道工程施工及验收标准	修订	GB 50374－2006	2018－9－11	2019－3－1	中讯邮电咨询设计院有限公司
68	GB/T 50528－2018	烧结砖瓦工厂节能设计标准	修订	GB 50528－2009	2018－9－11	2019－3－1	西安墙体材料研究设计院　中城建第六工程局集团有限公司
69	GB/T 50548－2018	330kV～750kV 架空输电线路勘测标准	修订	GB 50548－2010	2018－9－11	2019－3－1	中国电力中国电力企业联合会、中国电力工程顾问集团中南电力设计院有限公司

续表

序号	标准编号	标准中文名称	制定或修订	被替标准编号	批准日期	实施日期	主编单位
70	GB/T 50559－2018	平板玻璃工厂环境保护设施设计标准	修订	GB 50559－2010	2018－9－11	2019－3－1	秦皇岛玻璃工业研究设计院
71	GB/T 51296－2018	石油化工工程数字化交付标准	制定		2018－9－11	2019－3－1	中国石化工程建设有限公司 中国寰球工程有限公司
72	GB/T 51311－2018	风光储联合发电站调试及验收标准	制定		2018－9－11	2019－3－1	中国电力企业联合会 上海电力设计院有限公司
73	GB/T 51313－2018	电动汽车分散充电设施工程技术标准	制定		2018－9－11	2019－3－1	中国电力企业联合会 国家电网公司
74	GB/T 51314－2018	数据中心基础设施运行维护标准	制定		2018－9－11	2019－3－1	中国建筑标准设计研究院 工业和信息化部电子工业标准化研究院
75	GB/T 51315－2018	射频识别应用工程技术标准	制定		2018－9－11	2019－3－1	信息产业部电子工程标准定额站 太极计算机股份有限公司
76	GB/T 51316－2018	烟气二氧化碳捕集纯化工程设计标准	制定		2018－9－11	2019－3－1	胜利油田胜利勘察设计研究院有限公司
77	GB/T 51319－2018	医药工艺用气系统工程设计标准	制定		2018－9－11	2019－3－1	国药集团重庆医药设计院有限公司
78	GB/T 51320－2018	建设工程化学灌浆材料应用技术标准	制定		2018－9－11	2019－3－1	中国电力企业联合会 中国葛洲坝集团股份有限公司
79	GB 51321－2018	电子工业厂房综合自动化工程技术标准	制定		2018－9－11	2019－3－1	工业和信息化部电子工业标准化研究院 中国电子系统工程总公司
80	GB 51322－2018	建筑废弃物再生工厂设计标准	制定		2018－9－11	2019－3－1	新奥生态建材有限公司、福建南方路面机械有限公司

续表

序号	标准编号	标准中文名称	制定或修订	被替标准编号	批准日期	实施日期	主编单位
81	GB/T 51323－2018	核电厂建构筑物维护及可靠性鉴定标准	制定		2018－9－11	2019－3－1	中冶建筑研究院总有限公司
82	GB/T 51327－2018	城市综合防灾规划标准	制定		2018－9－11	2019－3－1	北京工业大学抗震减灾研究所　中国城市规划设计研究院
83	GB/T 51328－2018	城市综合交通体系规划标准	制定	GB 50220－95，CJJ 75－97(3.1.3.2)	2018－9－11	2019－3－1	中国城市规划设计研究院
84	GB/T 51329－2018	城市环境规划标准	制定		2018－9－11	2019－3－1	昆明市规划设计研究院　中国城市规划设计研究院
85	GB 50068－2018	建筑结构可靠性设计统一标准	修订	GB/T 50668－2011	2018－11－1	2019－4－1	中国建筑科学研究院
86	GB/T 50337－2018	城市环境卫生设施规划标准	修订	GB 50337－2003	2018－11－1	2019－4－1	成都市规划设计研究院
87	GB/T 50357－2018	历史文化名城保护规划标准	修订	GB 50357－2005	2018－11－1	2019－4－1	中国城市规划设计研究院
88	GB 50414－2018	钢铁冶金企业设计防火标准	修订	GB 50414－2007	2018－11－1	2019－4－1	中冶京诚工程技术有限公司　首安工业消防有限公司
89	GB/T 50433－2018	生产建设项目水土保持技术标准	修订	GB 50433－2008	2018－11－1	2019－4－1	水利部水土保持监测中心
90	GB/T 50434－2018	生产建设项目水土流失防治标准	修订	GB 50434－2008	2018－11－1	2019－4－1	水利部水土保持监测中心

续表

序号	标准编号	标准中文名称	制定或修订	被替代标准编号	批准日期	实施日期	主编单位
91	GB/T 50491－2018	铁矿球团工程设计标准	修订	GB 50491－2009	2018－11－1	2019－4－1	中冶长天国际工程有限责任公司　中冶北方工程技术有限公司
92	GB/T 51238－2018	岩溶地区建筑地基基础技术标准	制定		2018－11－1	2019－4－1	华东交通大学　江西中煤建设集团有限公司
93	GB/T 51240－2018	生产建设项目水土保持监测与评价标准	制定		2018－11－1	2019－4－1	水利部水土保持监测中心
94	GB/T 51293－2018	城市轨道交通给水排水系统技术标准	制定		2018－11－1	2019－4－1	广州地铁设计研究院有限公司
95	GB/T 51297－2018	水土保持工程调查与勘测标准	制定		2018－11－1	2019－4－1	水利部水利水电规划设计总院
96	GB 51303－2018	船厂工业地坪设计标准	制定		2018－11－1	2019－4－1	中船第九设计研究工程有限公司
97	GB 51304－2018	小型水电站施工安全标准	制定		2018－11－1	2019－4－1	水利部农村电气化研究所
98	GB/T 51325－2018	煤焦化粗苯加工工程设计标准	制定		2018－11－1	2019－4－1	中冶焦耐（大连）工程技术有限公司　中冶焦耐工程技术有限公司
99	GB 51326－2018	钛冶炼厂工艺设计标准	制定		2018－11－1	2019－4－1	中国有色工程有限公司　贵阳铝镁设计研究院有限公司
100	GB/T 51334－2018	城市综合交通调查技术标准	制定		2018－11－1	2019－4－1	中国城市规划设计研究院
101	GB/T 51335－2018	声屏障结构技术标准	制定		2018－11－1	2019－4－1	上海市城市建设设计研究总院（集团）有限公司　甄鹏建设集团有限公司

续表

序号	标准编号	标准中文名称	制定或修订	被替标准编号	批准日期	实施日期	主编单位
102	GB/T 51336－2018	地下结构抗震设计标准	制定		2018－11－1	2019－4－1	清华大学、北京城建设计研究总院有限责任公司
103	GB 50168－2018	电气装置安装工程　电缆线路施工及验收标准	修订	GB 50168－2006	2018－11－8	2019－5－1	中国电力企业联合会　中国电力科学研究院
104	GB 50170－2018	电气装置安装工程　旋转电机施工及验收标准	修订	GB 50170－2006	2018－11－8	2019－5－1	中国电力企业联合会　中国电力科学研究院
105	GB/T 50224－2018	建筑防腐蚀工程施工质量验收标准	修订	GB 50224－2010	2018－11－8	2019－4－1	中国石油和化工勘察设计协会　上海富晨化工有限公司
106	GB/T 51331－2018	煤焦化焦油加工工程设计标准	制定		2018－11－8	2019－4－1	中冶焦耐（大连）工程技术有限公司　中冶焦耐工程技术有限公司
107	GB 51302－2018	架空绝缘配电线路设计标准	制定		2018－11－8	2019－5－1	中国电力企业联合会　国网北京市电力公司
108	GB/T 51332－2018	含硝基苯类化合物废水处理设施工程技术标准	制定		2018－11－8	2019－4－1	北京北方节能环保有限公司　中国兵器工业标准化研究所
109	GB 51333－2018	厚膜陶瓷基板生产工厂设计标准	制定		2018－11－8	2019－4－1	工业和信息部电子工业标准化研究院　中国电子科技集团公司第五十五研究所
110	GB/T 51338－2018	分布式电源并网工程调试与验收标准	制定		2018－11－8	2019－5－1	中国电力科学研究院有限公司
111	GB/T 51339－2018	非煤矿山采矿术语标准	制定		2018－11－8	2019－5－1	中国有色工程有限公司　中国恩菲工程技术有限公司

续表

序号	标准编号	标准中文名称	制定或修订	被替代标准编号	批准日期	实施日期	主编单位
112	GB/T 51340－2018	核电站钢板钢混凝土结构技术标准	制定		2018－11－8	2019－5－1	中冶建筑研究总院有限公司
113	GB 50160－2008	石油化工企业设计防火规范（2018年版）	局部修订	GB 50160－2008	2018－12－18	2019－4－1	中国石化集团洛阳石化工程公司　中国石化工程建设公司
114	GB 50013－2018	室外给水设计标准	修订	50013－2006	2018－12－26	2019－8－1	上海市政工程设计研究总院（集团）有限公司
115	GB/T 50297－2018	电力工程基本术语标准	修订	GB/T 50297－2006	2018－12－26	2019－6－1	中国电力企业联合会　四川省电力公司
116	GB/T 51301－2018	建筑信息模型设计交付标准	制定		2018－12－26	2019－6－1	中国建筑标准设计研究院
117	GB/T 51341－2018	微电网工程设计标准	制定		2018－12－26	2019－6－1	中国电力企业联合会、国家电网公司
118	GB/T 51342－2018	电子工程节能施工质量验收标准	制定		2018－12－26	2019－8－1	工业和信息化部电子工业标准化研究院
119	GB/T 51343－2018	真空电子器件生产线设备安装技术标准	制定		2018－12－26	2019－8－1	工业和信息化部电子工业标准化研究院、中国真空电子行业协会
120	GB/T 51345－2018	海绵城市建设评价标准	制定		2018－12－26	2019－8－1	中国建设科技集团股份有限公司　中国城镇供水排水协会　北京建筑大学
121	GB 50437－2007	城镇老年人设施规划规范（2018年版）	局部修订		2018－12－27	2019－5－1	南京市规划设计研究院

附录三　2018 年发布的工程建设行业标准

序号	标准编号	标准名称	类型	被替代标准编号	发布日期	实施日期	主编单位	批准部门
1	JGJ 26－2018	严寒和寒冷地区居住建筑节能设计标准	修订	JGJ 26－2010	2018－12－18	2019－8－1	中国建筑科学研究院	住房和城乡建设部
2	JGJ/T 135－2018	载体桩技术标准	修订	JGJ 135－2007	2018－3－19	2018－11－1	北京波森特岩土工程有限公司	住房和城乡建设部
3	JGJ/T 150－2018	擦窗机安装工程质量验收标准	修订	JGJ 150－2008	2018－2－14	2018－10－1	中国建筑科学研究院	住房和城乡建设部
4	JGJ 158－2018	蓄能空调工程技术标准	修订	JGJ 158－2008	2018－3－19	2018－11－1	中国建筑科学研究院有限公司	住房和城乡建设部
5	JGJ/T 175－2018	自流平地面工程技术标准	修订	JGJ/T 175－2009	2018－2－14	2018－10－1	中国建材检验认证集团股份有限公司	住房和城乡建设部
6	JGJ/T 195－2018	液压爬升模板工程技术标准	修订	JGJ 195－2010	2018－12－6	2019－6－1	江苏江都建设集团有限公司	住房和城乡建设部
7	JGJ/T 396－2018	咬合式排桩技术标准	制订		2018－3－19	2018－11－1	上海建工集团股份有限公司	住房和城乡建设部
8	JGJ/T 404－2018	既有建筑地基可靠性鉴定标准	制订		2018－12－6	2019－6－1	山东省建筑科学研究院	住房和城乡建设部
9	JGJ/T 414－2018	建筑施工模板和脚手架试验标准	制订		2018－2－14	2018－10－1	中国建筑科学研究院有限公司	住房和城乡建设部
10	JGJ/T 419－2018	长螺旋钻孔压灌桩技术标准	制订		2018－12－6	2019－6－1	建研地基基础工程有限责任公司	住房和城乡建设部

续表

序号	标准编号	标准名称	类型	被替代标准编号	发布日期	实施日期	主编单位	批准部门
11	JGJ/T 421－2018	冷弯薄壁型钢多层住宅技术标准	制订		2018－9－12	2019－1－1	住房和城乡建设部住宅产业化促进中心	住房和城乡建设部
12	JGJ/T 422－2018	既有建筑地基基础检测技术标准	制订		2018－3－19	2018－11－1	河北省建筑科学研究院	住房和城乡建设部
13	JGJ/T 423－2018	玻璃纤维增强水泥（GRC）建筑应用技术标准	制订		2018－2－14	2018－10－1	中国建筑材料科学研究总院	住房和城乡建设部
14	JGJ/T 426－2018	农村危险房屋加固技术标准	制订		2018－1－9	2018－7－1	河南省建筑科学研究院有限公司	住房和城乡建设部
15	JGJ/T 427－2018	建筑装饰装修工程成品保护技术标准	制订		2018－2－14	2018－10－1	中国建筑装饰协会	住房和城乡建设部
16	JGJ/T 428－2018	弱电工职业技能标准	制订		2018－9－12	2019－1－1	住房和城乡建设部人力资源开发中心	住房和城乡建设部
17	JGJ/T 429－2018	建筑施工易发事故防治安全标准	制订		2018－2－14	2018－10－1	重庆建工第九建设有限公司	住房和城乡建设部
18	JGJ/T 430－2018	装配式环筋扣合锚接混凝土剪力墙结构技术标准	制订		2018－2－14	2018－10－1	中国建筑第七工程局有限公司	住房和城乡建设部
19	JGJ 432－2018	建筑工程逆作法技术标准	制订		2018－9－12	2019－1－1	华东建筑设计研究院有限公司	住房和城乡建设部
20	JGJ/T 433－2018	公共租赁住房运行管理标准	制订		2018－3－19	2018－11－1	上海市房地产科学研究院	住房和城乡建设部
21	JGJ/T 434－2018	建筑工程施工现场监管信息系统技术标准	制订		2018－1－9	2018－7－1	住房和城乡建设部信息中心	住房和城乡建设部

续表

序号	标准编号	标准名称	类型	被替代标准编号	发布日期	实施日期	主编单位	批准部门
22	JGJ/T 435－2018	施工现场模块化设施技术标准	制订		2018－3－19	2018－11－1	中国建筑股份有限公司	住房和城乡建设部
23	JGJ/T 437－2018	城市地下病害体综合探测与风险评估技术标准	制订		2018－2－14	2018－10－1	北京市勘察设计研究院有限公司	住房和城乡建设部
24	JGJ/T 438－2018	桩基地热能利用技术标准	制订		2018－1－9	2018－7－1	北京中岩大地科技股份有限公司	住房和城乡建设部
25	JGJ/T 439－2018	碱矿渣混凝土应用技术标准	制订		2018－12－6	2019－6－1	重庆大学	住房和城乡建设部
26	JGJ/T 440－2018	住宅新风系统技术标准	制订		2018－12－18	2019－5－1	中国建筑科学研究院	住房和城乡建设部
27	JGJ/T 443－2018	再生混凝土结构技术标准	制订		2018－12－18	2019－5－1	北京工业大学	住房和城乡建设部
28	JGJ/T 445－2018	工业化住宅尺寸协调标准	制订		2018－4－10	2018－10－1	中国建筑标准设计研究院有限公司	住房和城乡建设部
29	JGJ 446－2018	监狱建筑设计标准	制订		2018－9－12	2019－1－1	中国建筑标准设计研究院有限公司	住房和城乡建设部
30	JGJ/T 447－2018	烧结保温砌块应用技术标准	制订		2018－12－18	2019－5－1	中国建筑科学研究院	住房和城乡建设部
31	JGJ/T 448－2018	建筑工程设计信息模型制图标准	制订		2018－12－6	2019－6－1	中国建筑标准设计研究院	住房和城乡建设部
32	JGJ/T 449－2018	民用建筑绿色性能计算标准	制订		2018－5－28	2018－12－1	清华大学	住房和城乡建设部

续表

序号	标准编号	标准名称	类型	被替代标准编号	发布日期	实施日期	主编单位	批准部门
33	JGJ 450－2018	老年人照料设施建筑设计标准	制订	GB 50867－2013 GB 50340－2016	2018－3－30	2018－10－1	哈尔滨工业大学	住房和城乡建设部
34	JGJ/T 451－2018	内置保温现浇混凝土复合剪力墙技术标准	制订		2018－11－7	2019－4－1	郑州市第一建筑工程集团有限公司	住房和城乡建设部
35	JGJ/T 452－2018	建材及装饰材料经营场馆建筑设计标准	制订		2018－5－28	2018－12－1	中国建筑材料流通协会	住房和城乡建设部
36	JGJ/T 455－2018	住宅排气管道系统工程技术标准	制订		2018－12－6	2019－6－1	中国建筑科学研究院	住房和城乡建设部
37	JGJ/T 458－2018	预制混凝土外挂墙板应用技术标准	制订		2018－12－27	2019－10－1	中国建筑标准设计研究院	住房和城乡建设部
38	JGJ/T 467－2018	装配式整体卫生间应用技术标准	制订		2018－12－27	2019－5－1	中国建筑标准设计研究院	住房和城乡建设部
39	JGJ/T 477－2018	装配式整体厨房应用技术标准	制订		2018－12－18	2019－8－1	大荣建设集团有限公司	住房和城乡建设部
40	CJJ 63－2018	聚乙烯燃气管道工程技术标准	修订	CJJ 63－2008	2018－10－18	2019－3－1	住房和城乡建设部科技与产业化发展中心	住房和城乡建设部
41	CJJ 92－2016	城镇供水管网漏损控制及评定标准（2018年版）	修订		2018－12－27	2019－2－1		住房和城乡建设部
42	CJJ/T 96－2018	地铁限界标准	修订	CJJ 96－2003	2018－11－7	2019－4－1	同济大学铁道与城市轨道交通研究院	住房和城乡建设部

续表

序号	标准编号	标准名称	类型	被替代标准编号	发布日期	实施日期	主编单位	批准部门
43	CJJ/T 120-2018	城镇排水系统电气与自动化工程技术标准	修订	CJJ 120-2008	2018-10-18	2019-3-1	上海市城市建设设计研究总院(集团)有限公司	住房和城乡建设部
44	CJJ 274-2018	城镇环境卫生设施除臭技术标准	制订		2018-12-18	2019-5-1	城市建设研究院	住房和城乡建设部
45	CJJ/T 275-2018	市政工程施工安全检查标准	制订		2018-3-19	2018-11-1	重庆建工第九建设有限公司	住房和城乡建设部
46	CJJ/T 276-2018	预弯预应力组合梁桥技术标准	制订		2018-2-14	2018-10-1	东南大学	住房和城乡建设部
47	CJJ/T 277-2018	自动导向轨道交通设计标准	制订		2018-2-14	2018-10-1	广州地铁设计研究院有限公司	住房和城乡建设部
48	CJJ/T 279-2018	城镇桥梁沥青混凝土桥面铺装施工技术标准	制订		2018-4-10	2018-10-1	武汉市市政建设集团有限公司	住房和城乡建设部
49	CJJ/T 280-2018	纤维增强复合材料混凝土桥梁技术标准	制订		2018-4-10	2018-10-1	上海市城市建设设计研究总院(集团)有限公司	住房和城乡建设部
50	CJJ/T 281-2018	桥梁悬臂浇筑施工技术标准	制订		2018-4-10	2018-10-1	上海建工四建集团有限公司	住房和城乡建设部
51	CJJ/T 283-2018	园林绿化工程盐碱地改良技术标准	制订		2018-11-8	2019-4-1	江苏山水环境建设集团股份有限公司	住房和城乡建设部
52	CJJ/T 284-2018	热力机械顶管技术标准	制订		2018-10-18	2019-3-1	北京市热力工程设计有限责任公司	住房和城乡建设部

续表

序号	标准编号	标准名称	类型	被替代标准编号	发布日期	实施日期	主编单位	批准部门
53	CJJ/T 285-2018	一体化预制泵站工程技术标准	制订		2018-12-6	2019-6-1	上海市政工程设计研究总院（集团）有限公司	住房和城乡建设部
54	CJJ/T 286-2018	土壤固化剂应用技术标准	制订		2018-5-28	2018-12-1	福建省建筑科学研究院	住房和城乡建设部
55	CJJ/T 287-2018	园林绿化养护标准	制订		2018-11-7	2019-4-1	北京市园林科学研究院	住房和城乡建设部
56	CJJ/T 288-2018	城市轨道交通架空接触网技术标准	制订		2018-12-27	2019-5-1	中铁二院工程集团有限责任公司	住房和城乡建设部
57	CJJ/T 289-2018	城市轨道交通隧道结构养护技术标准	制订		2018-12-18	2019-5-1	同济大学	住房和城乡建设部
58	CJJ/T 292-2018	边坡喷播绿化工程技术标准	制订		2018-11-7	2019-5-1	青岛冠中生态股份有限公司	住房和城乡建设部
59	JGJ/T 436-2018	住宅建筑室内装修污染控制技术标准	制订		2018-9-12	2019-1-1	深圳市建筑科学研究院股份有限公司	住房和城乡建设部
60	DL/T 5773-2018	水电水利工程施工机械安全操作规程 混凝土运输车	制定		2018-12-25	2019-5-1	中国水利水电第五工程局有限公司	国家能源局
61	DL/T 5161.1-2018	电气装置安装工程质量检验及评定规程 第1部分：通则	修订	DL/T 5161.1-2002	2018-12-25	2019-5-1	中国电力科学研究院	国家能源局

续表

序号	标准编号	标准名称	类型	被替代标准编号	发布日期	实施日期	主编单位	批准部门
62	DL/T 5161.2－2018	电气装置安装工程质量检验及评定规程　第2部分：高压电器施工质量检验	修订	DL/T 5161.2－2002	2018－12－25	2019－5－1	中国电力科学研究院	国家能源局
63	DL/T 5161.3－2018	电气装置安装工程质量检验及评定规程　第3部分：电力变压器、油浸电抗器、互感器施工质量检验	修订	DL/T 5161.3－2002	2018－12－25	2019－5－1	中国电力科学研究院	国家能源局
64	DL/T 5161.4－2018	电气装置安装工程质量检验及评定规程　第4部分：母线装置施工质量检验	修订	DL/T 5161.4－2002	2018－12－25	2019－5－1	中国电力科学研究院	国家能源局
65	DL/T 5161.5－2018	电气装置安装工程质量检验及评定规程　第5部分：电缆线路施工质量检验	修订	DL/T 5161.5－2002	2018－12－25	2019－5－1	中国电力科学研究院	国家能源局
66	DL/T 5161.6－2018	电气装置安装工程质量检验及评定规程　第6部分：接地装置施工质量检验	修订	DL/T 5161.6－2002	2018－12－25	2019－5－1	中国电力科学研究院	国家能源局
67	DL/T 5161.7－2018	电气装置安装工程质量检验及评定规程　第7部分：旋转电机施工质量检验	修订	DL/T 5161.7－2002	2018－12－25	2019－5－1	中国电力科学研究院	国家能源局

续表

序号	标准编号	标准名称	类型	被替代标准编号	发布日期	实施日期	主编单位	批准部门
68	DL/T 5161.8－2018	电气装置安装工程质量检验及评定规程 第8部分：盘、柜及二次回路接线施工质量检验	修订	DL/T 5161.8－2002	2018－12－25	2019－5－1	中国电力科学研究院	国家能源局
69	DL/T 5161.9－2018	电气装置安装工程质量检验及评定规程 第9部分：蓄电池施工质量检验	修订	DL/T 5161.9－2002	2018－12－25	2019－5－1	中国电力科学研究院	国家能源局
70	DL/T 5161.10－2018	电气装置安装工程质量检验及评定规程 第10部分：66kV及以下架空电力线路施工质量检验	修订	DL/T 5161.10－2002	2018－12－25	2019－5－1	中国电力科学研究院	国家能源局
71	DL/T 5161.11－2018	电气装置安装工程质量检验及评定规程 第11部分：通信工程施工质量检验	修订	DL/T 5161.11－2002	2018－12－25	2019－5－1	中国电力科学研究院	国家能源局
72	DL/T 5161.12－2018	电气装置安装工程质量检验及评定规程 第12部分：低压电器施工质量检验	修订	DL/T 5161.12－2002	2018－12－25	2019－4－30	中国电力科学研究院	国家能源局
73	DL/T 5161.13－2018	电气装置安装工程质量检验及评定规程 第13部分：电力变流设备施工质量检验	修订	DL/T 5161.13－2002	2018－12－25	2018－12－25	中国电力科学研究院	国家能源局

续表

序号	标准编号	标准名称	类型	被替代标准编号	发布日期	实施日期	主编单位	批准部门
74	DL/T 5161.14－2018	电气装置安装工程质量检验及评定规程　第 14 部分：起重机电气装置施工质量检验	修订	DL 5161.14－2002	2018－12－25	2019－5－1	中国电力科学研究院	国家能源局
75	DL/T 5161.15－2018	电气装置安装工程质量检验及评定规程　第 15 部分：爆炸及火灾危险环境电气装置施工质量检验	修订	DL/T 5161.15－2002	2018－12－25	2019－5－1	中国电力科学研究院	国家能源局
76	DL/T 5161.16－2018	电气装置安装工程质量检验及评定规程　第 16 部分：1kV 及以下配线工程施工质量检验	修订	DL/T 5161.16－2002	2018－12－25	2019－5－1	中国电力科学研究院	国家能源局
77	DL/T 5161.17－2018	电气装置安装工程质量检验及评定规程　第 17 部分：电气照明装置施工质量检验	修订	DL/T 5161.17－2002	2018－12－25	2019－5－1	中国电力科学研究院	国家能源局
78	DL/T 5362－2018	水工沥青混凝土试验规程	修订	DL/T 5362－2006	2018－12－25	2019－5－1	中国长江三峡集团公司	国家能源局
79	DL/T 5425－2018	深层搅拌法地基处理技术规范	修订	DL/T 5425－2009	2018－12－25	2019－5－1	北京振冲工程股份有限公司	国家能源局
80	DL/T 1931－2018	电力 LTE 无线通信网络安全防护要求	制定		2018－12－25	2019－5－1	国网电力科学研究院	国家能源局
81	DL/T 5774－2018	水电水利基础处理工程竣工资料整编及验收规范	制定		2018－12－25	2019－5－1	中国水利水电第八工程局有限公司	国家能源局

续表

序号	标准编号	标准名称	类型	被替代标准编号	发布日期	实施日期	主编单位	批准部门
82	DL/T 5775－2018	水电水利工程改性水泥膨胀土施工技术规范	制定		2018－12－25	2019－5－1	中国葛洲坝集团股份有限公司	国家能源局
83	DL/T 5776－2018	水平定向钻敷设电力管线技术规定	制定		2018－12－25	2019－5－1	广东电网公司珠海供电局	国家能源局
84	DL/T 5777－2018	水工混凝土掺用硅粉技术规范	制定		2018－12－25	2019－5－1	长江水利委员会长江科学院	国家能源局
85	DL/T 5778－2018	水工混凝土用速凝剂技术规范	制定		2018－12－25	2019－5－1	长江水利委员会长江科学院	国家能源局
86	DL/T 5779－2018	气体绝缘金属封闭输电线路施工及验收规范	制定		2018－12－25	2019－5－1	中国葛洲坝集团股份有限公司	国家能源局
87	DL/T 5780－2018	智能变电站监控系统建设规范	制定		2018－12－25	2019－5－1	国网河南省电力公司电力科学研究院	国家能源局
88	DL/T 5781－2018	配电自动化系统验收技术规范	制定		2018－12－25	2019－5－1	国网湖南省电力公司电力科学研究院	国家能源局
89	NB/T 32047－2018	光伏发电站土建施工单元工程质量评定标准	制定		2018－6－6	2018－10－1	中国水利水电第四工程局有限公司	国家能源局
90	DL/T 5771－2018	农村电网35kV配电化技术导则	制定		2018－6－6	2018－10－1	中国电力科学研究院	国家能源局
91	DL/T 5342－2018	110kV～750kV架空电线路铁塔组立施工工艺导则	修订	DL/T 5342－2006	2018－4－3	2018－7－1	国家电网公司交流建设分公司	国家能源局
92	DL/T 5343－2018	110kV～750kV架空电力架线施工工艺导则	修订	SDJJS2－87和DL/T 5343－2006	2018－4－3	2018－7－1	国家电网公司交流建设分公司	国家能源局

续表

序号	标准编号	标准名称	类型	被替代标准编号	发布日期	实施日期	主编单位	批准部门
93	DL/T 5210.2－2018	电力建设施工质量验收规程 第2部分：锅炉机组	修订	DL/T 5210.2－2009 DL/T 5210.8－2009	2018－4－3	2018－7－1	中国电力建设企业协会	国家能源局
94	DL/T 5210.3－2018	电力建设施工质量验收规程 第3部分：汽轮发电机组	修订	DL/T 5210.3－2009 DL/T 5210.5－2009 DL/T 5210.6－2009	2018－4－3	2018－7－1	中国电力建设企业协会	国家能源局
95	DL/T 5210.4－2018	电力建设施工质量验收规程 第4部分：热工仪表及控制装置	修订	DL/T 5210.4－2009	2018－4－3	2018－7－1	中国电力建设企业协会	国家能源局
96	DL/T 5760－2018	电除尘器施工工艺导则	修订	SDJ 99－1988	2018－4－3	2018－7－1	中国电力建设企业协会	国家能源局
97	DL/T 5285－2018	输变电工程架空导线（800mm²以下）及地线液压接工艺规程	修订	DL/T 5285－2013	2018－4－3	2018－7－1	中国电力科学研究院	国家能源局
98	DL/T 5761－2018	水工混凝土界面处理剂施工技术规范	制定		2018－4－3	2018－7－1	中国葛洲坝集团股份有限公司	国家能源局
99	DL/T 5113.14－2018	水电水利基本建设工程单元工程质量等级评定标准 第14部分：混凝土面板堆石坝工程	制定		2018－4－3	2018－7－1	中国水利水电第七工程局有限公司	国家能源局
100	DL/T 5762－2018	梯级水电厂集中监控系统安装及验收规程	制定		2018－4－3	2018－7－1	国网电力科学研究院	国家能源局
101	DL/T 5763－2018	袋式除尘器施工工艺导则	制定		2018－4－3	2018－7－1	中国电力建设企业协会	国家能源局
102	DL/T 5764－2018	火电工程质量评价标准	制定		2018－4－3	2018－7－1	中国电力建设企业协会	国家能源局

续表

序号	标准编号	标准名称	类型	被替代标准编号	发布日期	实施日期	主编单位	批准部门
103	DL/T 5765－2018	20kV及以下配电网工程工程量清单计价规范	制定		2018－4－3	2018－7－1	中电联电力工程造价与定额管理总站	国家能源局
104	DL/T 5767－2018	电网技术改造工程工程量清单计价规范	制定		2018－4－3	2018－7－1	中电联电力工程造价与定额管理总站	国家能源局
105	DL/T 5769－2018	电网检修工程工程量清单计价规范	制定		2018－4－3	2018－7－1	中电联电力工程造价与定额管理总站	国家能源局
106	NB/T 32042－2018	光伏发电工程建设监理规范	制定		2018－4－3	2018－7－1	中国三峡新能源公司	国家能源局
107	DL/T 5113.9－2018	水电水利基本建设工程单元工程质量等级评定标准 第9部分：土工合成材料应用工程	制定		2018－4－3	2018－7－1	中国水利水电第七工程局有限公司	国家能源局
108	NB/T 25079－2018	核电厂常规岛设备和管道防腐蚀工程质量验收规范	制定		2018－3－22	2018－9－22	苏州热工研究院有限公司	国家能源局
109	SY/T 0087.1－2018	钢质管道及储罐腐蚀评价标准 第1部分：埋地钢质管道外腐蚀直接评价	修订		2018－10－29	2019－3－1	中国石油天然气第八建设有限公司	国家能源局
110	SY/T 0441－2018	油田注汽锅炉制造安装技术规范	修订		2018－10－29	2019－3－1	中国石油天然气第八建设有限公司	国家能源局
111	SY/T 0442－2018	钢质管道熔结环氧粉末内防腐层技术标准	修订		2018－10－29	2019－3－1		国家能源局

续表

序号	标准编号	标准名称	类型	被替代标准编号	发布日期	实施日期	主编单位	批准部门
112	SY/T 0448－2018	油气田地面建设钢制容器安装施工技术规范	修订		2018－10－29	2019－3－1	中国石油天然气管道局第六工程公司	国家能源局
113	SY/T 0460－2018	天然气净化装置设备与管道安装施工技术规范	修订		2018－10－29	2019－3－1	四川石油天然气建设工程有限责任公司	国家能源局
114	SY/T 0556－2018	快速开关盲板技术规范	修订		2018－10－29	2019－3－1	中国石油工程建设有限公司西南分公司	国家能源局
115	SY/T 0599－2018	天然气地面设施抗硫化物应力开裂和应力腐蚀开裂金属材料技术规范	修订		2018－10－29	2019－3－1	中国石油工程建设有限公司西南分公司	国家能源局
116	SY/T 0611－2018	高含硫化氢气田集输系统内腐蚀控制规范	修订		2018－10－29	2019－3－1		国家能源局
117	SY/T 4111－2018	天然气压缩机组安装工程施工技术规范	修订		2018－10－29	2019－3－1	四川石油天然气建设工程有限责任公司	国家能源局
118	SY/T 4113.1－2018	管道防腐层性能试验能方法 第1部分：耐划伤测试	修订		2018－10－29	2019－3－1		国家能源局
119	SY/T 4120－2018	高含硫化氢气田钢质管道环焊缝射线检测	修订		2018－10－29	2019－3－1	中石油天然气股份有限公司西南油田分公司	国家能源局
120	SY/T 4121－2018	基于光纤传感的管道安全预警系统设计及施工规范	修订		2018－10－29	2019－3－1	中国石油天然气管道通信电力工程有限公司	国家能源局

215

续表

序号	标准编号	标准名称	类型	被替代标准编号	发布日期	实施日期	主编单位	批准部门
121	SY/T 4127－2018	钢质管道冷弯管制作及验收规范	修订		2018－10－29	2019－3－1	中国石油管道局工程有限公司	国家能源局
122	SY/T 4216.4－2018	石油天然气建设工程施工质量验收规范 油气输送管道穿越工程 第4部分：水域开挖穿越工程	修订		2018－10－29	2019－3－1	中国石油天然气管道工程有限公司	国家能源局
123	SY/T 6769.2－2018	非金属管道设计、施工及验收规范 第2部分：钢骨架增强聚乙烯复合管	修订		2018－10－29	2019－3－1	大庆油田工程有限公司	国家能源局
124	SY/T 6769.3－2018	非金属管道设计、施工及验收规范 第3部分：热塑性塑料内衬玻璃钢复合管	修订		2018－10－29	2019－3－1	大庆油田工程有限公司	国家能源局
125	SY/T 6770.2－2018	非金属管材质量验收规范 第2部分：钢骨架增强聚乙烯复合管	修订		2018－10－29	2019－3－1	大庆油田工程有限公司	国家能源局
126	SY/T 6770.3－2018	非金属管材质量验收规范 第3部分：热塑性塑料内衬玻璃钢复合管	修订		2018－10－29	2019－3－1	大庆油田工程有限公司	国家能源局
127	SY/T 6793－2018	油气输送管道线路工程水工保护设计规范	修订		2018－10－29	2019－3－1	中国石油天然气管道工程有限公司	国家能源局

续表

序号	标准编号	标准名称	类型	被替代标准编号	发布日期	实施日期	主编单位	批准部门
128	SY/T 4133-2018	石油天然气管道工程全自动超声检测工艺评定与能力验证规范	制定		2018-10-29	2019-3-1	中国石油集团工程技术研究有限公司	国家能源局
129	SY/T 4113.2-2018	管道防腐层性能试验方法 第2部分：剥离强度测试	制定		2018-10-29	2019-3-1		国家能源局
130	SY/T 4216.3-2018	石油天然气建设工程施工 油气输送 第3部分：水域隧道穿越工程	制定		2018-10-29	2019-3-1	中国石油天然气管道工程有限公司	国家能源局
131	SY/T 4217.1-2018	石油天然气建设工程施工 通信工程 第1部分：油气田场站通信系统工程	制定		2018-10-29	2019-3-1	长庆石油勘探局通信处	国家能源局
132	SY/T 4217.2-2018	石油天然气建设工程施工 通信工程 第2部分：通信光缆架空线路工程	制定		2018-10-29	2019-3-1	长庆石油勘探局通信处	国家能源局
133	SY/T 4218-2018	石油天然气建设工程施工 油气输送管道跨越工程	制定		2018-10-29	2019-3-1	四川石油天然气建设工程有限责任公司	国家能源局

续表

序号	标准编号	标准名称	类型	被替代标准编号	发布日期	实施日期	主编单位	批准部门
134	SY/T 7401-2018	岩土工程勘察验槽规范	制定		2018-10-29	2019-3-1	中国石油工程建设公司华东环境岩土工程分公司	国家能源局
135	SY/T 7402-2018	气田含醇采出水处理设计规范	制定		2018-10-29	2019-3-1	西安长庆科技工程有限责任公司	国家能源局
136	SY/T 7403-2018	油气输送管应变设计规范	制定		2018-10-29	2019-3-1	中国石油天然气管道工程有限公司	国家能源局
137	SY/T 7405-2018	导热油供热站设计规范	制定		2018-10-29	2019-3-1	中国石油集团工程设计有限责任公司华北分公司	国家能源局
138	SH/T 3035-2018	石油化工工艺装置管径选择导则	修订	SH/T 3035-2007	2018-7-4	2019-1-1	中国石化工程建设有限公司	工信部
139	SH/T 3039-2018	石油化工非埋地管道抗震设计规范	修订	SH/T 3039-2003	2018-7-4	2019-1-1	中国石化工程建设有限公司	工信部
140	SH/T 3074-2018	石油化工钢制压力容器	修订	SH/T 3074-2007	2018-7-4	2019-1-1	中国石化工程建设有限公司	工信部
141	SH/T 3105-2018	石油化工仪表线平面布置图图形符号及文字代号	修订	SH/T 3105-2000	2018-2-9	2018-7-1	中国石化工程建设有限公司	工信部
142	SH/T 3118-2018	石油化工蒸汽喷射式油空器技术规范	修订	SH/T 3118-2000	2018-7-4	2019-1-1	中国石化工程建设有限公司	工信部

续表

序号	标准编号	标准名称	类型	被替代标准编号	发布日期	实施日期	主编单位	批准部门
143	SH/T 3198－2018	石油化工空分装置自动化系统设计规范	制定		2018－2－9	2018－7－1	中石化宁波工程有限公司	工信部
144	SH/T 3199－2018	石油化工压缩机控制系统设计规范	制定		2018－2－9	2018－7－1	中国石化工程建设有限公司	工信部
145	SH/T 3200－2018	石油化工腐蚀环境电力设计规范	制定		2018－2－9	2018－7－1	中石化南京工程有限公司	工信部
146	SH/T 3201－2018	石油化工工程减隔震（振）技术规范	制定		2018－2－9	2018－7－1	中国石化工程建设有限公司	工信部
147	SH/T 3202－2018	二氧化碳输送管道工程设计标准	制定		2018－7－4	2019－1－1	中石化石油工程设计有限公司	工信部
148	SH/T 3203－2018	石油化工电加热系统设计规范	制定		2018－7－4	2019－1－1	中国石化工程建设有限公司	工信部
149	SH/T 3417－2018	石油化工管式炉高合金炉管焊接工程技术条件	修订	SH/T 3417－2007	2018－7－4	2019－1－1	中石化宁波工程有限公司	工信部
150	SH/T 3419－2018	石油化工钢制异径短节	修订	SH/T 3419－2007	2018－7－4	2019－1－1	中国石化工程建设有限公司	工信部
151	SH/T 3428－2018	石油化工管式炉用热管预热器工程技术条件	制定		2018－7－4	2019－1－1	中国石化工程建设有限公司	工信部
152	SH/T 3429－2018	石油化工管式炉用铸铁预热器工程技术条件	制定		2018－7－4	2019－1－1	中国石化工程建设有限公司	工信部

中国工程建设标准化发展研究报告（2018）

续表

序号	标准编号	标准名称	类型	被替代标准编号	发布日期	实施日期	主编单位	批准部门
153	SH/T 3430-2018	石油化工管壳式换热器用柔性石墨波齿复合垫片	制定		2018-7-4	2019-1-1	中国石化工程建设有限公司	工信部
154	SH/T 3529-2018	石油化工厂区竖向工程施工及验收规范	修订	SH/T 3529-2005	2018-7-4	2019-1-1	中石化南京工程有限公司	工信部
155	SH/T 3540-2018	钢制冷换设备管束防腐涂层及涂装技术规范	修订	SH/T 3540-2007	2018-7-4	2019-1-1	中国石化工程建设有限公司	工信部
156	SH/T 3565-2018	X80级钢管道施工及验收规范	制定		2018-2-9	2018-7-1	中石化第十建设有限公司	工信部
157	SH/T 3566-2018	石油化工设备吊装用吊盖技术规范	制定			2019-1-1	中石化宁波工程有限公司	工信部
158	SH/T 3567-2018	石油化工工程高处作业技术规范	制定		2018-12-28	2019-7-1	中石化第四建设有限公司	工信部
159	HG/T 20545-2018	化学工业炉受压元件制造技术规范	修订	HG/T 20545-1992	2018-7-4	2019-1-1	中国成达工程有限公司	工信部
160	HG/T 20641-2018	石灰窑砌筑技术条件	修订	HG/T 20641-1998	2018-7-4	2019-1-1	全国化工业炉设计技术中心站	工信部
161	HG/T 20681-2018	锅炉房、汽机房土建荷载设计条件技术规范	修订	HG/T 20681-2005	2018-4-30	2018-9-1	中国天辰工程有限公司	工信部
162	HG/T 20696-2018	纤维增强塑料化工设备技术规范	修订	HG/T 20696-1999	2018-7-4	2019-1-1	中国五环工程有限公司	工信部
163	HG/T 21574-2018	化工设备吊耳设计选用规范	修订	HG/T 21574-2008	2018-4-30	2018-9-1	中国成达工程有限公司	工信部

续表

序号	标准编号	标准名称	类型	被替代标准编号	发布日期	实施日期	主编单位	批准部门
164	HG/T 20276－2018	化学工业建设工程质量监督规范	制定		2018－2－9	2018－7－1	化学工业工程质量监督总站	工信部
165	HG/T 22805.3－2018	化工矿山企业施工图设计内容和深度的规范—矿山机械专业	修订	HG 22805.3－1993	2018－10－22	2019－4－1	中蓝连海设计研究院	工信部
166	HG/T 22805.12－2018	化工矿山企业施工图设计内容和深度的规范—电信专业	修订	HG 22805.12－1993	2018－10－22	2019－4－1	中蓝连海设计研究院	工信部
167 1	SL 762－2018	山洪灾害预警设备技术条件	制定		2018－1－25	2018－4－25	中国水利水电科学研究院	水利部
168 2	SL 763－2018	火电建设项目水资源论证导则	制定		2018－3－20	2018－6－20	南京水利科学研究院	水利部
169 3	SL 765－2018	水利水电建设工程安全设施验收导则	制定		2018－3－20	2018－6－20	水利部水利水电规划设计总院	水利部
170 4	SL 760－2018	城镇再生水利用规划编制指南	制定		2018－6－1	2018－9－1	水资源管理中心	水利部
171 5	SL 319－2018	混凝土重力坝设计规范	修订	SL 319－2005	2018－7－17	2018－10－17	长江勘测规划设计研究有限责任公司	水利部
172 6	SL 282－2018	混凝土拱坝设计规范	修订	SL 282－2003	2018－7－17	2018－10－17	上海勘测设计研究院	水利部
173 7	SL 314－2018	碾压混凝土坝设计规范	修订	SL 314－2004	2018－7－17	2018－10－17	上海勘测设计研究院有限公司	水利部

续表

序号	标准编号	标准名称	类型	被替代标准编号	发布日期	实施日期	主编单位	批准部门
174 8	SL 253－2018	溢洪道设计规范	修订	SL 253－2000	2018－7－17	2018－10－17	中水北方勘测设计研究有限责任公司	水利部
175 9	SL 41－2018	水利水电工程启闭机设计规范	修订	SL 41－2011 SL 491－2010 SL 507－2010 SL 508－2010	2018－10－23	2019－1－23	黄河勘测规划设计有限公司	水利部
176 10	SL.528－2018	小水电电网技术管理规程	修订	SL 526－2011 SL 527－2011 SL 528－2011	2018－10－23	2019－1－23	吉林省地方水电局	水利部
177 11	SL 764－2018	水工隧洞安全监测技术规范	制定		2018－12－5	2019－3－5	水利部大坝安全管理中心	水利部
178 12	SL 766－2018	大坝安全监测系统鉴定技术规范	制定		2018－12－5	2019－3－5	水利部大坝安全管理中心	水利部
179 13	SL 767－2018	山洪灾害调查与评价技术规范	制定		2018－12－5	2019－3－5	中国水利水电科学研究院	水利部
180 14	SL 768－2018	水闸安全监测技术规范	制定		2018－12－5	2019－3－5	水利部大坝安全管理中心	水利部
181 15	SL 775－2018	水工混凝土结构耐久性评定规范	制定		2018－12－5	2019－3－5	南京水利科学研究院	水利部
182	JTG 3830－2018	公路工程建设项目概算预算编制办法			2018－12－17	2019－05－01	交通运输部路网监测与应急处置中心	交通运输部

续表

序号	标准编号	标准名称	类型	被替代标准编号	发布日期	实施日期	主编单位	批准部门
183	JTG/T 3831-2018	公路工程概算定额			2018-12-17	2019-05-01	交通运输部路网监测与应急处置中心	交通运输部
184	JTG/T 3832-2018	公路工程预算定额			2018-12-17	2019-05-01	交通运输部路网监测与应急处置中心	交通运输部
185	JTG/T 3833-2018	公路工程机械台班费用定额			2018-12-17	2019-05-01	交通运输部路网监测与应急处置中心	交通运输部
186	JTG/T 3334-2018	公路滑坡防治设计规范			2018-11-19	2019-03-01	中交第二公路勘察设计研究院有限公司	交通运输部
187	JTG/T 3360-01-2018	公路桥梁抗风设计规范			2018-11-19	2019-03-01	同济大学	交通运输部
188	JTG/T 3360-03-2018	公路桥梁景观设计规范			2018-11-19	2019-03-01	同济大学	交通运输部
189	JTG 3362-2018	公路钢筋混凝土及预应力混凝土桥涵设计规范			2018-07-16	2018-11-01	中交公路规划设计院有限公司	交通运输部
190	JTG 3370.1-2018	公路隧道设计规范 第一册（土建工程）			2018-12-25	2019-05-01	招商局重庆交通科研设计院有限公司	交通运输部
191	JTG 5421-2018	公路沥青路面养护设计规范			2018-11-19	2019-03-01	交通运输部公路科学研究院	交通运输部
192	JTG 5210-2018	公路技术状况评定标准			2018-12-25	2019-05-01	交通运输部公路科学研究院	交通运输部

续表

序号	标准编号	标准名称	类型	被替代标准编号	发布日期	实施日期	主编单位	批准部门
193	JTG/T 5440－2018	公路隧道加固技术规范			2018－12－25	2019－05－01	中交第一公路勘察设计研究院有限公司	交通运输部
194	JTG 3820－2018	公路工程建设项目投资估算编制办法			2018－12－17	2019－05－01	交通运输部路网监测与应急处置中心	交通运输部
195	JTG/T 3821－2018	公路工程估算指标			2018－12－17	2019－05－01	交通运输部路网监测与应急处置中心	交通运输部
196	GB 51270－2017	镁冶炼厂工艺设计规范			2018－1－2	2018－8－1	中国有色工程有限公司	住房和城乡建设部
197	GB 51284－2018	烟气脱硫工艺设计标准			2018－2－8	2018－9－1	中国有色工程有限公司	住房和城乡建设部
198	GB 51299－2018	铋冶炼厂工艺设计标准			2018－5－14	2018－12－1	中国有色工程有限公司	住房和城乡建设部
199	GB/T 51300－2018	非煤矿山井巷工程施工组织设计规范			2018－6－11	2018－12－1	中国有色工程有限公司	住房和城乡建设部
200	GB 513216－2018	钛冶炼厂工艺设计规范			2018－11－22	2019－4－1	中国有色工程有限公司	住房和城乡建设部
201	GB/T 51339－2018	非煤矿山采矿术语标准			2018－11－8	2019－5－1	中国有色工程有限公司	住房和城乡建设部

附录四　2018 年发布的工程建设地方标准

序号	标准编号	标准名称	替代标准号	批准日期	施行日期	备案号	批准部门
1	DB11/T 1506-2017	盾构始发与接收切割玻璃纤维筋混凝土围护结构技术规程		2018-1-5	2018-4-1	J14222-2018	北京市住房和城乡建设委员会 北京市质量技术监督局
2	DB11/T 1507-2017	多层建筑单排配筋混凝土剪力墙结构技术规程		2018-1-5	2018-4-1	J14223-2018	
3	DB11/T 1508-2017	非固化橡胶沥青防水涂料施工技术规程		2018-1-5	2018-4-1	J14224-2018	
4	DB11/T 1552-2018	绿色生态示范区规划设计评价标准		2018-6-14	2019-1-1	J14333-2018	
5	DB11/T 1553-2018	居住建筑室内装配式装修工程技术规程		2018-7-4	2018-10-1	J14371-2018	
6	DB11/T 1525-2018	居住建筑新风系统技术规程		2018-4-19	2018-7-1	J14372-2018	
7	DB11/T 1526-2018	地下连续墙施工技术规程		2018-4-19	2018-7-1	J14373-2018	
8	DB11/T 1527-2018	预拌砂浆单位产品综合能源消耗限额		2018-4-19	2018-7-1	J14374-2018	
9	DB11/T 1606-2018	绿色雪上运动场馆评价标准		2018-12-22	2019-1-1	J14496-2018	
10	DB11/T 1607-2018	建筑物通信基站基础设施设计规范		2018-12-17	2019-7-1	J14570-2019	
11	DB11/T 343-2018	节水器具应用技术标准	DB11/343-2006	2018-12-17	2019-4-1	J14587-2019	
12	DB11/T 1611-2018	建筑工程组合铝合金模板施工技术规范		2018-12-17	2019-4-1	J14588-2019	
13	DB11/T 1610-2018	民用建筑信息模型深化设计建模细度标准		2018-12-17	2019-4-1	J14589-2019	

续表

序号	标准编号	标准名称	替代标准号	批准日期	施行日期	备案号	批准部门
14	DB11/T 1609-2018	预拌喷射混凝土应用技术规程		2018-12-17	2019-4-1	J14590-2019	北京市住房和城乡建设委员会
15	DB11/T 1608-2018	预拌盾构注浆料应用技术规程		2018-12-17	2019-4-1	J14591-2019	
16	DB11/T 642-2018	预拌混凝土绿色生产管理规程	DB11/642-2014	2018-12-17	2019-4-1	J12712-2019	
17	DB11/T 641-2018	住宅工程质量保修规程	DB11/641-2009	2018-12-17	2019-4-1	J11329-2019	北京市质量技术监督局
18	DB11/T 513-2018	绿色施工管理规程	DB11-513-2015	2018-12-17	2019-4-1	J12875-2019	
19	DB/T 29-206-2018	天津市污水源热泵系统应用技术规程	DB/T 29-206-2010	2018-2-13	2018-4-1	J11744-2018	天津市城乡建设委员会
20	DB/T 29-250-2018	天津市民用建筑太阳能热水系统应用技术标准		2018-2-14	2018-4-1	J14177-2018	
21	DB/T 29-251-2018	城市轨道交通冻结法设计施工技术规程		2018-2-14	2018-4-1	J14178-2018	
22	DB/T 29-252-2018	基坑工程地下水回灌规程		2018-3-13	2018-5-1	J14179-2018	
23	DB/T 29-178-2018	天津市地埋管地源热泵系统应用技术规程	DB/T 29-178-2010	2018-3-20	2018-5-1	J11109-2018	
24	DB/T 29-72-2018	天津市人工砂应用技术规程	DB/T 29-72-2010	2018-4-13	2018-8-1	J10403-2018	
25	DB/T 29-253-2018	天津市轨道交通岩土工程勘察规程		2018-2-4	2018-8-1	J14242-2018	
26	DB/T 29-6-2018	天津市建设项目配建停车场（库）标准	DB/T 29-6-2010	2018-5-28	2018-7-1	J10484-2018	
27	DB/T 29-194-2018	天津市城镇再生水厂运行、维护及安全技术规程	DB/T 29-194-2010	2018-6-20	2018-9-1	J11556-2018	
28	DB/T 29-199-2018	天津市集中供热热量表应用技术规程	J11654-2010	2018-7-2	2018-9-1	J11654-2018	

续表

序号	标准编号	标准名称	替代标准号	批准日期	施行日期	备案号	批准部门
29	DB/T 29－161－2018	天津市硫化橡胶粉改性沥青路面技术规程	DB/T 29－161－2006	2018－7－2	2018－9－1	J10732－2018	
30	DB/T 29－254－2018	天津市回弹法检测混凝土抗压强度技术规程		2018－7－17	2018－10－1	J14343－2018	
31	DB/T 29－74－2018	天津市城市道路工程施工及验收标准	1. DB29－74－2004 2. DB29－50－2003	2018－8/9	2018－10－1	J10405－2018	
32	DB/T 29－76－2018	天津市排水工程施工及质量验收标准	1. DB29－76－2004 2. DB29－52－2003	2018－8/9	2018－10－1	J10407－2018	
33	DB/T 29－138－2018	天津市历史风貌建筑保护修缮技术规程	DB29－138－2005	2018－8/31	2018－11－1	J10564－2018	天津市城乡建设委员会
34	DB/T 29－255－2018	天津市绿色建筑工程验收规程		2018－9－3	2018－11－1	J14380－2018	
35	DB/T 29－75－2018	天津市城市桥梁工程施工及验收标准	DB29－75－2004 DB29－51－2003	2018－9－17	2018－11－1	J10406－2018	
36	DB/T 29－121－2018	天津市城镇供水管网维护管理技术规程	DB/T 29－121－2010	2018－9－14	2018－11－1	J10517－2018	
37	DB/T 29－135－2018	天津市膜腔发泡保温夹心复合墙技术规程	DB/T 29－135－2010	2018－10/8	2018－12－1	J10540－2018	
38	DB/T 29－103－2018	天津市钢筋混凝土地下连续墙施工技术规程	DB29－103－2010	2018－11/9	2019－1－1	J10470－2018	
39	DB/T 29－77－2018	天津市污水处理厂工程施工及验收标准	DB29－77－2004 DB29－53－2003	2018－11/9	2019－1－1	J10408－2018	
40	DB/T 29－256－2018	天津市政工程钢桥施工及验收标准		2018－11/9	20019－1－1	J14482－2018	

续表

序号	标准编号	标准名称	替代标准号	批准日期	施行日期	备案号	批准部门
41	DB/T 29－257－2018	绿色雪上运动场馆评价标准		2018－12－21	2019－1－1	J14496－2018	天津市城乡建设委员会
42	DB/T 29－111－2018	埋地钢质管道阴极保护技术规程	DB29－111－2004	2018－12－25	2019－2－1	J10496－2019	
43	DB/T 29－258－2018	天津市市政工程绿色施工评价标准		2018－12－25	2019－2－1	J14549－2019	
44	DG/TJ 08－2251－2018	消防设施物联网系统技术标准		2018－1－4	2018－5－1	J14149－2018	
45	DG/TJ 08－2253－2018	绿色生态城区评价标准		2018－1－30	2018－5－1	J14150－2018	
46	DG/TJ 08－61－2018	基坑工程技术标准	DG/TJ 08－61－2010	2018－2－7	2018－6－1	J11577－2018	
47	DG/TJ 08－2260－2018	城市快速路交通监控系统技术规程		2018－2－7	2018－6－1	J14153－2018	
48	DG/TJ 08－2259－2018	高桩码头结构加固改造设计标准		2018－2－7	2018－6－1	J14154－2018	
49	DG/TJ 08－2258－2018	岸基式船舶液化天然气加注站设计规程		2018－2－7	2018－6－1	J14155－2018	上海市住房和城乡建设管理委员会
50	DG/TJ 08－2255－2018	节段预制拼装预应力混凝土桥梁设计标准		2018－1－10	2018－6－1	J14156－2018	
51	DG/TJ 08－2256－2018	城市道路交通标志、标线、信号设施养护技术标准		2018－1－30	2018－7－1	J14157－2018	
52	DG/TJ 08－2257－2018	城市道路隧道修复技术规程		2018－1－30	2018－7－1	J14158－2018	
53	DG/TJ 08－2252－2018	装配整体式混凝土建筑检测技术标准		2018－2－7	2018－7－1	J14159－2018	
54	DG/TJ 08－2254－2018	住宅室内装配式装修工程技术标准		2018－3－8	2018－8－1	J14204－2018	

续表

序号	标准编号	标准名称	替代标准号	批准日期	施行日期	备案号	批准部门
55	DG/TJ 08－2263－2018	城市轨道交通上盖建筑设计标准		2018－3－30	2018－9－1	J14245－2018	
56	DG/TJ 08－2262－2018	建筑工程绿色施工评价标准		2018－3－30	2018－9－1	J14246－2018	
57	DG/TJ 08－2264－2018	建筑施工高处作业安全技术标准		2018－3－30	2018－9－1	J14247－2018	
58	DG/TJ 08－2265－2018	透水性混凝土路面应用技术标准		2018－3－22	2018－9－1	J14248－2018	
59	DG/TJ 08－010－2018	轻型钢结构制作及安装验收标准	DG/TJ 08－010－2001	2018－5－23	2018－11－1	J10125－2018	
60	DG/TJ 08－2261－2018	住宅修缮工程施工质量验收规程		2018－5－23	2018－10－1	J14276－2018	
61	DG/TJ 08－2012－2018	燃气管道设施标识应用规程	DG/TJ 08－2012－2007	2018－5－23	2018－10－1	J10975－2018	上海市住房和城乡建设管理委员会
62	DG/TJ 08－2267－2018	上海市建设人工、材料、设备、机械数据编码标准		2018－5－28	2018－11－1	J14281－2018	
63	DG/TJ 08－2266－2018	装配整体式叠合剪力墙结构技术规程		2018－5－23	2018－11－1	J14282－2018	
64	DG/TJ 08－2272－2018	港口物流工程设计标准		2018－6－27	2018－12－1	J14326－2018	
65	DG/TJ 08－2027－2018	城市居住区交通组织规划与设计标准	DG/TJ 08－2027－2007	2018－6－27	2018－12－1	J11040－2018	
66	DG/TJ 08－2094－2018	内河航道信息化设置标准	DG/TJ 08－2094－2012	2018－6－27	2018－12－1	J12003－2018	
67	DG/TJ 08－2083－2018	温拌沥青混合料路面技术标准	DG/TJ 08－2083－2011	2018－6－27	2018－12－1	J11851－2018	
68	DG/T 08－2276－2018	高性能混凝土应用技术标准		2018－8－2	2018－12－1	J14356－2018	
69	DG/TJ 08－2270－2018	插槽式支架施工技术标准		2018－6－8	2018－12－1	J14367－2018	
70	DG/TJ 08－503－2018	高强泵送混凝土应用技术标准	DG/TJ 08－503－2018	2018－8－2	2018－12－1	J10014－2018	

续表

序号	标准编号	标准名称	替代标准号	批准日期	施行日期	备案号	批准部门
71	DG/TJ 08-2271-2018	工程物探技术标准		2018-8-2	2018-12-1	J14368-2018	
72	DG/TJ 08-119-2018	公路工程施工质量验收标准	DG/TJ 08-119-2005	2018-8-2	2018-12-1	J10632-2018	
73	DG/TJ 08-2273-2018	建筑工程施工过程控制技术标准		2018-8-2	2018-12-1	J14369-2018	
74	DG/TJ 08-2275-2018	建设占用耕地表土剥离再利用技术标准		2018-8-2	2018-12-1	J14375-2018	
75	DG/TJ 08-2269A-2018	公路指路标志设置标准		2018-8-31	2019-1-1	J14387-2018	
76	DG/TJ 08-2269B-2018	城市道路指路标志设置标准		2018-8-31	2019-1-1	J14388-2018	
77	DG/TJ 08-2279-2018	地下空间建筑照明标准		2018-8-31	2019-1-1	J14389-2018	
78	DG/TJ 08-2274-2018	城镇化地区公路工程技术标准		2018-8-31	2018-12-1	J14393-2018	
79	DG/TJ 08-2280-2018	民防工程安全使用技术标准		2018-8-23	2019-1-1	J14394-2018	上海市住房和城乡建设管理委员会
80	DG/TJ 08-2282-2018	公路盾构法隧道工程质量检验评定标准		2018-8-23	2019-1-1	J14395-2018	
81	DG/TJ 08-2281-2018	公用民防工程安全风险评估技术标准		2018-8-23	2019-1-1	J14396-2018	
82	DG/TJ 08-2036-2018	既有民用建筑能效评估标准	DG/TJ 08-2036-2008	2018-10-23	2019-3-1	J11200-2018	
83	DG/TJ 08-2277-2018	五轴水泥土搅拌桩(墙)技术标准		2018-10-23	2019-3-1	J14447-2018	
84	DG/TJ 08-019-2018	建筑桩基结构技术标准	DG/TJ 08-019-2005	2018-12-17	2019-5-1	J10553-2019	
85	DG/TJ 08-015-2018	高层建筑钢-混凝土混合结构设计规程	DG/TJ 08-015-2004	2018-12-17	2019-5-1	J10285-2019	
86	DG/TJ 08-2283-2018	城市道路立体交叉规划与设计标准		2018-12-17	2019-5-1	J14505-2019	

续表

序号	标准编号	标准名称	替代标准号	批准日期	施行日期	备案号	批准部门
87	DG/TJ 08-308-2018	埋地塑料排水管道工程技术标准	DG/TJ 08-308-2002	2018-12-17	2019-5-1	J10185-2019	上海市住房和城乡建设管理委员会
88	DG/TJ 08-2014-2018	液化天然气应急储备调峰站设计标准	DGJ08-2014-2007	2018-12-17	2019-5-1	J10938-2019	
89	DG/TJ 08-2278-2018	岩土工程信息模型技术标准		2018-10-31	2019-3-1	J14506-2019	
90	DG/TJ 08-507-2018	高强混凝土抗压强度无损检测技术标准	DG/TJ 08-507-2003	2018-12-25	2019-6-1	J10246-2019	
91	DG/TJ 08-2284-2018	城市道路和桥梁数据采集标准		2018-12-25	2019-6-1	J14522-2019	
92	DG/TJ 08-1201-2018	建筑工程施工现场质量管理标准	DG/TJ 08-1201-2005	2018-1-10	2018-6-1	J10563-2018	
93	DG/TJ 08-2249-2018	居住类优秀历史建筑保护修缮查勘设计和效果评价技术规程		2018-1-25	2018-6-1	J14152-2018	
94	DG/TJ 08-90-2014	水利工程施工质量检验与评定标准(2018年局部修订)		2018-7-16	2018-9-1	J10053-2014	
95	DG/TJ 08-2088-2018	无机保温砂浆系统应用技术规程		2018-4-9	2018-9-1	J11914-2018	
96	DBJ50/T-278-2018	城市道路人行过街设施设计标准		2018-1-17	2018-3-1	J14126-2018	重庆市城乡建设委员会
97	DBJ50/T-279-2018	智慧小区评价标准		2018-1-11	2018-3-1	J14127-2018	
98	DBJ50/T-280-2018	建筑工程信息模型设计标准		2018-1-23	2018-3-1	J14128-2018	
99	DBJ50/T-281-2018	建筑工程信息模型设计交付标准		2018-1-23	2018-3-1	J14129-2018	
100	DBJ50/T-282-2018	市政工程信息模型设计标准		2018-1-17	2018-3-1	J14130-2018	
101	DBJ50/T-283-2018	市政工程信息模型交付标准		2018-1-17	2018-3-1	J14131-2018	

续表

序号	标准编号	标准名称	替代标准号	批准日期	施行日期	备案号	批准部门
102	DBJ50/T-284-2018	工程勘察信息模型设计标准		2018-1-17	2018-3-1	J14132-2018	
103	DBJ50/T-285-2018	工程勘察信息模型交付标准		2018-1-17	2018-3-1	J14133-2018	
104	DBJ50/T-286-2018	碱矿渣锚固料应用技术标准		2018-1-4	2018-4-1	J14134-2018	
105	DBJ50/T-075-2018	挤塑聚苯乙烯复合板建筑内保温系统应用技术标准	DBJ/T 50-075-2008	2018-1-17	2018-4-1	J11203-2018	
106	DBJ50/T-082-2018	住宅小区智能化系统工程技术标准	DBJ/T 50-035-2004 DBJ/T 50-082-2008 DBJ/T 50-094-2009	2018-1-17	2018-4-1	J14135-2018	
107	DBJ50/T-288-2018	聚羧酸系高性能混凝土减水剂应用技术标准	DBJ/T 45-060-2018	2018-2-5	2018-4-1	J14145-2018	重庆市城乡建设委员会
108	DBJ50/T-287-2018	特细砂混凝土应用技术标准		2018-2-5	2018-4-1	J14146-2018	
109	DBJ50/T-289-2018	雷达法检测混凝土结构质量技术标准		2018-2-26	2018-5-1	J14185-2018	
110	DBJ50/T-290-2018	低影响开发设施施工及验收标准		2018-3-19	2018-5-1	J14209-2018	
111	DBJ50/T-034-2018	白蚁防治施工技术标准	DB50-034-2004	2018-4-10	2018-7-1	J10422-2018	
112	DBJ50/T-292-2018	低影响开发雨水系统设计标准		2018-4-13	2018-7-1	J14217-2018	
113	DBJ50/T-293-2018	海绵城市绿地设计技术标准		2018-4-13	2018-7-1	J14218-2018	
114	DBJ50/T-294-2018	排水用聚乙烯-聚氯乙烯(MPVE)双壁波纹管道应用技术标准		2018-4-13	2018-7-1	J14219-2018	
115	DBJ50/T-295-2018	城市雨水利用技术标准		2018-4-23	2018-7-1	J14268-2018	
116	DBJ50/T-291-2018	建设工程施工现场安全资料管理标准		2018-4-18	2018-6-1	J14269-2018	

续表

序号	标准编号	标准名称	替代标准号	批准日期	施行日期	备案号	批准部门
117	DBJ50/T-297-2018	聚酯纤维保温隔声复合建材建筑楼面工程应用技术标准		2018-5-24	2018-8-1	J14270-2018	
118	DBJ50/T-296-2018	山地城市室外排水管渠设计标准		2018-5-7	2018-7-1	J14271-2018	
119	DBJ50/T-039-2018	绿色生态住宅(绿色建筑)小区建设技术标准	DBJ/T 50-039-2015	2018-7-2	2018-9-1	J10535-2018	
120	DBJ50/T-299-2018	民用建筑辐射供暖技术标准		2018-7-2	2018-9-1	J14329-2018	
121	DBJ50/T-038-2018	预拌混凝土质量控制标准	DBJ/T 50-038-2005	2018-6-19	2018-9-1	J10581-2018	
122	DBJ50/T-298-2018	装配式混凝土建筑技术工人职业技能标准		2018-6-29	2018-9-1	J14330-2018	
123	DBJ50/T-300-2018	钢围堰技术标准		2018-9-29	2019-1-1	J14419-2018	重庆市城乡建设委员会
124	DBJ50/T-301-2018	空气源热泵应用技术标准		2018-9-29	2019-1-1	J14420-2018	
125	DBJ50/T-303-2018	玻璃幕墙安全性检测鉴定技术标准		2018-10-26	2019-2-1	J14463-2018	
126	DBJ50/T-302-2018	城市综合管廊建设技术标准	DBJ/T 50-105-2010	2018-11-1	2019-2-1	J11656-2018	
127	DBJ50/T-305-2018	建筑采光屋面技术标准		2018-10-26	2019-2-1	J14464-2018	
128	DBJ50/T-304-2018	桥梁结构健康监测系统实施和验收标准		2018-10-26	2019-2-1	J14465-2018	
129	DBJ50/T-306-2018	建设工程档案编制验收标准	DBJ50-129-2011	2018-11-21	2019-2-10	J11899-2018	
130	DBJ50/T-307-2018	玻璃幕墙维护管理标准		2018-12-28	2019-4-1	J14533-2019	
131	DBJ50/T-308-2018	城市管线和综合管廊数据标准		2018-12-28	2019-4-1	J14534-2019	
132	DBJ50/T-310-2018	大树养护技术标准		2018-12-28	2019-4-1	J14536-2019	
133	DBJ50/T-309-2018	地下管网危险源监控系统技术标准		2018-12-28	2019-4-1	J14537-2019	

续表

序号	标准编号	标准名称	替代标准号	批准日期	施行日期	备案号	批准部门
134	DB13(J)/T 248－2018	既有建筑幕墙可靠性鉴定规程		2018－1－3	2018－5－1	J14118－2018	
135	DB13(J)/T 249－2018	建筑设备强弱电一体化智控节能与管理系统技术规程		2018－1－29	2018－4－1	J14123－2018	
136	DB13(J)/T 250－2018	XC装配式复合保温板应用技术规程		2018－1－30	2018－3－1	J14124－2018	
137	DB13(J)/T 251－2018	FF复合保温模板应用技术规程		2018－1－30	2018－3－1	J14125－2018	
138	DB13(J)/T 252－2018	城镇污水处理厂污泥处理与处置技术规程		2018－2－13	2018－5－1	J14162－2018	
139	DB13(J)/T 111－2017	人民防空工程兼作地震应急避难场所技术标准	DB13(J)/T 111－2010	2018－1－2	2018－3－1	J11709－2018	河北省住房和城乡建设厅
140	DB13(J)/T 253－2018	钢丝网架珍珠岩复合保温外墙板应用技术规程		2018－3－28	2018－6－1	J14203－2018	
141	DB13(J)/T 254－2018	FW复合保温模板应用技术规程		2018－3－31	2018－7－1	J14207－2018	
142	DB13(J)/T 255－2018	TL复合保温板应用技术规程		2018－3－31	2018－7－1	J14208－2018	
143	DB13(J)/T 256－2018	农村气代煤工程技术规程		2018－4－8	2018－6－1	J14216－2018	
144	DB13(J)/T 87－2018	城市公共厕所管理服务标准	DB13(J)/T 87－2009	2018－5－17	2018－7－1	J11475－2018	
145	DB13(J)/T 88－2018	城市道路清扫保洁服务标准	DB13(J)/T 88－2009	2018－5－17	2018－7－1	J11476－2018	
146	DB13(J)/T 89－2018	城市生活垃圾收集运输服务标准	DB13(J)/T 89－2009	2018－5－17	2018－7－1	J11477－2018	
147	DB13(J)/T 91－2018	风景名胜区管理服务标准	DB13(J)/T 91－2009	2018－5－17	2018－7－1	J11479－2018	
148	DB13(J)/T 92－2018	城镇公园与广场管理服务标准	DB13(J)/T 92－2009	2018－5－17	2018－7－1	J11480－2018	
149	DB13(J)/T 93－2018	城镇绿地养护管理服务标准	DB13(J)/T 93－2009	2018－5－17	2018－7－1	J11481－2018	

续表

序号	标准编号	标准名称	替代标准号	批准日期	施行日期	备案号	批准部门
150	DB13(J)/T 94－2018	城镇排水设施养护管理服务标准	DB13(J)/T 94－2009	2018－5－17	2018－7－1	J11482－2018	
151	DB13(J)/T 95－2018	城市道路桥梁养护管理服务标准	DB13(J)/T 95－2009	2018－5－17	2018－7－1	J11483－2018	
152	DB13(J)/T 96－2018	城市照明设施养护管理服务标准	DB13(J)/T 96－2009	2018－5－17	2018－7－1	J11484－2018	
153	DB13(J)/T 127－2018	城市园林绿化评价标准	DB13(J)/T 127－2011	2018－5－17	2018－7－1	J11910－2018	
154	DB13(J)/T 131－2018	林荫停车场绿化标准	DB13(J)/T 131－2011	2018－5－17	2018－7－1	J11966－2018	
155	DB13(J)/T 208－2018	古树名木养护管理与复壮技术规程	DB13(J)/T 208－2016	2018－5－17	2018－7－1	J13441－2018	河北省住房和城乡建设厅
156	DB13(J)/T 257－2018	城市容貌管理标准		2018－5－17	2018－7－1	J14249－2018	
157	DB13(J)/T 212－2018	ZJN复合保温板系统应用技术规程	DB13(J)/T 212－2016	2018－5－31	2018－8－1	J13485－2018	
158	DB13(J)/T 183－2018	城市地下综合管廊建设技术规程	DB13(J)/T 183－2015	2018－5－31	2018－8－1	J13017－2018	
159	DB13(J)/T 260－2018	模发微泡聚苯复合保温板技术规程		2018－6－21	2018－9－1	J14287－2018	
160	DB13(J)/T 204－2018	PCB复合保温板应用技术规程	DB13(J)/T 204－2016	2018－6－21	2018－9－1	J13389－2018	
161	DB13(J)/T 261－2018	热固改性聚苯复合保温板应用技术规程		2018－6－21	2018－9－1	J14290－2018	
162	DB13(J)/T 258－2018	无机硅岩保温复合板系统应用技术规程		2018－5－31	2018－8－1	J14292－2018	
163	DB13(J)/T 264－2018	景区人行玻璃悬索桥与玻璃栈道技术标准		2018－6－28	2018－8－1	J14293－2018	

续表

序号	标准编号	标准名称	替代标准号	批准日期	施行日期	备案号	批准部门
164	DB13(J)/T 263－2018	被动式超低能耗公共建筑节能设计标准		2018－6－23	2018－9－1	J14297－2018	河北省住房和城乡建设厅
165	DB13(J)/T 262－2018	钢丝网增强防护层外墙保温系统应用技术规程		2018－6－21	2018－9－1	J14299－2018	
166	DB13(J)/T 221－2018	玻纤增强复合保温墙板应用技术规程	DB13(J)/T 221－2016	2018－5－17	2018－8－1	J13608－2018	
167	DB13(J)/T 259－2018	刚性复合防水系统应用技术规程		2018－5－31	2018－8－1	J14338－2018	
168	DB13(J)/T 266－2018	聚合聚苯（挤塑）复合保温板应用技术规程		2018－8－3	2018－10－1	J14339－2018	
169	DB13(J)/T 70－2018	刚性芯夯实水泥土桩复合地基技术规程	DB13(J)70－2007	2018－7－24	2018－10－1	J11116－2018	
170	DB13(J)/T 265－2018	钢筋桁架混凝土复合保温系统应用技术规程		2018－7－24	2018－10－1	J14370－2018	
171	DB13(J)/T 267－2018	抗压加强复合保温板应用技术规程		2018－8－21	2018－11－1	J14377－2018	
172	DB13(J)/T 268－2018	建筑施工安全风险辨识与管控技术标准		2018－8－21	2018－11－1	J14378－2018	
173	DB13(J)/T 263－2018	农村建筑供暖用光伏系统技术标准		2018－9－15	2018－11－1	J14392－2018	
174	DB13(J)/T 272－2018	热固复合硅质保温板应用技术规程		2018－9－15	2018－12－1	J14403－2018	
175	DB13(J)/T 273－2018	被动式超低能耗居住建筑节能设计标准		2018－9－25	2019－1－1	J14407－2018	

续表

序号	标准编号	标准名称	替代标准号	批准日期	施行日期	备案号	批准部门
176	DB13(J)/T 271－2018	太阳能热水系统检测与评定标准		2018－9－15	2018－12－1	J14408－2018	
177	DB13(J)/T 274－2018	高强聚合保温复合板应用技术规程		2018－10－18	2019－1－1	J14449－2018	河北省住房和城乡建设厅
178	DB13(J)/T 275－2018	钢结构住宅技术规程		2018－10－30	2019－1－1	J14459－2018	
179	DB13(J)/T 276－2018	钢结构围护结构技术规程		2018－10－31	2019－1－1	J14460－2018	
180	DB13(J)/T 277－2018	钢结构围护结构技术规程		2018－11－2	2019－1－1	J14461－2018	
181	DB13(J)/T 281－2018	嵌入式钢丝网架复合保温板应用技术规程		2018－11－17	2019－2－1	J14485－2018	
182	DB13(J)/T 279－2018	城市地下空间兼顾人民防空要求设计标准		2018－11－19	2019－2－1	J14486－2018	河北省住房和城乡建设厅
183	DB13(J)/T 278－2018	城市地下空间暨人防工程综合利用规划编制导则		2018－11－19	2019－2－1	J14487－2018	河北省人民防空办公室
184	DB13(J)/T 280－2018	城市综合管廊工程人民防空设计导则		2018－11－19	2019－2－1	J14488－2018	
185	DB13(J)/T 288－2018	绿色雪上运动场馆评价标准		2018－12－17	2019－1－1	J14496－2018	
186	DB13(J)/T 282－2018	城乡公共服务设施配置和建设标准		2018－12－3	2019－4－1	J14527－2019	河北省住房和城乡建设厅
187	DB13(J)/T 283－2018	城镇生活垃圾分类操作规程		2018－12－3	2019－2－1	J14528－2019	
188	DB13(J)/T 269－2018	电动汽车充电站及充电桩建设技术标准		2018－9－21	2018－12－1	J14529－2019	
189	DB13(J)/T 284－2018	建筑信息模型设计应用标准		2018－12－9	2019－2－1	J14530－2019	
190	DB13(J)/T 285－2018	建筑信息模型施工应用标准		2018－12－9	2019－2－1	J14531－2019	

续表

序号	标准编号	标准名称	替代标准号	批准日期	施行日期	备案号	批准部门
191	DB13(J)/T 287－2018	企口拼装复合保温板应用技术规程	DB13(J)/T 206－2017	2018－12－11	2019－3－1	J13396－2019	河北省住房和城乡建设厅
192	DB13(J)/T 269－2018	纤维增强硅酸钙板复合保温板应用技术规程		2018－12－11	2019－3－1	J14532－2019	
193	DB13(J)264－2018	景区人行玻璃悬索桥与玻璃栈道技术标准		2018－6－29	2018－8－1	J14293－2019	
194	DBJ04/T 356－2018	附建式人防工程施工资料管理标准		2018－3－7	2018－5－1	J14182－2018	
195	DBJ04/T 354－2018	气膜薄壳混凝土结构工程施工及验收标准		2018－3－7	2018－5－1	J14183－2018	
196	DBJ04/T 317－2018	无机玻化微膨胀珍珠岩保温板外墙外保温工程技术标准	DBJ04/T 317－2015	2018－3－7	2018－5－1	J13232－2018	
197	DBJ04/T 355－2018	钢管束混凝土结构工程施工质量验收标准		2018－3－7	2018－5－1	J14184－2018	
198	DBJ04/T 357－2018	公共建筑能耗监测系统技术标准		2018－3－22	2018－6－1	J14205－2018	山西省住房和城乡建设厅
199	DBJ04/T 359－2018	FR复合保温板应用技术标准		2018－3－22	2018－6－1	J14206－2018	
200	DBJ04/T 209－2018	筒压法检测砌筑砂浆抗压强度技术标准	DBJ04－209－92	2018－5－7	2018－7－1	J14237－2018	
201	DBJ04/T 360－2018	塑料排水检查井应用技术标准		2018－4－18	2018－7－1	J14238－2018	
202	DBJ04/T 361－2018	装配式混凝土建筑施工及验收标准		2018－6－13	2018－8－1	J14286－2018	
203	DBJ04/T 362－2018	保模一体板复合墙体保温系统应用技术标准（有机芯材型）		2018－7－9	2018－8－1	J14309－2018	

续表

序号	标准编号	标准名称	替代标准号	批准日期	施行日期	备案号	批准部门
204	DBJ04/T 358－2018	装配式混凝土建筑技术标准		2018－7－9	2018－8－1	J14310－2018	山西省住房和城乡建设厅
205	DBJ04/T 363－2018	喷涂橡胶沥青防水涂料应用技术标准		2018－7－9	2018－9－1	J14311－2018	
206	DBJ04/T 364－2018	建筑与市政施工企业及项目安全生产标准化评价标准		2018－7－23	2018－9－1	J14331－2018	
207	DBJ04/T 366－2018	预拌混凝土质量管理标准		2018－7－23	2018－9－1	J14332－2018	
208	DBJ04/T 365－2018	免拆外模板现浇混凝土复合保温系统(FS)应用技术标准		2018－8/6	2018－9－1	J14354－2018	
209	DBJ04/T 367－2018	波纹钢综合管廊技术规程		2018－8－21	2018－10－1	J14355－2018	
210	DBJ04/T 256－2018	城市绿化工程施工标准	DBJ04－256－2007	2018－9－10	2018－11－1	J11145－2018	
211	DBJ04/T 270－2018	城市园林绿化工程质量验收标准	DBJ04－270－2008	2018－9－10	2018－11－1	J11346－2018	
212	DBJ04/T 368－2018	室内环境污染治理服务标准		2018－9－18	2018－11－1	J14405－2018	
213	DBJ04/T 369－2018	居住建筑标准化外窗系统应用技术标准		2018－10－17	2018－12－1	J14450－2018	
214	DBJ04/T 370－2018	双面彩钢复合风管施工技术规程		2018－10－22	2018－12－1	J14451－2018	
215	DBJ04/T 371－2018	炉排式生活垃圾焚烧锅炉系统安装技术标准		2018－10－22	2018－12－1	J14452－2018	
216	DBJ04/T 372－2018	内置支撑式现浇混凝土复合保温系统(BJS)应用技术标准		2018－11－26	2019－1－1	J14479－2018	
217	DBJ04/T 374－2018	CRB600H高延性高强钢筋应用技术标准		2018－12－17	2019－1－1	J14480－2018	
218	DBJ04/T 373－2018	高等院校物业服务标准		2018－12－17	2019－1－1	J14481－2018	
219	DBJ04/T 375－2018	租赁住房建设标准		2018－12－27	2019－1－1	J14544－2019	

续表

序号	标准编号	标准名称	替代标准号	批准日期	施行日期	备案号	批准部门
220	DBJ/T 03－85－2018	市政基础设施施工工程资料管理规程		2018－1－2	2018－4－1	J14094－2018	内蒙古自治区住房和城乡建设厅
221	DBJ/T 03－86－2018	市政桥梁装配式混凝土结构施工及质量验收规程		2018－1－2	2018－4－1	J14095－2018	
222	DBJ/T 03－87－2018	装配式木结构建筑技术导则		2018－5－14	2018－7－1	J14241－2018	
223	DBJ/T 03－89－2018	装配式混凝土建筑技术导则		2018－7－15	2018－10－1	J14321－2018	
224	DBJ03－94－2018	脱贫攻坚农村牧区危房改造管理规范		2018－8－10	2018－8－10	J14345－2018	
225	DBJ/T 03－95－2018	呼和浩特市轨道交通工程资料管理规程		2018－8－16	2018－10－1	J14353－2018	
226	DBJ/T 03－96－2018	城市地下综合管廊工程设计技术导则		2018－9－10	2018－11－1	J14397－2018	
227	DBJ/T 03－97－2018	内蒙古自治区城市地下综合管廊勘察设计深度规定		2018－9－10	2018－11－1	J14398－2018	
228	DBJ/T 03－101－2018	拉脱法检测混凝土抗压强度技术规程		2018－10－9	2018－12－1	J14418－2018	
229	DBJ/T 03－99－2018	现浇混凝土复合保温系统技术规程	DBJ03－64－2015	2018－9－20	2018－12－1	J12938－2018	
230	DBJ/T 03－102－2018	市政基础设施施工工程资料管理规程（城镇供热管网工程、城镇燃气输配工程、园林绿化工程、城市道路照明工程）		2018－12－25	2019－4－1	J14501－2018	
231	DBJ/T 03－103－2018	《建筑装配式混凝土结构施工及质量验收规程》		2018－12－25	2019－4－1	J14502－2018	

续表

序号	标准编号	标准名称	替代标准号	批准日期	施行日期	备案号	批准部门
232	DB23/T 2066－2017	装配式配筋砌块砌体剪力墙结构技术规程		2018－1－24	2018－4－1	J14117－2018	黑龙江省住房和城乡建设厅
233	DB23/T 2112－2018	黑龙江省螺旋波纹钢管技术标准	DB23/T 1273－2008	2018－5－30	2018－8－1	J14255－2018	
234	DB23－1270－2018	黑龙江省居住建筑65％+节能设计标准	DB23－1270－2008	2018－9－28	2019－1－1	J14381－2018	
235	DB23/T 2188－2018	发泡水泥防火隔离带		2018－10－11	2019－1－1	J14476－2018	
236	DB23/T 1302－2018	长螺旋钻孔压灌混凝土旋喷扩孔桩基础设计与施工技术规程	DB23/T 1320－2008	2018－12－10	2019－1－10	J14498－2018	
237	DB23/T 2220－2018	黑龙江省海绵城市建设技术规程		2018－12－10	2019－1－8	J14499－2018	
238	DB23/T 2236－2018	贯入法检测砌筑砌块砂浆抗压强度技术规程		2018－12－24	2019－2－24	J14513－2019	
239	DB23/T 2237－2018	建筑桩基技术规程		2018－12－25	2019－3－24	J14514－2019	
240	DB22/T 5002－2017	建筑工程勘察报告审查标准		2018－1－5	2018－1－5	J14113－2018	
241	DB22/T 5003－2017	城市轨道交通设施大修工程施工质量验收标准		2018－1－5	2018－3－1	J14306－2018	
242	DB22/T 5004－2018	全装修住宅室内装饰装修设计标准		2018－5－28	2018－6－1	J14307－2018	吉林省住房和城乡建设厅
243	DB22/T 5005－2018	注塑夹芯复合保温砌块自保温墙体技术标准		2018－5－28	2018－5－28	J14308－2018	
244	DB22/T 5006－2018	装配式路面基层工程技术标准	DB22/JT 135－2015	2018－5－28	2018－6－1	J12964－2018	
245	DB22/T 5008－2018	螺旋锥体挤土压灌桩技术标准		2018－7－27	2018－8－1	J14383－2018	
246	DB22/T 5009－2018	农村生活垃圾处理技术标准		2018－7－26	2018－7－26	J14384－2018	吉林省质量技术监督局

续表

序号	标准编号	标准名称	替代标准号	批准日期	施行日期	备案号	批准部门
247	DB22/T 5007－2018	纤维增强聚乙烯给水管道工程技术标准		2018－7－27	2018－7－27	J14385－2018	
248	DB22/T 5013－2018	装配式混凝土桥墩技术标准		2018－12－25	2018－12－25	J14605－2019	吉林省住房和城乡建设厅
249	DB22/T 5011－2018	模塑聚苯乙烯泡沫塑料板外墙外保温工程技术标准	DB22/T 1026－2011	2018－12－25	2019－1－1	J10092－2019	
250	DB22/T 5012－2018	民用建筑节能门窗工程技术标准		2018－12－25	2018－12－25	J14606－2019	吉林省质量技术监督局
251	DB22/T 5010－2018	海绵城市建设工程评价标准		2018－12－25	2018－12－25	J14607－2019	
252	DB22/T 5014－2018	城镇供热系统调整设计标准		2018－12－25	2019－1－1	J14608－2019	
253	DB21/T 1559－2018	回弹法检测泵送混凝土抗压强度技术规程（修订）	DB21/T 1559－2007	2018－3－9	2018－4－9	J11098－2018	
254	DB21/T 2225－2018	高性能混凝土应用技术规程（修订）	DB21/T 2225－2014	2018－3－9	2018－4－9	J12604－2018	
255	DB21/T 2933－2018	建筑同层排水工程技术规程（修订）	DB21/T 1917－2011	2018－3－9	2018－4－9	J14214－2018	
256	DB21/T 2965－2018	水泥聚苯模壳构式混凝土填充墙技术规程		2018－3－28	2018－4－28	J14312－2018	辽宁省住房和城乡建设厅
257	DB21/T 2017－2018	绿色建筑评价标准	DB21/T 2017－2012	2018－5－30	2018－6－30	J12188－2018	
258	DB21/T 2976－2018	城市黑臭水体整治—排水口、管道及检查井治理技术规程		2018－6－30	2018－7－30	J14334－2018	
259	DB21/T 2977－2018	低影响开发城镇雨水收集利用工程技术规程		2018－6－30	2018－7－30	J14335－2018	
260	DB21/T 1722－2018	居住建筑供暖热计量系统技术规程	DB21/T 1722－2009	2018－3－28	2018－4－28	J11397－2018	

续表

序号	标准编号	标准名称	替代标准号	批准日期	施行日期	备案号	批准部门
261	DB37/T 5108－2018	低能耗建筑无机自保温墙体系应用技术规程		2018－3－9	2018－6－1	J14191－2018	山东省住房和城乡建设厅
262	DB37/T 5106－2018	装配式混凝土结构现场检测技术标准		2018－3－9	2018－6－1	J14192－2018	
263	DB37/T 5107－2018	城镇排水管道检测与评估技术规程		2018－3－9	2018－6－1	J14193－2018	
264	DB37/T 5109－2018	城市地下综合管廊工程设计规范		2018－3－19	2018－6－1	J14194－2018	
265	DB37/T 5110－2018	城市地下综合管廊工程施工及验收规范		2018－3－19	2018－6－1	J14195－2018	
266	DB37/T 5111－2018	城市地下综合管廊运维管理技术标准		2018－3－19	2018－6－1	J14196－2018	
267	DB37/T 5112－2018	村庄道路建设规范		2018－3－19	2018－6－1	J14197－2018	
268	DB37/T 5113－2017	住宅区和住宅建筑内光纤到户通信设施工程设计规范		2018－3－19	2018－6－1	J14198－2018	
269	DB37/T 5114－2017	住宅区和住宅建筑内光纤到户通信设施工程施工与验收规范		2018－3－19	2018－6－1	J14199－2018	
270	DB37/T 5115－2018	装配式钢结构建筑技术规程		2018－4－9	2018－7－1	J14220－2018	
271	DB37/T 5116－2018	装配式部件临时斜支撑应用技术规程		2018－4－9	2018－7－1	J14221－2018	
272	DB37/T 5118－2018	市政工程资料管理标准		2018－5－23	2018－6－20	J14252－2018	
273	DB37/T 5117－2018	增强型复合外模现浇混凝土保温系统应用技术规程		2018－5－14	2018－8－1	J14253－2018	山东省质量技术监督局
274	DB37/T 5119－2018	节段式预制拼装综合管廊工程技术规程		2018－5－14	2018－8－1	J14254－2018	

续表

序号	标准编号	标准名称	替代标准号	批准日期	施行日期	备案号	批准部门
275	DB37/T 5120－2018	民用建筑工程室内环境污染控制规程		2018－6－26	2018－10－1	J14317－2018	
276	DB37/T 5121－2018	室外塑胶跑道质量控制技术规程		2018－6－26	2018－10－1	J14318－2018	
277	DB37/T 5122－2018	探地雷达测定道路结构层厚度技术规程		2018－7－11	2018－12－1	J14319－2018	
278	DB37/T 5123－2018	预拌混凝土及砂浆企业试验室管理规范		2018－6－26	2018－10－1	J14320－2018	
279	DB37/T 5124－2018	透水混凝土桩复合地基技术规范		2018－8－23	2019－1－1	J14359－2018	山东省住房和城乡建设厅
280	DB37/T 5125－2018	城镇透水路面养护技术规程		2018－8－23	2019－1－1	J14360－2018	山东省质量技术监督局
281	DB37/T 5126－2018	无机材料复合聚苯乙烯 A 级保温板薄抹灰外墙外保温系统应用技术规程		2018－8－23	2019－1－1	J14361－2018	
282	DB37/T 5127－2018	装配式建筑评价标准		2018－9－17	2018－11－1	J14404－2018	
283	DB37/T 5129－2018	隧道薄壁钢管初期支护施工技术规程		2018－9－17	2019－1－1	J14425－2018	
284	DB37/T 5128－2018	装饰砌块夹心保温复合墙体应用技术规程		2018－10－15	2019－1－1	J14426－2018	
285	DB37/T 5130－2018	建设工程造价咨询服务规范		2018－10－15	2019－1－1	J14427－2018	
286	DGJ32/TJ 229－2018	住宅智能信报箱建设标准		2018－6－27	2018－12－1	J14376－2018	江苏省住房和城乡建设厅

续表

序号	标准编号	标准名称	替代标准号	批准日期	施行日期	备案号	批准部门
287	DB34/T 5079－2018	保温装饰板外墙外保温系统应用技术规程		2018－2－5	2018－1－1	J14139－2018	安徽省住房和城乡建设厅
288	DB34/T 5079－2018	建筑工程逆作法作业技术规程		2018－2－5	2018－1－1	J14140－2018	
289	DB34/T 5083－2018	地下工程防水混凝土施工与验收规程		2018－5－31	2018－10－1	J14313－2018	
290	DB34/T 5081－2018	基桩钢筋笼长度检测技术规程		2018－5－31	2018－10－1	J14314－2018	
291	DB34/T 5082－2018	雨水利用工程技术规程		2018－5－31	2018－10－1	J14315－2018	安徽省质量技术监督局
292	DB33/T 1146－2018	浙江省城市轨道交通设计规范		2018－1－17	2018－7－1	J14109－2018	
293	DB33/T 1079－2018	控制性详细规划人民防空设施配置标准	DBJ33/T 1079－2011	2018－1－17	2018－6－1	J11807－2018	
294	DB33/T 1147－2018	建筑防水工程技术规程		2018－2－27	2018－11－1	J14176－2018	
295	DB33/T 1017－2018	药物屏障预防房屋白蚁技术规程	DB33/T 1017－2004	2018－2－26	2018－10－1	J10432－2018	浙江省住房和城乡建设厅
296	DB33/T 1148－2018	城市地下综合管廊工程设计规范		2018－3－13	2018－11－1	J14180－2018	
297	DB33/T 1149－2018	城镇供排水有限空间作业安全规程		2018－3－13	2018－11－1	J14181－2018	
298	DB33/T 1150－2018	城市地下综合管廊工程施工及质量验收规范		2018－5－4	2018－12－1	J14236－2018	
299	DB33/T 1035－2018	建筑施工扣件式钢管模板支架技术规程	DB33－1035－2006	2018－5－4	2018－12－1	J10905－2018	

续表

序号	标准编号	标准名称	替代标准号	批准日期	施行日期	备案号	批准部门
300	DB33/T 1152－2018	建筑工程建筑面积计算和竣工综合测量技术规程		2018－5－9	2018－7－1	J14240－2018	浙江省住房和城乡建设厅，浙江省测绘与地理信息局，浙江省国土资源厅，浙江省公安消防总队，浙江省人民防空办公室
301	DB33/T 1108－2018	房屋白蚁监测控制系统应用技术规程	DB33/T 1108－2014	2018－5－18	2018－11－1	J12833－2018	浙江省住房和城乡建设厅
302	DB33/T 1027－2018	蒸压加气混凝土砌块应用技术规程	DB33/T 1027－2006	2018－6－15	2018－12－1	J10799－2018	
303	DB33/T 1154－2018	建筑信息模型（BIM）应用统一标准		2018－6－28	2018－12－1	J14295－2018	
304	DB33/T 1153－2018	透水混凝土路面应用技术规程		2018－6－26	2018－12－1	J14296－2018	
305	DB33/T 1156－2018	燃气无线扩频远传抄表系统技术规程		2018－7－16	2018－12－1	J14325－2018	
306	DB33/T 1155－2018	城镇小型液化天然气化站技术规程		2018－7－16	2018－12－1	J14328－2018	
307	DB33/T 1158－2018	城镇人行地道施工质量验收规范		2018－9－10	2018－12－1	J14382－2018	
308	DB33/T 1159－2018	抹灰石膏应用技术规程		2018－9－29	2019－3－1	J14417－2018	
309	DB33/T 1160－2018	市域快速轨道交通设计规范		2018－10－8	2019－3－1	J14421－2018	
310	DB33/T 1055－2018	环境照明工程设计规范	DB33－1055－2008	2018－11－12	2019－3－1	J11333－2018	

续表

序号	标准编号	标准名称	替代标准号	批准日期	施行日期	备案号	批准部门
311	DBJ/T 13－279－2018	网架工程质量检验及验收技术规程		2018－1－10	2018－3－1	J14108－2018	
312	DBJ/T 13－25－2018	福建省城市隧道工程施工质量验收标准	DBJ13－25－2008	2018－1－17	2018－3－1	J11263－2018	
313	DBJ/T 13－281－2018	福建省住宅适老化设计标准		2018－2－7	2018－4－1	J14141－2018	
314	DBJ/T 13－283－2018	地铁基坑工程技术规程		2018－3－6	2018－5－1	J14147－2018	
315	DBJ/T 13－282－2018	建筑边坡工程监测与检测技术规程		2018－2－14	2018－4－1	J14167－2018	
316	DBJ/T 13－280－2018	福建省城市轨道交通工程通道联络法技术规程		2018－2－17	2018－4－1	J14168－2018	福建省住房和城乡建设厅
317	DBJ/T 13－284－2018	福建省公共建筑节能量改造节能量测评标准		2018－3－23	2018－5－1	J14186－2018	
318	DBJ/T 13－285－2018	建筑结构动力特性及动力响应检测技术规程		2018－5－15	2018－7－1	J14257－2018	
319	DBJ/T 13－104－2018	透水砖（板）路面应用技术规程	DBJ13－104－2008	2018－5－25	2018－7－1	J11252－2018	
320	DBJ/T 13－286－2018	福建省建筑施工企业信息化系统建设技术规程		2018－5－13	2018－7－1	J14277－2018	
321	DBJ/T 13－289－2018	福建省建筑起重机械防台风安全技术规程		2018－6－25	2018－8－1	J14288－2018	
322	DBJ/T 13－288－2018	福建省轨道交通防水工程技术规程		2018－6－6	2018－8－1	J14289－2018	
323	DBJ/T 13－287－2018	预应力混凝土箱梁桥悬臂浇筑施工监控技术规程		2018－6－6	2018－8－1	J14305－2018	

续表

序号	标准编号	标准名称	替代标准号	批准日期	施行日期	备案号	批准部门
324	DBJ/T 13-291-2018	福建省既有建筑地基基础检测技术规程		2018-7-26	2018-9-1	J14350-2018	福建省住房和城乡建设厅
325	DBJ/T 13-290-2018	城市轨道交通隧道工程监测规程		2018-7-26	2018-9-1	J14351-2018	
326	DBJ/T 13-292-2018	既有建筑安全评估技术规程		2018-8-8	2018-10-1	J14352-2018	
327	DBJ/T 13-296-2018	建筑废物分类与处理技术标准		2018-8-24	2018-10-1	J14357-2018	
328	DBJ/T 13-295-2018	再生骨料砌块砌体应用技术规程		2018-8-24	2018-10-1	J14358-2018	
329	DBJ13-297-2018	建筑起重机械安全管理标准		2018-12-8	2019-1-1	J14363-2018	
330	DBJ/T 13-77-2018	混凝土外加剂应用技术规程	DBJ/T 13-77-2006	2018-8-29	2018-10-1	J10892-2018	
331	DBJ/T 13-293-2018	盾构法地铁隧道施工现场气体检测规程		2018-8-20	2018-10-1	J14411-2018	
332	DBJ/T 13-294-2018	福建省钢筋套筒灌浆连接技术规程		2018-9-29	2018-12-1	J14432-2018	
333	DBJ13-298-2018	福建省绿色建筑工程验收标准		2018-12-27	2019-6-1	J14453-2018	
334	DBJ/T 13-82-2018	福建省建筑节能工程施工技术规程	DBJ13-82-2006	2018-11-19	2019-2-1	J10790-2018	
335	DBJ/T 13-299-2018	雷达法检测混凝土结构工程质量技术规程		2018-12-10	2019-2-1	J14517-2019	
336	DBJ/T 13-300-2018	福建省排水管渠安全运维与管理标准		2018-12-18	2019-2-1	J14545-2019	
337	DBJ/T 13-301-2018	旋挖成孔灌注桩技术规程		2018-12-24	2019-3-1	J14546-2019	
338	DBJ/T 13-304-2018	混凝土裂缝注浆填充修补质量检测技术规程		2018-12-27	2019-3-1	J14547-2019	

续表

序号	标准编号	标准名称	替代标准号	批准日期	施行日期	备案号	批准部门
339	DBJ/T 13-302-2018	现浇混凝土空心楼盖应用技术规程		2018-12-18	2019-3-1	J14548-2019	福建省住房和城乡建设厅
340	DBJ/T 13-303-2018	福建省屋顶绿化应用技术标准		2018-12-27	2019-3-1	J14551-2019	
341	DBJ/T 36-040-2018	蒸压加气混凝土墙板应用技术标准		2018-3-28	2018-4-1	J14210-2018	
342	DBJ/T 36-041-2018	装配整体式混凝土住宅设计标准		2018-3-28	2018-4-1	J14211-2018	
343	DBJ/T 36-042-2018	装配整体式混凝土住宅结构工程施工及质量验收技术标准		2018-3-28	2018-4-1	J14212-2018	江西省住房和城乡建设厅
344	DBJ/T 36-043-2018	装配整体式混凝土住宅预制构件制作与质量验收技术标准		2018-3-28	2018-4-1	J14213-2018	
345	DBJ/T 36-044-2018	微晶石保温装饰一体板外墙外保温系统应用技术标准		2018-5-17	2018-6-1	J14298-2018	
346	DBJ/T 36-045-2018	江西省城乡厕所设计导则		2018-9-22	2018-10-1	J14448-2018	
347	DBJ/T 36-046-2018	FR复合保温墙板应用技术标准		2018-11-27	2018-12-1	J14475-2018	
348	DBJ41/T 187-2017	建筑垃圾再生骨料透水铺装应用技术规程		2018-1-15	2018-2-1	J14105-2018	
349	DBJ41/T 188-2017	城市轨道交通工程安全监测技术规程		2018-1-15	2018-2-1	J14106-2018	河南省住房和城乡建设厅
350	DBJ41/T 189-2017	地下连续墙检测技术规程		2018-1-15	2018-2-1	J14107-2018	
351	DBJ41/T 191-2018	组合铝合金模板应用技术规程		2018-1-15	2018-4-1	J14137-2018	
352	DBJ41/T 192-2018	水泥基泡沫保温板保温系统应用技术规程		2018-3-7	2018-5-1	J14187-2018	

续表

序号	标准编号	标准名称	替代标准号	批准日期	施行日期	备案号	批准部门
353	DBJ41/T 193－2018	河南省成品住宅施工图设计文件审查标准		2018－3－7	2018－5－1	J14188－2018	河南省住房和城乡建设厅
354	DBJ41/T 194－2018	河南省成品住宅工程质量分户验收规程		2018－3－22	2018－5－1	J14189－2018	
355	DBJ41/T 199－2018	建设项目全过程造价管理技术规程		2018－5－17	2018－7－1	J14256－2018	
356	DBJ41/T 195－2018	河南省住宅可容纳担架电梯设计标准		2018－6－8	2018－7－1	J14291－2018	
357	DBJ41/T 196－2018	房屋建筑工程质量管理标准化规程		2018－6－8	2018－10－1	J14327－2018	
358	DBJ41/T 198－2018	中小学校智能化系统设计标准		2018－8－7	2018－9－1	J14348－2018	
359	DBJ41/T 197－2018	保温模板现浇混凝土一体化工程应用技术规程		2018－8－7	2018－9－1	J14349－2018	
360	DBJ41/T 200－2018	无机塑化微孔保温板应用技术规程		2018－9－3	2018－10－1	J14386－2018	
361	DBJ41/T 205－2018	河南省超低能耗居住建筑节能设计标准		2018－9－7	2018－11－1	J14412－2018	
362	DBJ41/T 201－2018	民用建筑信息模型应用标准		2018－9－7	2018－11－1	J14413－2018	
363	DBJ41/T 202－2018	市政工程信息模型应用标准（道路桥梁）		2018－9－7	2018－11－1	J14414－2018	
364	DBJ41/T 203－2018	市政工程信息模型应用标准（综合管廊）		2018－9－7	2018－11－1	J14415－2018	
365	DBJ41/T 204－2018	水利工程信息模型应用标准		2018－9－7	2018－11－1	J14416－2018	
366	DBJ41/T 206－2018	城市地下综合管廊施工与质量验收标准		2018－11－22	2019－1－1	J14492－2018	
367	DBJ41/T 208－2018	建设工程监理工作标准		2018－11－30	2019－1－1	J14493－2018	

续表

序号	标准编号	标准名称	替代标准号	批准日期	施行日期	备案号	批准部门
368	DB42/T 1320－2017	智慧社区智慧家庭业务接入管理通用规范		2018－1－15	2018－3－1	J14111－2018	湖北省住房和城乡建设厅 湖北省质量技术监督局
369	DB42/T 1319－2017	绿色建筑设计与工程验收标准		2018－2－6	2018－3－1	J14136－2018	
370	DB42/T 1332－2018	分体式空调器室外机设置技术标准		2018－3－30	2018－5－1	J14190－2018	
371	DB42/T 1360－2018	植被生态混凝土护坡技术规范		2018－6－7	2018－7－18	J14272－2018	
372	DB42/T 1365－2018	建筑起重机械维护保养管理规范		2018－6－8	2018－7－18	J14273－2018	
373	DB42/T 1345－2018	CRB600H高强钢筋应用技术规程		2018－6－8	2018－7－1	J14274－2018	
374	DB42/T 1343－2018	顶管法管道穿越工程技术规程		2018－6－8	2018－7－1	J14275－2018	
375	DB42/T 1366－2018	布敦岩沥青改性沥青路面施工与验收规范		2018－6－14	2018－7－8	J14280－2018	
376	DB42/T 1386－2018	建筑防水工程技术规范		2018－9－26	2018－10－23	J14409－2018	
377	DB42/T 1378－2018	外定径钢骨架增强聚乙烯复合管材及管件		2018－10－29	2018－10－30	J14440－2018	
378	DB42/T 1379－2018	建筑节能用辐照交联聚烯烃发泡材料		2018－10－29	2018－10－30	J14441－2018	
379	DBJ43/T 332－2018	湖南省绿色装配式建筑评价标准		2018－5－8	2018－6－1	J14239－2018	湖南省住房和城乡建设厅
380	DBJ43/T 501－2018	湖南省城镇排水管网及泵站维护管理质量标准		2018－6－12	2018－8－1	J14285－2018	
381	DBJ43/T 333－2018	湖南省混凝土多孔砖建筑技术标准	DBJ43/002－2005	2018－9－11	2018－9－13	J10750－2018	

续表

序号	标准编号	标准名称	替代标准号	批准日期	施行日期	备案号	批准部门
382	DBJ43/T 008-2018	室内无线信号覆盖系统设计规范		2018-9-30	2018-12-1	J14428-2018	湖南省住房和城乡建设厅
383	DBJ43/T 334-2018	钢筋套筒灌浆连接		2018-9-30	2018-12-1	J14429-2018	
384	DBJ43/T 502-2018	湖南省城镇地下管线探测技术标准		2018-11-2	2019-3-1	J14470-2018	
385	DBJ43/T 503-2018	盾构隧道管片壁后注浆探底雷达法检测技术标准		2018-11-2	2019-3-1	J14471-2018	
386	DBJ43/T 335-2018	湖南省民用建筑外保温材料应用防火技术规程		2018-12-14	2019-4-1	J14561-2019	
387	DBJ/T 15-134-2018	广东省地下管线探测技术规程		2018-2-12	2018-7-1	J14169-2018	广东省住房和城乡建设厅
388	DBJ/T 15-135-2018	广东省足球场地规划标准		2018-2-26	2018-7-1	J14170-2018	
389	DBJ/T 15-136-2018	岩溶地区建筑地基基础技术规范		2018-2-26	2018-7-1	J14171-2018	
390	DBJ/T 15-137-2018	一体化预制泵站工程技术规范		2018-2-26	2018-7-1	J14172-2018	
391	DBJ/T 15-133-2018	广东省居住建筑节能设计规程		2018-1-16	2018-5-1	J14173-2018	
392	DBJ/T 15-131-2018	园区和商业建筑内宽带光纤接入通信设施施工程技术规范		2018-1-16	2018-5-1	J14174-2018	
393	DBJ/T 15-132-2018	园区和商业建筑内宽带光纤接入通信设施施工和验收规范		2018-1-16	2018-5-1	J14175-2018	
394	DBJ/T 15-139-2018	地铁消防设施检测技术规程		2018-3-26	2018-8-1	J14225-2018	
395	DBJ/T 15-138-2018	建筑电气防火检测技术规程		2018-3-26	2018-8-1	J14226-2018	
396	DBJ/T 15-142-2018	广东省建筑信息模型应用统一标准		2018-7-17	2018-9-1	J14322-2018	

续表

序号	标准编号	标准名称	替代标准号	批准日期	施行日期	备案号	批准部门
397	DBJ/T 15－140－2018	广东省市政基础设施施工程工安全管理标准		2018－7－17	2018－9－1	J14323－2018	广东省住房和城乡建设厅
398	DBJ/T 15－141－2018	中运量跨座式单轨交通系统设计规范准		2018－7－17	2018－9－1	J14324－2018	
399	DBJ/T 15－143－2018	现浇混凝土外墙复合隔热技术规程		2018－8－7	2018－10－1	J14344－2018	
400	DBJ/T 15－144－2018	建筑消防安全评估标准		2018－10－15	2019－1－1	J14424－2018	
401	DBJ/T 15－145－2018	建设工程政府投资项目造价数据标准		2018－11－12	2019－1－1	J14455－2018	
402	DBJ/T 15－146－2018	内河沉管隧道水下检测技术规范		2018－11－27	2019－1－1	J14473－2018	
403	DBJ/T 15－147－2018	建筑智能工程施工、检测与验收规范		2018－12－17	2019－2－1	J14495－2018	
404	DBJ/T 15－150－2018	电动汽车充电基础设施建设技术规程		2018－12－27	2019－2－1	J14511－2019	
405	DBJ/T 15－149－2018	中运量跨座式单轨交通系统施工及验收规范		2018－12－27	2019－2－1	J14512－2019	
406	DBJ/T 15－148－2018	强风易发多发地区金属屋面技术规范		2018－12－27	2019－2－1	J14553－2019	
407	DBJ/T 45－056－2018	盾构法隧道管片壁后注浆质量地质雷达检测技术规范		2018－1－18	2018－4－1	J14143－2018	广西壮族自治区住房和城乡建设厅
408	DBJ/T 45－057－2018	城市地下综合管廊建设技术规程		2018－2－1	2018－4－1	J14144－2018	

续表

序号	标准编号	标准名称	替代标准号	批准日期	施行日期	备案号	批准部门
409	DBJ/T 45－058－2018	城市桥梁加固设计与施工技术规程	DBJ45－025－2016	2018－2－28	2018－5－1	J13447－2018	广西壮族自治区住房和城乡建设厅
410	DBJ/T 45－060－2018	桂北地区城镇供水防寒抗冻技术规范	DBJ45/002－2014	2018－2－28	2018－5－1	J12855－2018	
411	DBJ/T 45－065－2018	建筑基坑支护技术规范		2018－4－24	2018－7－1	J14227－2018	
412	DBJ/T 45－061－2018	RCA复配双改性沥青路面标准		2018－2－26	2018－6－1	J14228－2018	
413	DBJ/T 45－062－2018	城镇道路检测与评定技术规范		2018－3－16	2018－6－1	J14229－2018	
414	DBJ/T 45－063－2018	二次供水工程技术规程		2018－3－27	2018－7－1	J14232－2018	
415	DBJ/T 45－059－2018	建筑节能工程施工质量验收规范	DBJ－45－005－2012	2018－2－1	2018－5－1	J12305－2018	
416	DBJ/T 45－066－2018	广西壮族自治区岩土工程勘察规程	DBJ/T 45－002－2011	2018－5－4	2018－7－1	J11629－2018	
417	DBJ/T 45－067－2018	太阳能热水系统与建筑一体化工程设计、安装与验收规范	DBJ/T 45－008－2012	2018－5－4	2018－7－1	J12297－2018	
418	DBJ/T 45－064－2018	房屋建筑与市政基础设施工程资料管理规程		2018－4－11	2018－7－1	J14278－2018	
419	DBJ/T 45－068－2018	绿色建筑质量验收规范		2018－8－28	2018－11－1	J14379－2018	
420	DBJ/T 45－069－2018	绿色生态小区评价标准		2018－9－6	2018－11－1	J14410－2018	
421	DBJ－45－070－2018	建筑工程建筑信息模型设计施工应用标准通用技术指南		2018－9－14	2018－11－1	J14422－2018	
422	DBJ－45－071－2018	既有建筑地基基础检测技术规程		2018－9－29	2019－1－1	J14423－2018	
423	DBJ/T 45－072－2018	城市轨道交通结构安全防护技术规程		2018－10－23	2019－1－1	J14439－2018	

续表

序号	标准编号	标准名称	替代标准号	批准日期	施行日期	备案号	批准部门
424	DBJ/T 45-073-2018	石材发泡轻质墙板应用技术规程		2018-11-1	2019-1-1	J14457-2018	广西壮族自治区住房和城乡建设厅
425	DBJ/T 45-074-2018	透水混凝土应用技术规程		2018-11-1	2019-1-1	J14458-2018	
426	DBJ/T 45-075-2018	建筑材料信息化统一编码规范		2018-11-21	2019-2-1	J14469-2018	
427	DBJ/T 45-077-2018	可拆芯式锚索技术规范		2018-12-11	2019-2-1	J14489-2018	
428	DBJ/T 45-078-2018	城市公共服务设施配置标准		2018-12-11	2019-2-1	J14490-2018	
429	DBJ/T 45-076-2018	建筑施工承插型套扣式钢管脚手架安全技术规程		2018-12-4	2019-2-1	J14491-2018	
430	DBJ/T 45-076-2018	拉索减震支座应用技术指南		2018-12-28	2019-2-1	J14515-2019	
431	DBJ46-047-2018	海南省装配式混凝土结构工程施工质量验收标准		2018-5-22	2018-7-1	J14266-2018	海南省住房和城乡建设厅
432	DBJ46-048-2018	海南省建筑工程防水技术标准		2018-6-7	2018-7-1	J14267-2018	
433	DBJ46-047-2018	海南省绿色生态小区技术标准		2018-7-20	2018-10-1	J14340-2018	
434	DBJ53/T-88-2018	住宅厨房卫生间集中排烟气系统技术规程		2018-4-24	2018-6-1	J14437-2018	云南省住房和城乡建设厅
435	DBJ53/T-27-2018	室内无线电信号覆盖系统建设规范	DBJ53/T-27-2010	2018-4-20	2018-6-1	J11997-2018	
436	DBJ53/T-90-2018	预应力混凝土实心方桩应用技术规程		2018-5-8	2018-9-1	J14442-2018	
437	DBJ53/T-91-2018	云南省水利水电工程工地试验室标准化管理标准		2018-5-9	2018-9-1	J14443-2018	
438	DBJ53/T-93-2018	云南省城镇排水设施数据管理技术标准		2018-5-9	2018-9-1	J14444-2018	

续表

序号	标准编号	标准名称	替代标准号	批准日期	施行日期	备案号	批准部门
439	DBJ53/T-94-2018	云南省城镇排水设施在线数据采集技术标准		2018-7-20	2018-12-1	J14445-2018	云南省住房和城乡建设厅
440	DBJ53/T-95-2018	免烧砖砌体施工技术规程		2018-8-6	2018-12-1	J14446-2018	
441	DBJ53/T-87-2018	云南省2017建设工程综合单价计价标准		2018-2-23	2018-5-1	J14462-2018	
442	DBJ52/T 065-2017	贵州省绿色建筑评价标准	DBJ52/T 065-2013	2018-1-3	2018-2-1	J12453-2018	贵州省住房和城乡建设厅
443	DBJ52/T 087-2017	既有建筑安全评估技术规程		2018-1-3	2018-2-1	J14096-2018	
444	DBJ52/T 035-2017	建筑给水聚丙烯管应用技术规程	DBJ22-35-2001	2018-1-3	2018-2-1	J10172-2018	
445	DBJ52/T 039-2017	室外埋地聚乙烯(PE)给水管道工程技术规程	DBJ22-39-2002	2018-1-3	2018-2-1	J10218-2018	
446	DBJ52/T 045-2018	贵州建筑地基基础设计规范	DBJ22-45-2004	2018-1-10	2018-2-1	J10671-2018	
447	DBJ52/T 046-2018	贵州建筑岩土工程技术规范	DBJ22-46-2004	2018-1-10	2018-2-1	J10672-2018	
448	DBJ52/T 088-2018	贵州省建筑桩基设计与施工技术规程		2018-1-10	2018-2-1	J14104-2018	
449	DBJ52/T 089-2018	建筑施工插盘式钢管支架安全技术规范		2018-5-25	2018-7-1	J14540-2019	
450	DBJ51/T 089-2018	四川省城镇超高韧性组合钢桥面结构技术标准		2018-1-23	2018-5-1	J14163-2018	四川省住房和城乡建设厅
451	DBJ51/T 086-2017	四川省有轨电车施工及验收标准		2018-1-10	2018-4-1	J14164-2018	
452	DBJ51/T 087-2017	四川省装配式混凝土建筑BIM设计施工一体化标准		2018-1-10	2018-4-1	J14165-2018	

续表

序号	标准编号	标准名称	替代标准号	批准日期	施行日期	备案号	批准部门
453	DBJ51/T 088－2017	四川省装配式混凝土建筑预制构件生产和施工信息化技术标准		2018－1－10	2018－4－1	J14166－2018	四川省住房和城乡建设厅
454	DB51/T 5063－2018	四川省在用建筑塔式起重机安全性鉴定标准	DB51/T 5063－2009	2018－2－8	2018－5－1	J11345－2018	
455	DBJ51/T 095－2018	四川省震后城乡重建规划编制管理标准		2018－4－12	2018－8－1	J14231－2018	
456	DBJ51/T 092－2018	四川省绿色建筑运行维护标准		2018－4－12	2018－6－1	J14233－2018	
457	DBJ51/T 094－2018	四川省建筑工程钢筋套筒灌浆连接技术标准		2018－3－27	2018－7－1	J14234－2018	
458	DBJ51/T 090－2018	四川省建设工程造价咨询标准		2018－5－25	2018－6－1	J14301－2018	
459	DBJ51/T 093－2018	四川省低层轻型木结构建筑技术标准		2018－5－25	2018－6－1	J14302－2018	
460	DB51/T 5049－2018	四川省通风与空调工程施工工艺标准	DB51/T 5049－2007	2018－5－25	2018－6－1	J11086－2018	
461	DBJ51/T 091－2018	四川省公共建筑机电系统节能运行技术标准		2018－5－25	2018－6－1	J14303－2018	
462	DBJ51/T 009－2018	四川省绿色建筑评价标准	DBJ51/T 009－2012	2018－4－19	2018－6－1	J12097－2018	
463	DBJ51/T 098－2018	四川省聚酯纤维复合卷材建筑地面保温隔声工程技术标准		2018－7－2	2018－8－15	J14316－2018	
464	DBJ51/T 097－2018	四川省城乡绿道规划设计标准		2018－6－22	2018－10－1	J14346－2018	
465	DBJ51/T 096－2018	四川省建设工程造价技术经济指标采集与发布标准		2018－6－22	2018－10－1	J14347－2018	
466	DBJ51/T 099－2018	悬挂式单轨交通设计标准		2018－8－15	2018－12－1	J14406－2018	

续表

序号	标准编号	标准名称	替代标准号	批准日期	施行日期	备案号	批准部门
467	DBJ51/T 100－2018	四川省现浇混凝土免拆模板建筑保温系统技术标准		2018－9－26	2019－2－1	J14468－2018	四川省住房和城乡建设厅
468	DBJ51/T 102－2018	四川省建筑地下结构抗浮锚杆技术规程		2018－9－29	2019－3－1	J14472－2018	
469	DBJ51/T 101－2018	四川省建设工程项目管理标准		2018－11－12	2019－2－1	J14484－2018	
470	DB51/T 5068－2018	四川省既有玻璃幕墙安全性检测鉴定标准	DB51/T 5068－2010	2018－12－6	2019－2－1	J11621－2019	
471	DB51/T 5038－2018	四川省地面工程施工工艺标准	DB51/T 5038－2007	2018－12－19	2019－5－1	J11010－2019	
472	DBJ51/T 103－2018	四川省建筑物移动通信基础设施建设标准		2018－12－26	2019－4－1	J14629－2019	
473	DBJ61/T 142－2018	农村危房改造高延性混凝土加固应用技术导则		2018－4－25	2018－5－20	J14230－2018	陕西省住房和城乡建设厅
474	DBJ61/T 128－2018	陕西省城市设计标准		2018－5－9	2018－6－20	J14250－2018	
475	DBJ61/T 140－2018	村镇装配式重合承重复合墙结构居住建筑设计规程		2018－5－9	2018－6－20	J14251－2018	
476	DBJ61/T 141－2018	建筑节能与结构一体化高性能泡沫混凝土免拆模板复合保温板系统技术规程		2018－5－31	2018－7－10	J14279－2018	
477	DBJ61/T 148－2018	玻纤增强复合保温板应用技术规程		2018－10－9	2018－11－20	J14300－2018	
478	DBJ61/T 146－2018	陕西省城镇综合管廊管线入廊标准		2018－7－12	2018－8－10	J14364－2018	
479	DBJ61/T 145－2018	陕西省城镇综合管廊建设项目管理规范		2018－7－12	2018－8－10	J14365－2018	

续表

序号	标准编号	标准名称	替代标准号	批准日期	施行日期	备案号	批准部门
480	DBJ61/T 147 - 2018	高性能混凝土技术规程		2018 - 7 - 12	2018 - 8 - 10	J14366 - 2018	陕西省住房和城乡建设厅
481	DBJ61/T 144 - 2018	陕南夏热冬冷地区居住建筑水源热泵供暖工程技术规程		2018 - 11 - 14	2018 - 12 - 10	J14474 - 2018	
482	DBJ61/T 151 - 2018	建筑节能与结构一体化浇筑式混凝土复合自保温砌块填充外墙技术规程		2018 - 12 - 11	2019 - 1 - 20	J14507 - 2019	
483	DBJ61/T 152 - 2018	建筑节能与结构一体化复合免拆保温模板应用技术规程		2018 - 12 - 11	2019 - 1 - 20	J14508 - 2019	
484	DBJ61/T 149 - 2018	陕西省城镇住宅区公共服务设施配置标准		2018 - 12 - 11	2019 - 1 - 20	J14509 - 2019	
485	DBJ61/T 150 - 2018	预制装配式混凝土综合管廊工程技术规程		2018 - 12 - 11	2019 - 1 - 20	J14510 - 2019	
486	DB62/T 3140 - 2018	FR复合保温墙板应用技术规程		2018 - 1 - 3	2018 - 3 - 1	J14116 - 2018	甘肃省住房和城乡建设厅
487	DB62/T 3019 - 2018	建筑地基基础工程施工工艺规程	DB62/T 25 - 3019 - 2005	2018 - 1 - 22	2018 - 5 - 1	J10735 - 2018	
488	DB62/T 3020 - 2018	地下工程防水施工工艺规程	DB62/T 25 - 3020 - 2005	2018 - 1 - 22	2018 - 5 - 1	J10736 - 2018	
489	DB62/T 3021 - 2018	模板工程施工工艺规程	DB62/T 25 - 3021 - 2005	2018 - 1 - 22	2018 - 5 - 1	J10737 - 2018	
490	DB62/T 3022 - 2018	钢筋工程施工工艺规程	DB62/T 25 - 3022 - 2005	2018 - 1 - 22	2018 - 5 - 1	J10738 - 2018	
491	DB62/T 3023 - 2018	混凝土工程施工工艺规程	DB62/T 25 - 3023 - 2005	2018 - 1 - 22	2018 - 5 - 1	J10739 - 2018	
492	DB62/T 3024 - 2018	砌体工程施工工艺规程	DB62/T 25 - 3024 - 2005	2018 - 1 - 22	2018 - 5 - 1	J10740 - 2018	甘肃省质量技术监督局
493	DB62/T 3025 - 2018	钢结构工程施工工艺规程	DB62/T 25 - 3025 - 2005	2018 - 1 - 22	2018 - 5 - 1	J10741 - 2018	
494	DB62/T 3026 - 2018	建筑装饰装修工程施工工艺规程	DB62/T 25 - 3026 - 2005	2018 - 1 - 22	2018 - 5 - 1	J10742 - 2018	

续表

序号	标准编号	标准名称	替代标准号	批准日期	施行日期	备案号	批准部门
495	DB62/T 3027－2018	建筑地面工程施工工艺规程	DB62/T 25－3027－2005	2018－1－22	2018－5－1	J10743－2018	甘肃省住房和城乡建设厅 甘肃省质量技术监督局
496	DB62/T 3028－2018	屋面工程施工工艺规程	DB62/T 25－3028－2005	2018－1－22	2018－5－1	J10744－2018	
497	DB62/T 3029－2018	建筑给水排水及供暖工程施工工艺规程	DB62/T 25－3029－2005	2018－1－22	2018－5－1	J10745－2018	
498	DB62/T 3030－2018	建筑电气工程施工工艺规程	DB62/T 25－3030－2005	2018－1－22	2018－5－1	J10746－2018	
499	DB62/T 3031－2018	通风与空调工程施工工艺规程	DB62/T 25－3031－2005	2018－1－22	2018－5－1	J10747－2018	
500	DB62/T 3143－2017	附着式升降脚手架应用技术规程		2018－3－5	2018－6－1	J14200－2018	
501	DB62/T 3141－2018	绿色医院建筑评价标准		2018－3－5	2018－6－1	J14201－2018	
502	DB62/T 3142－2018	地源热泵系统建筑应用能效测评技术规程		2018－3－5	2018－6－1	J14202－2018	
503	DB62/T 3144－2018	无干扰地岩热供热系统工程技术规范		2018－4－27	2018－8－1	J14243－2018	
504	DB62/T 3145－2018	现浇泡沫混凝土轻钢龙骨复合墙体应用技术规程		2018－4－27	2018－9－1	J14244－2018	
505	DB62/T 3146－2018	太阳能光伏与建筑一体化应用技术规程		2018－5－30	2018－9－1	J14283－2018	
506	DB62/T 3081－2018	绿色建筑施工与验收规范	DB62/T 25－3081－2014	2018－5－30	2018－11－1	J12733－2018	
507	DB62/T 3064－2018	绿色建筑评价标准	DB62/T 25－3064－2013	2018－5－23	2018－11－1	J12416－2018	
508	DB62/T 3147－2017	内衬聚乙烯水箱（池）技术规程		2018－6－8	2018－10－1	J14284－2018	
509	DB62/T 3148－2018	高等级公路稻壳薄罩面应用技术规程		2018－9－10	2018－11－1	J14390－2018	
510	DB62/T 3149－2018	公路沥青路面热再生应用技术规程		2018－9－10	2018－11－1	J14391－2018	

续表

序号	标准编号	标准名称	替代标准号	批准日期	施行日期	备案号	批准部门
511	DB62/T 3151－2018	严寒和寒冷地区居住建筑节能(75%)设计标准		2018－9－17	2018－12－1	J14431－2018	甘肃省住房和城乡建设厅
512	DB62/T 3150－2018	建筑信息模型(BIM)应用标准		2018－9－10	2018－12－1	J14438－2018	
513	DB62/T 3154－2018	高速公路交通安全设施设计规范		2018－11－28	2019－3－1	J14519－2019	
514	DB62/T 3152－2018	兰州市屋顶绿化技术标准		2018－11－28	2019－2－1	J14520－2019	甘肃省质量技术监督局
515	DB62/T 3153－2018	公路沥青路面加热型封胶技术标准		2018－11－28	2019－2－1	J14521－2019	
516	DB62/T 3157－2018	建筑工程绿色施工评价标准		2018－12－17	2019－4－1	J14557－2019	
517	DB62/T 3155－2018	兰州新区回弹法检测泵送混凝土抗压强度技术规程		2018－12－17	2019－4－1	J14558－2019	
518	DB62/T 3156－2018	自密实混凝土应用技术标准		2018－12－17	2019－4－1	J14559－2019	
519	DB64/T 1538－2018	短螺旋挤土灌注桩技术规程		2018－2－12	2018－4－25	J14160－2018	
520	DB64/T 1539－2018	复合保温板结构一体化系统应用技术规程		2018－2－12	2018－4－25	J14161－2018	
521	DB64/T 1544－2018	绿色建筑设计标准		2018－4－4	2018－7－1	J14215－2018	宁夏回族自治区住房和城乡建设厅
522	DB64－680－2018	建筑工程安全管理规程	DB64－680－2010	2018－7－24	2018－10－23	J11782－2018	
523	DB64－266－2018	建筑工程资料管理规程	DB64－266－2010	2018－7－24	2018－10－23	J14341－2018	宁夏回族自治区质量技术监督局
524	DB64/T 1546－2018	建筑防水工程技术规程		2018－7－24	2018－10－23	J14342－2018	
525	DB64/T 1552－2018	建筑物移动通信基础设施建设标准		2018－11－26	2019－02－25	J14483－2018	
526	DB63/T 1627－2018	青海省公共建筑节能设计标准		2018－2－2	2018－3－1	J14264－2018	青海省住房和城乡建设厅
527	DB63/T 1626－2018	青海省居住建筑节能设计标准—75%节能(试行)		2018－2－2	2018－3－1	J14265－2018	
528	DB63/T 1625－2018	青海城市设计技术规程(试行)		2018－1－23	2018－3－1	J14611－2019	青海省质量技术监督局

续表

序号	标准编号	标准名称	替代标准号	批准日期	施行日期	备案号	批准部门
529	DB63/T 1682－2018	被动式低能耗建筑技术导则(居住建筑)		2018－7－30	2018－9－10	J14612－2019	青海省住房和城乡建设厅
530	DB63/T 1683－2018	青海省农牧区公共厕所工程建设标准		2018－7－30	2018－9－10	J14613－2019	
531	DB63/T 1685－2018	青海省农牧区生活污水处理工程建设导则(试行)		2018－8－30	2018－9－28	J14614－2019	
532	DB63/T 1684－2018	民用建筑外墙外保温系统检验标准		2018－7－30	2018－9－10	J14615－2019	青海省质量技术监督局
533	DB63/T 1686－2018	青海省生土砌体房屋技术导则		2018－10－8	2018－10－30	J14616－2019	
534	DB63/T 1687－2018	青海省改性夯土墙房屋技术导则		2018－10－8	2018－10－30	J14617－2019	
535	DBJ540005－2018	西藏自治区民用供氧工程施工及验收规范		2018－11－19	2018－12－1	J14497－2018	
536	DBJ540004－2018	西藏自治区民用供氧工程设计标准		2018－11－19	2018－12－1	J14575－2019	西藏自治区住房和城乡建设厅
537	DBJ540001－2018	西藏自治区绿色建筑设计标准		2018－8－28	2018－9－1	J14655－2018	
538	DBJ540002－2018	西藏自治区绿色建筑评价标准		2018－8－28	2018－9－1	J14656－2018	
539	DBJ540003－2018	西藏自治区高原装配式钢结构建筑技术标准		2018－8－28	2018－9－1	J14657－2018	
540	XJJ087－2018	建筑施工承插型键槽式钢管支架安全技术规程		2018－1－9	2018－3－1	J14122－2018	新疆维吾尔自治区住房和城乡建设厅
541	XJJ088－2018	建设工程监理工作规程		2018－2－23	2018－4－1	J14148－2018	

续表

序号	标准编号	标准名称	替代标准号	批准日期	施行日期	备案号	批准部门
542	XJJ005－2018	住宅室内装饰装修工程质量验收标准	XJJ005－2001	2018－3－23	2018－6－1	J14235－2018	新疆维吾尔自治区住房和城乡建设厅
543	XJJ040－2018	预拌砂浆应用技术规程	XJJ040－2009	2018－6－7	2018－8－1	J11495－2018	
544	XJJ089－2018	城镇容貌标准		2018－6－20	2018－10－1	J14294－2018	
545	XJJ037－2018	外墙外保温薄抹灰系统应用技术规程	XJJ037－2008 及 XJJ069－2015	2018－6－28	2018－7－1	J11255－2018	
546	XJJ090－2018	电供暖系统应用技术规程		2018－6－27	2018－7－1	J14304－2018	
547	XJJ/T 091－2018	农村居住建筑节能设计标准（试行）		2018－7－13	2018－8－1	J14336－2018	
548	XJJ092－2018	电锅炉房设计规程		2018－7－24	2018－9－1	J14337－2018	
549	XJJ094－2018	城镇生活垃圾分类及其评价标准		2018－8－28	2018－10－1	J14399－2018	
550	XJJ093－2018	叠合装配式混凝土综合管廊工程技术规程		2018－8－16	2018－10－1	J14400－2018	
551	XJJ095－2018	二次供水工程技术标准		2018－9－20	2018－10－1	J14401－2018	
552	XJJ/T 096－2018	农村厕所粪污处理技术规程（试行）		2018－9－12	2018－10－1	J14402－2018	
553	XJJ101－2018	城市管理行政执法装备配备标准		2018－11－20	2019－1－1	J14466－2018	
554	XJJ100－2018	蒸压加气混凝土砌块应用技术规程		2018－11－14	2019－1－1	J14467－2018	
555	XJJ098－2018	真空挤出水泥空心墙板应用技术规程		2018－12－6	2019－1－1	J14477－2018	
556	XJJ102－2018	应急避难场所建设技术标准		2018－11－30	2019－1－1	J14478－2018	
557	XJJ099－2018	蒸压加气混凝土应用技术规程		2018－12－6	2019－1－1	J14494－2018	
558	XJJ104－2018	地下工程非膨胀混凝土结构防腐阻锈防水抗裂技术规程		2018－12－28	2019－2－1	J14516－2019	

附录五　2018 年工程建设标准制修订计划

序号	项目名称	类别	主编部门	组织单位	起草/承担单位
一、国家工程建设规范					
1	电子元器件厂项目规范	研编	工业和信息化部	中国电子技术标准化研究院电子工程标准定额站	信息产业电子第十一设计研究院科技工程股份有限公司等
2	电子材料厂项目规范	研编	工业和信息化部	中国电子技术标准化研究院电子工程标准定额站	信息产业电子第十一设计研究院科技工程股份有限公司等
3	废弃电器电子产品处理工程项目规范	研编	工业和信息化部	中国电子技术标准化研究院电子工程标准定额站	北京世源希达工程技术公司等
4	电池生产与处置工程项目规范	研编	工业和信息化部	中国电子技术标准化研究院电子工程标准定额站	世源科技工程有限公司等
5	数据中心项目规范	研编	工业和信息化部	中国电子技术标准化研究院电子工程标准定额站	中国电子工程设计院等
6	工程防静电通用规范	研编	工业和信息化部	中国电子技术标准化研究院电子工程标准定额站	中国电子技术标准化研究院等
7	工程防辐射通用规范	研编	工业和信息化部	中国电子技术标准化研究院电子工程标准定额站	中国电子技术标准化研究院等
8	工业纯水系统通用规范	研编	工业和信息化部	中国电子技术标准化研究院电子工程标准定额站	信息产业电子第十一设计研究院科技工程股份有限公司等
9	工业洁净室通用规范	研编	工业和信息化部	中国电子技术标准化研究院电子工程标准定额站	中国电子工程设计院等
10	电子工厂特种气体和化学品配送设施通用规范	研编	工业和信息化部	中国电子技术标准化研究院电子工程标准定额站	信息产业电子第十一设计研究院科技工程股份有限公司等
11	工程振动控制通用规范	研编	工业和信息化部	工业和信息化部规划司	中国机械工业集团有限公司、中国电子工程设计院等

序号	项目名称	类别	主编部门	组织单位	起草/承担单位
12	无机化工工程项目规范	研编	工业和信息化部	中国石油和化工勘察设计协会	中国五环工程有限公司等
13	有机化工工程项目规范	研编	工业和信息化部	中国石油和化工勘察设计协会	华陆工程科技有限责任公司等
14	精细化工工程项目规范	研编	工业和信息化部	中国石油和化工勘察设计协会	中国成达工程有限公司等
15	化工矿山工程项目规范	研编	工业和信息化部	中国石油和化工勘察设计协会	中蓝连海设计研究院等
16	超低温环境混凝土应用通用规范	研编	工业和信息化部	中国石油和化工勘察设计协会	中国寰球工程有限公司等
17	爆炸危险环境电气装置通用规范	研编	工业和信息化部	中国石油和化工勘察设计协会	中国寰球工程有限公司等
18	厂区工业设备和管道工程通用规范	研编	工业和信息化部	中国石油和化工勘察设计协会	中国成达工程有限公司等
19	炼油化工工程项目规范	研编	工业和信息化部	中国石油化工集团公司工程部	中国石化工程建设有限公司等
20	石油库项目规范	研编	工业和信息化部	中国石油化工集团公司工程部	中石化广州工程有限公司等
21	加油加气站项目规范	研编	工业和信息化部	中国石油化工集团公司工程部	中国石化工程建设有限公司等
22	地下水封洞库项目规范	研编	工业和信息化部	中国石油化工集团公司工程部	中石化上海工程有限公司等
23	炼油化工辅助设施通用规范	研编	工业和信息化部	中国石油化工集团公司工程部	中石化宁波工程有限公司等
24	工业电气设备抗震通用规范	研编	工业和信息化部	中国石油化工集团公司工程部	北京石油化工工程咨询有限公司等
25	冶金矿山工程项目规范	研编	工业和信息化部	中国冶金建设协会	中冶北方工程技术有限公司等
26	原料场项目规范	研编	工业和信息化部	中国冶金建设协会	中冶赛迪工程技术股份有限公司等
27	焦化工程项目规范	研编	工业和信息化部	中国冶金建设协会	中冶焦耐（大连）工程技术有限公司等
28	烧结和球团工程项目规范	研编	工业和信息化部	中国冶金建设协会	中冶长天国际工程有限责任公司等
29	钢铁冶炼工程项目规范	研编	工业和信息化部	中国冶金建设协会	中冶京诚工程技术有限公司等

序号	项目名称	类别	主编部门	组织单位	起草/承担单位
30	轧钢工程项目规范	研编	工业和信息化部	中国冶金建设协会	中冶南方工程技术有限公司等
31	钢铁工业资源综合利用通用规范	研编	工业和信息化部	中国冶金建设协会	中国冶金建设协会等
32	钢铁企业综合污水处理通用规范	研编	工业和信息化部	中国冶金建设协会	中冶建筑研究总院有限公司等
33	钢铁渣处理与综合利用通用规范	研编	工业和信息化部	中国冶金建设协会	中冶建筑研究总院有限公司等
34	钢铁煤气储存输配通用规范	研编	工业和信息化部	中国冶金建设协会	中冶华天工程技术有限公司等
35	工业气体制备通用规范	研编	工业和信息化部	中国冶金建设协会	中冶京诚工程技术有限公司等
36	工业给排水通用规范	研编	工业和信息化部	中国冶金建设协会	中冶南方工程技术有限公司等
37	金属非金属矿山工程项目规范	研编	工业和信息化部	中国有色金属工业工程建设标准规范管理处	中国恩菲工程技术有限公司等
38	金属非金属选矿工程项目规范	研编	工业和信息化部	中国有色金属工业工程建设标准规范管理处	中国有色工程有限公司等
39	尾矿工程项目规范	研编	工业和信息化部	中国有色金属工业工程建设标准规范管理处	中国有色工程有限公司等
40	重有色金属冶炼工程项目规范	研编	工业和信息化部	中国有色金属工业工程建设标准规范管理处	中国恩菲工程技术有限公司等
41	有色轻金属冶炼工程项目规范	研编	工业和信息化部	中国有色金属工业工程建设标准规范管理处	贵阳铝镁设计研究院有限公司等
42	稀有金属及贵金属冶炼工程项目规范	研编	工业和信息化部	中国有色金属工业工程建设标准规范管理处	洛阳中硅高科技有限公司等
43	硅材料工程项目规范	研编	工业和信息化部	中国有色金属工业工程建设标准规范管理处	洛阳中硅高科技有限公司等
44	有色金属加工工程项目规范	研编	工业和信息化部	中国有色金属工业工程建设标准规范管理处	中色科技股份有限公司等
45	索道工程项目规范	研编	工业和信息化部	中国有色金属工业工程建设标准规范管理处	中国有色金属建设协会等
46	建筑防护与防腐通用规范	研编	工业和信息化部	中国有色金属工业工程建设标准规范管理处	中国有色工程有限公司等

序号	项目名称	类别	主编部门	组织单位	起草/承担单位
47	工业建筑供暖通风与空气调节通用规范	研编	工业和信息化部	中国有色金属工业工程建设标准规范管理处	中国有色金属建设协会等
48	建材矿山工程项目规范	研编	工业和信息化部	国家建筑材料工业标准定额总站	中国建筑材料工业规划研究院等
49	建材工厂项目规范	研编	工业和信息化部	国家建筑材料工业标准定额总站	中国建筑材料工业规划研究院等
50	水泥窑协同处置工程项目规范	研编	工业和信息化部	国家建筑材料工业标准定额总站	天津水泥工业设计研究院有限公司等
51	食品饮料厂项目规范	研编	工业和信息化部	中国轻工业工程建设协会	中国轻工业武汉设计工程有限责任公司、中国海诚工程科技股份有限公司等
52	生物发酵工程项目规范	研编	工业和信息化部	中国轻工业工程建设协会	中国轻工业广州工程有限公司、中国海诚工程科技股份有限公司等
53	轻工日用品工程项目规范	研编	工业和信息化部	中国轻工业工程建设协会	中国轻工业长沙工程有限公司、中国海诚工程科技股份有限公司等
54	轻化工工厂项目规范	研编	工业和信息化部	中国轻工业工程建设协会	中国中轻国际工程有限公司、中国海诚工程科技股份有限公司等
55	化纤原料生产工程项目规范	研编	工业和信息化部	中国纺织工业联合会产业部	中国昆仑工程有限公司等
56	化纤工程项目规范	研编	工业和信息化部	中国纺织工业联合会产业部	上海纺织建筑设计研究院等
57	纺织工程项目规范	研编	工业和信息化部	中国纺织工业联合会产业部	河南省纺织建筑设计院有限公司等
58	染整工程项目规范	研编	工业和信息化部	中国纺织工业联合会产业部	浙江省省直建筑设计院等
59	服装工程项目规范	研编	工业和信息化部	中国纺织工业联合会产业部	四川省纺织工业设计院等
60	产业用纺织品工程项目规范	研编	工业和信息化部	中国纺织工业联合会产业部	上海纺织建筑设计研究院等
61	信息通信网络工程项目规范	研编	工业和信息化部	中国通信企业协会通信工程建设分会	中国移动通信集团设计院有限公司等

续表

序号	项目名称	类别	主编部门	组织单位	起草/承担单位
62	信息通信管线工程项目规范	研编	工业和信息化部	中国通信企业协会通信工程建设分会	中讯邮电咨询设计院有限公司等
63	信息通信局站及配套工程项目规范	研编	工业和信息化部	中国通信企业协会通信工程建设分会	华信咨询设计院有限公司等
64	民用爆炸物品工程项目规范	研编	工业和信息化部	兵器工业安全技术研究所	中国五洲工程设计集团有限公司、兵器工业安全技术研究所等
65	森林培育与利用设施项目规范	研编	国家林业局	中国林业工程建设协会	中国林业科学研究院等
66	湿地保护工程项目规范	研编	国家林业局	中国林业工程建设协会	国家林业局湿地保护管理中心等
67	自然保护区与野生动植物保护设施项目规范	研编	国家林业局、环境保护部	中国林业工程建设协会	国家林业局昆明勘察设计院等
68	林产工业工程项目规范	研编	国家林业局	中国林业工程建设协会	国家林业局林产工业规划设计院等
69	森林防火工程项目规范	研编	国家林业局	中国林业工程建设协会	国家林业局调查规划设计院等
70	生态修复工程通用规范	研编	国家林业局	中国林业工程建设协会	国家林业局调查规划设计院等
71	畜牧工程项目规范	研编	农业部	中国工程建设标准化协会农业工程分会	中国农业大学等
72	设施园艺工程项目规范	研编	农业部	中国工程建设标准化协会农业工程分会	农业部规划设计研究院等
73	渔业工程项目规范	研编	农业部	中国工程建设标准化协会农业工程分会	中国水产科学研究院渔业工程研究所等
74	农产品产后处理工程项目规范	研编	农业部	中国工程建设标准化协会农业工程分会	农业部规划设计研究院等
75	农田工程项目规范	研编	农业部	中国工程建设标准化协会农业工程分会	农业部规划设计研究院等
76	农业废弃物处理与资源化利用工程项目规范	研编	农业部	中国工程建设标准化协会农业工程分会	农业部规划设计研究院等
77	医疗建筑项目规范	研编	国家卫生和计划生育委员会	国家卫生和计划生育委员会规划与信息司	中国中元国际工程有限公司等

序号	项目名称	类别	主编部门	组织单位	起草/承担单位
78	专业公共卫生机构建筑项目规范	研编	国家卫生和计划生育委员会	国家卫生和计划生育委员会规划与信息司	中国建筑科学研究院等
79	医药生产工程项目规范	研编	工业和信息化部、国家食品药品监督管理总局	中国医药工程设计协会	中石化上海工程有限公司等
80	医药研发工程项目规范	研编	工业和信息化部、国家食品药品监督管理总局	中国医药工程设计协会	中石化上海工程有限公司等
81	医药仓储工程项目规范	研编	工业和信息化部、国家食品药品监督管理总局	中国医药工程设计协会	中国医药集团联合工程有限公司等
82	医药生产用水系统通用规范	研编	工业和信息化部、国家食品药品监督管理总局	中国医药工程设计协会	中国医药集团联合工程有限公司等
83	医药生产用气系统通用规范	研编	工业和信息化部、国家食品药品监督管理总局	中国医药工程设计协会	中国医药集团重庆医药设计院等
84	邮政与快递营业场所项目规范	研编	国家邮政局	国家邮政局政策法规司	中国建筑设计院有限公司等
85	邮政与快递处理场所项目规范	研编	国家邮政局	国家邮政局政策法规司	中国建筑设计院有限公司等
86	广播电视制播工程项目规范	研编	国家新闻出版广电总局	国家新闻出版广电总局财务司	中广电广播电影电视设计研究院等
87	广播电视传输覆盖网络工程项目规范	研编	国家新闻出版广电总局	国家新闻出版广电总局财务司	国家新闻出版广电总局无线电台管理局等
88	液化天然气工程项目规范	研编	国家能源局	中国石油天然气集团公司	中国寰球工程有限公司等
89	油田地面工程项目规范	研编	国家能源局	中国石油天然气集团公司	大庆油田工程有限公司等
90	气田地面工程项目规范	研编	国家能源局	中国石油天然气集团公司	中国石油工程建设有限公司西南分公司等
91	气田天然气处理厂项目规范	研编	国家能源局	中国石油天然气集团公司	中国石油工程建设有限公司西南分公司等
92	输气管道工程项目规范	研编	国家能源局	中国石油天然气集团公司	中国石油工程建设有限公司西南分公司等

序号	项目名称	类别	主编部门	组织单位	起草/承担单位
93	输油管道工程项目规范	研编	国家能源局	中国石油天然气集团公司	中国石油管道局工程有限公司设计分公司等
94	管道穿越和跨越通用规范	研编	国家能源局	中国石油天然气集团公司	中国石油管道局工程有限公司设计分公司等
95	石油天然气设备与管道腐蚀控制和隔热通用规范	研编	国家能源局	中国石油天然气集团公司	中国石油工程建设有限公司西南分公司等
96	煤炭工业矿井工程项目规范	研编	国家能源局、国家煤矿安全监察局	中国煤炭建设协会	中煤科工集团南京设计研究院有限公司等
97	煤炭工业露天矿工程项目规范	研编	国家能源局、国家煤矿安全监察局	中国煤炭建设协会	中煤科工集团沈阳设计研究院有限公司等
98	煤炭洗选加工工程项目规范	研编	国家能源局、国家煤矿安全监察局	中国煤炭建设协会	中煤科工集团北京华宇工程有限公司等
99	煤炭工业矿区辅助附属设施项目规范	研编	国家能源局、国家煤矿安全监察局	中国煤炭建设协会	中煤科工集团南京设计研究院有限公司等
100	煤矿瓦斯综合治理与利用工程项目规范	研编	国家能源局、国家煤矿安全监察局	中国煤炭建设协会	中煤科工集团重庆设计研究院有限公司等
101	煤炭工业矿区总体规划通用规范	研编	国家能源局	中国煤炭建设协会	中煤科工集团北京华宇工程有限公司等
102	煤矿安全工程通用规范	研编	国家煤矿安全监察局、国家能源局	中国煤炭建设协会	中煤邯郸设计工程有限责任公司等
103	矿山工程地质与测量通用规范	研编	国家能源局、工业和信息化部	中国煤炭建设协会	中煤科工集团武汉设计研究院有限公司等
104	矿山供配电通用规范	研编	国家能源局、工业和信息化部	中国煤炭建设协会	中煤科工集团北京华宇工程有限公司等
105	矿山特种结构通用规范	研编	国家能源局、工业和信息化部	中国煤炭建设协会	中煤西安设计工程有限责任公司等
106	火力发电工程项目规范	研编	国家能源局	中国电力企业联合会	电力规划设计总院等
107	变电工程项目规范	研编	国家能源局	中国电力企业联合会	电力规划总院有限公司等
108	输电工程项目规范	研编	国家能源局	中国电力企业联合会	中国电力工程顾问集团中南电力设计院有限公司等

序号	项目名称	类别	主编部门	组织单位	起草/承担单位
109	配电工程项目规范	研编	国家能源局	中国电力企业联合会	国网经济技术研究院有限公司等
110	核电工程常规岛项目规范	研编	国家能源局	中国电力企业联合会	中广核工程有限公司等
111	风力发电工程项目规范	研编	国家能源局	中国电力企业联合会	水电水利规划设计总院等
112	太阳能发电工程项目规范	研编	国家能源局	中国电力企业联合会	水电水利规划设计总院等
113	电力接地通用规范	研编	国家能源局	中国电力企业联合会	中国电力科学研究院有限公司等
114	电力工程电气装置施工安装及验收通用规范	研编	国家能源局	中国电力企业联合会	中国电力企业联合会、中国电力科学研究院等
115	电力系统规划通用规范	研编	国家能源局	中国电力企业联合会	电力规划设计总院等
116	防洪治涝工程项目规范	研编	水利部	水利部国际合作与科技司	中国水利水电科学研究院等
117	农村水利工程项目规范	研编	水利部	水利部国际合作与科技司	中国水利水电科学研究院等
118	水土保持工程项目规范	研编	水利部	水利部国际合作与科技司	水利部水土保持监测中心等
119	水利工程专用机械及水工金属结构通用规范	研编	水利部	水利部国际合作与科技司	水利部产品质量标准研究所等
120	民用航空工程项目规范	研编	中国民用航空局	—	中国民航机场建设集团公司等
121	港口与航道规划通用规范	研编	交通运输部	交通运输部水运局	中交第一航务工程勘察设计院有限公司等
122	内河通航通用规范	研编	交通运输部	交通运输部水运局	长江航道规划设计研究院等
123	通航海轮水域通航通用规范	研编	交通运输部	交通运输部水运局	中交水运规划设计院有限公司等
124	港口工程可靠性设计通用规范	研编	交通运输部	交通运输部水运局	中交第一航务工程勘察设计院有限公司等

序号	项目名称	类别	主编部门	组织单位	起草/承担单位
125	通航建筑物可靠性设计通用规范	研编	交通运输部	交通运输部水运局	中交水运规划设计院有限公司等
126	殡葬建筑和设施项目规范	研编	民政部	民政部规划财务司、社会事务司	中国建筑标准设计研究院有限公司等
127	精密工程测量通用规范	研编	国家测绘地理信息局	陕西测绘地理信息局	国家测绘地理信息局测绘标准化研究所等
128	公共文化设施项目规范	研编	文化部	—	中国建筑标准设计研究院有限公司等
129	体育建筑项目规范	研编	国家体育总局	—	同济大学等
130	海洋工程勘察通用规范	研编	国家海洋局	国家标准计量中心	国家海洋局海洋咨询中心等
131	海洋工程测量通用规范	研编	国家海洋局	国家标准计量中心	国家海洋局海洋咨询中心等
132	可燃物储罐、装置及堆场防火通用规范	研编	公安部	公安部消防局	公安部天津消防研究所等
133	粮食仓库项目规范	研编	国家粮食局	—	河南工大设计院等
134	粮食加工厂项目规范	研编	国家粮食局	—	河南工大设计院等
135	食用植物油脂加工厂项目规范	研编	国家粮食局	—	无锡中粮工程科技有限公司等
136	粮食烘干设施通用规范	研编	国家粮食局	—	无锡中粮工程科技有限公司等
137	火炸药及其制品工程项目规范	研编	国家国防科技工业局	中国兵器工业集团公司	中国五洲工程设计集团有限公司等
138	兵器工业试验场、靶场工程项目规范	研编	国家国防科技工业局	中国兵器工业集团公司	中国五洲工程设计集团有限公司等
二、城建建工全文强制性产品标准					
1	无障碍及适老建筑产品基本技术要求	研编	住房城乡建设部	全国建筑构配件标准化技术委员会	中国建筑标准设计研究院有限公司等
2	建筑门窗和幕墙产品及制品基本技术要求	研编	住房城乡建设部	全国建筑幕墙门窗标准化技术委员会	中国建筑科学研究院等

序号	项目名称	类别	主编部门	组织单位	起草/承担单位
三、工程建设标准翻译项目					
1	地下水封石洞油库施工及验收规范	中译英	工业和信息化部	中国石油化工集团公司工程部	中铁隧道集团有限公司等
2	石油化工企业总图制图标准	中译英	工业和信息化部	中国石油化工集团公司工程部	中石化洛阳工程有限公司等
3	炼油装置火焰加热炉工程技术规范	中译英	工业和信息化部	中国石油化工集团公司工程部	中国石化工程建设有限公司等
4	数据中心设计规范	中译英	工业和信息化部	中国电子技术标准化研究院电子工程标准定额站	中国电子工程设计院等
5	建筑照明设计标准	中译英	住房城乡建设部	住房城乡建设部建筑环境与节能标准化技术委员会	中国建筑科学研究院等
6	体育馆照明设计及检测标准	中译英	住房城乡建设部	住房城乡建设部建筑环境与节能标准化技术委员会	中国建筑科学研究院等
四、国际标准制订					
1	智慧城市基础设施数据交换与共享框架	制订	住房城乡建设部	住房城乡建设部标准定额研究所	中城智慧（北京）城市规划设计研究院有限公司等